KB019194

올바른 홈트레이닝과 재활

반려견 홈트레이닝

머리말

이제 반려동물은 가족의 일원으로 자리잡았습니다.

처음 재활치료에 관심을 가지고 공부를 시작한 십수 년 전만 하더라도 운동을 즐기거나 재활치료를 받는 반려견을 매우 드물었습니다. 하지만 많은 시간이 흘러 이제 주위를 돌아보면 보호자와 한가로이 공원을 산책하고 운동장을 달리는 반려견을 쉽게 찾아볼 수 있습니다.

반려견과 함께하는 시간이 늘어남에 따라 운동에 대한 관심과 필요성이 점차 증가하고 있습니다. 반려동물 천만 시대, 이제 반려동물은 가족의 일원으로 자리 잡았습니다. 그중에서도 반려견은 가장 많은 수를 차지하고 있으며 반려동물은 사람과 같이 사회활동과 야외활동이 꼭 필요합니다. 이러한 야외활동을 통해 반려견은 사람과의 유대감을 물론 정신적 안정감과 신체적인 발달이 고루 이뤄집니다. 사람이 매일 하는 규칙적인 운동은 질병을 예방하고 삶의 질을 개선시키는데 매우 중요한 것처럼 반려견에서도 운동은 매우 중요한 일상 활동입니다. 하지만 여러 가지 조건으로 인해 사회활동과 야외운동이 제한되어 운동부족으로 나이가 들어감에 따라 여러 가지 질병이 빨리 나타나기도 합니다. 이 책은 운동이 부족한 반려견을 위해 집에서도 할 수 있는 실내운동을 사진과 함께 쉽게 따라할 수 있도록 만들었습니다. 이러한 운동은 골관절의 질병을 예방하고 치료하는데 많은 도움이 될 것입니다. 또한 운동과 재활치료에 꼭 필요한 해부학 구조와 대표적인 골, 관절질환과 신경계질환 그리고 보조제 등과 대표적인 물리 치료법에 대해서도 함께 공부할 수 있도록 구성했습니다. 책에 나오는 해부학 용어들은 한자, 한글, 영어표기를 별도의 INDEX에 첨부하였습니다.

임상수의사로서 동물병원을 개원한 후 십수 년 동안 외과 관련 진료를 주로 보면서 파행을 동반한 정형외과, 신경외과 환자에 대해 깊은 관심을 갖게 되었습니다. 특히 소형견에 다발하는 슬개골 탈구와 고관절의 문제는 대부분 수술적 방법으로 치료를 하게 됩니다. 이러한 수술 후에 알맞은 재활치료를 받게 되면 회복이 더 빨라질 수 있고 더 건강해질 수 있습니다. 재활, 운동치료는 실제로 환자를 보면서 치료의 과정을 이해하고 환자에 맞는 재활 프로그램을 계획해야 하므로 많은 경험과 시간이 필요합니다. 재활치료는 다양한 종류와 방법이 있고 앞으로 계속 발전하고 있는 분야 중 하나이며, 재활치료에는 운동치료 홈트레이닝, 물리치료, 침 치료, 재생치료, 수중 치료 등이 있습니다. 이 책은 운동과 재활에 관심이 있는 일반인들부터 재활에 관심을 가지고 있는 동물병원 스텝과 수의사들이 쉽고 재미있게 이해할 수 있도록 만들었습니다. 홈트레이닝은 각 과정을 사진과 동영상을 보고 따라 할 수 있도록 구성했습니다. 책을 만들기 위해 직접 해부학 사진을 그려주시고 질병에 대해 정리해주신 공동 저자 경상대학교 이재훈 교수님과 이지연 선생님, 재활학회 김석중 부회장님과 그리고 지도교수님이신 정순욱 교수님께 감사의 말씀을 전합니다.

그동안의 치료 경험과 유용한 정보를 책으로 이야기한다는 것은 매우 제한적이며 어려웠습니다. 이 책은 마치 영화를 만드는 것처럼 여러 분야의 전문가들이 팀워크를 이뤄 만들어낸 결과라고 할 수 있습니다. 책이 나오기까지 많은 분들이 도와주셨습니다. 특히, 본문에 소개된 홈트레이닝 사진과 동영상 제작을 위해 참여해주신 올라펫 촬영팀과 이지동의료센터 선생님들, 모델이 되어준 깜자, 타코와 아코, 그리고 세몽이에게 감사의 인사를 전합니다.

변화는 작은 것에서 시작된다고 합니다. 이 책에 나오는 홈트레이닝과 운동으로 건강한 신체와 밝은 마음을 가진 올바른 반려견이 되는데 도움이 되었으면 합니다. 아울러 우리나라의 모든 반려동물이 야외에서 안전하고 건강하게 뛰어다닐 수 있는 반려동물 문화, 운동시설이 곳곳에 만들어지기를 희망합니다. 마지막으로 이 책이 나오기까지 글과 사진을 자세히 살펴봐주고 조언과 응원을 아끼지 않은 사랑하는 아내 강은미 원장과 아들 승하와 딸 주하에게 감사의 인사를 전합니다.

대표저자 최 춘 기

튼튼20세 시대 지금부터 준비해야 됩니다.

반려동물 재활은 아직도 일선 동물병원이나 보호자에게 생소한 영역입니다. 과거에는 정형 및 신경외과 수술 후 소극적인 재활과 그저 걷기만 하면 그것으로 치료가 종료되는 경우가 많았습니다. 또한 나이가 들어가며 발생하는 골관절염이나 평생 운동을 하지 않아 발생하는 근육의 통증이 노령 때문이라는 이유로 방치되는 경우가 대부분이었습니다.

현재까지도 많은 보호자들이 그저 반려동물과 함께 생활하며 즐거움을 느끼다 나이가 들어 아픈 것을 그저 지켜만 보는 경우가 많았습니다.

최근에는 보호자의 관심과 수의료의 발전으로 반려동물의 수명이 늘어가는 추세입니다. 현재까지 대부분의 일반 보호자들은 좋은 먹거리, 건강보조식품으로 반려동물의 건강을 지키기 위해 노력하고 있습니다. 하지만 먹는 것만으로 근골격계 질환이나 수술 후의 정상생활, 노령동물의 건강을 개선하거나 지키는 것이 어렵다는 것은 일반 보호자들도 경험으로 알고 있을 것입니다. 이런 현 상황에 수의계에서는 재활치료의 필요성이 중요 관심사로 떠오르고 있으며, 일반 보호자들도 재활치료에 대해 이해가 필요한 시점이 되었습니다.

저자 또한 수년 전까지 수의외과를 전공하고 많은 아이들의 수술 후 정상 생활을 위한 기능회복의 필요성을 절실히 느꼈습니다. 불과 4~5년전 까지도 국내 반려동물의 재활에 대한 치료가 정립 되지 않아 어려움이 많았습니다. 당시 재활치료에 대한 필요성을 느끼고 이미 재활치료에 대해 보편화 되어 있는 미국에서 재활치료 관련 공부를 시작하고 마무리 하였습니다. 미국에서 공부할 당시 재활치료를 받는 현장에서 편안해 하는 반려견과 행복해 하는 보호자의 모습을 바라보며 하루 빨리 국내에 반려동물의 건강을 지켜 보호자와의 행복한 관계를 만들어 주고자하는 마음이 컸습니다. 배울 때 느끼던 그 마음과 국내에서 경험을 좀 더 보편적으로 알리기 위해 이 책을 출판하게 되었습니다.

이 책은 대중을 위한 반려동물 재활관련 서적으로 국내에서 발간되는 게 처음일 것입니다. 하지만 이미 사람 의료에서 재활치료는 널리 알려져 있고, 재활치료에 대한 경험도 많습니다. 반려동물의 재활의 기본개념도 사람의 재활치료와 다르지 않습니다. 이미 알려진 사람의 재활치료의 필요성과 효과는 반려동물에게도 동일하게 적용됩니다. 일반 보호자들은 반려동물 재활 및 운동에 대한 막연함을 이 책을 통해 명확하고 구체적으로 이해하게 될 것입니다. 또한 건강할 때의 운동의 필요성에 대해서도 어느 정도 이해 할 수 있을 것입니다. 튼튼 20세 시대, 지금부터 준비해야 됩니다.

24시센트럴동물메디컬센터 대표원장

김 석 중

이제 동물 재활은 선택이 아니라 필수입니다.

수의사가 되어보니 환자에게 있어서 통증 관리가 정말 중요하다는 것을 깨달았고, 외과학을 전공하면서 '재활이 외과와 떼어놓을 수 없는 영역이다.'라는 생각을 하였습니다. 그렇게 재활에 대한 관심이 생겨나 공부를 하기 시작하였고 환자에게 적용하면서 그 필요성에 대해 더욱 실감할 수 있었습니다.

우리는 생활 속에서 알게 모르게 재활을 하고 있었지만 그것이 옳은 방법인지에 대해 고민해보지는 않았습니다. 이 책을 통해 우리가 평소에 몰랐던 재활의 영역에 대해 알게 되고, 재활과 관련하여 언제, 무엇을, 어떻게, 왜 하는지에 대해 고민을 해볼 수 있는 기회가 되었으면 합니다.

반려동물 20세 시대에 노령동물이 많아지고, 동물을 가족처럼 여기는 사람들의 수가 늘어나면서 이제 재활은 선택이 아니라 필수라고 여겨집니다. 동물 재활에 대한 관심이 수의사에서부터 동물을 사랑하는 모든 사람들에게까지 번져나갔으면 좋겠습니다. 그리고 이 책이 반려동물 재활 분야의 관심과 발전에 좋은 영향을 미치기를 바랍니다.

이 책이 나오기까지 저를 물심양면으로 도와주신 경상대학교 수의외과학실 동료들과 제 가족, 지인들에게 감사의 인사를 전합니다. 더불어 저에게 재활에 대한 흥미를 갖게 해주시고 소개를 해주신 최춘기 원장님과 반려동물 재활 분야에 있어 다방면으로 힘써주시는 김석중 원장님, 그리고 제 학업과 관련된 많은 부분을 응원해주시고 지지해주시는 이재훈 교수님께도 감사의 인사를 전합니다.

경상대학교 동물의료원 외과 전공의

이 지 연

재활치료는 보호자의 적극적인 참여가 중요합니다.

반려동물 재활치료에 대한 관심이 수의사들뿐만 아니라 반려동물을 키우는 많은 분들 사이에서 몇 해 전부터 꾸준히 늘어나고 있습니다. 재활치료를 수술 전/후에 적용하면, 빨리 정상의 기능으로 회복될 뿐 아니라 때로는 수술을 하지 않아도 파행의 증상과 관련한 운동기능의 회복이 가능합니다.

재활치료는 수의사뿐만 아니라 반려동물과 같이 하시는 보호자의 적극적인 참여가 있을 때 보다 나은 결과로 이어지며, 재활치료 통해서 보호자와 반려동물의 관계도 개선될 수 있습니다.

이러한 사회적인 요구와 장점 덕분에 많은 수의사가 임상 현장에서 재활의 효과를 알고 적용하고 있지만, 외국과는 달리 국내는 반려동물의 재활과 관련된 교육 기관이 없을 뿐 아니라 관련 서적이나 자료가 많이 부족한 실정입니다.

몇 해 전, 한국동물재활학회에서 전문적인 재활의료기술과 선진 문화를 위해 지속적으로 국내외 학회와 세미나를 하시고 계시는 최춘기 원장님과 김석중 원장님을 알게 되었고, 저 또한 많은 도움을 받게 되겠습니다.

그러던 중 지난 가을에 수의사뿐만이 아니라 보호자가 집에서도 할 수 있는 "홈트레이닝" 관련 책을 만들어 보자 두 분께 말씀 드렸을 때 너무 많은 관심을 주시고 이야기를 들어 주셔서 이렇게 책이 나올 수 있게 된 계기가 되지 않았나 생각하며 두 원장님께 감사할 따름입니다. 그리고 이렇게 책이 나오기 위해 많이 힘이 되어 주신 경상대 수의외과학 교실의 이지연 선생님에게도 감사드립니다.

항상 많은 도움을 주시고 격려해 주시는 김은태 원장님, 조양래 원장님, 황용현 원장님, 최희복 원장님, 장상선 원장님, 박성균 원장님, 문희섭 원장님, 김태환 원장님, 권대현 원장님, 조준호 원장님, 양승봉 원장님, 김상연 선생님, 김민경 선생님께도 감사의 마음을 전합니다.

경상대 수의대

이 재 훈

최춘기

■ 학력사항

- 건국대학교 수의과대학 수의외과학 박사
- CCRT (동물 재활 전문인증 수의사)

■ 경력사항

- 이지동물의료센터 대표원장
- 건국대학교 수의과대학 외과 겸임교수
- 대한수의사회 특위 위원장
- 대한수의사회 학술위원회 이사
- 경기도수의사회 학술위원회 이사
- 한국동물재활학회 부회장
- 한국 수의외과학회 이사
- 한국 수의골관절학회 이사
- 한국동물병원협회 학술이사
- 전) KBVP(한국수의임상포럼) 이사
- 전) VCA KOREA 회장
- 전) 부천시 수의사회 회장

■ 해외연수 및 학회참가

- 2008~2016 일본 소동물임상수의학회 연차대회 참가
- 2011.9 WASAVA 참가
- 2013.3 아시아 외과학회 참가(오키나와)
- 2013.6 미국 Califonia TTA,TPLO 전문교육 참가
- 2014.6 일본 신경외과 전문 동물병원 연수
- 2014~ 일본 수의외과학회 참가(오사카)
- 2016.6 한국 일본 수의외과 포럼 학술참가
- 2017.1~5 미국 플로리다 CRI, CCRT 재활전문 과정
- 2017.4 미국 동물 레이져치료 전문과정 이수
- 2017.7 North Georgia Veterinary Specialists 재활 인턴쉽
- 2018.4 Georgia Veterinary Rehabilitation 재활 전문 동물병원 연수
- 2018.10 WASAVA in Denmark
- 2018.11 아시아 수의외과학회 참가
- 2019.3 대만 복강경, 흉강경 워크샵 참가
- 2019.11 호주 머독대학교 관절경 전문과정 연수
- 2020.5 관절각기형DFO 수술 전문과정 이수
- 2023.3 전북대 수의과대학 관절경 전문과정 이수
- 2023.5 대만 동아시아 수의학회 참가
- 2023.5 동물 근막이완술, 키네지오 스포츠테이프 전문과정 수료
- 2033.9 이탈리아 CCRP(동물재활 인증교육과정) 연수

■ 전문 Certificate

- 2013 AAVSB 정형외과 TTA, TPLO 전문과정 수료(정형외과)
- 2014 AOVET Course_Principles in small animal fracture management
- 2015 AOVET Course_advanced in small animal fracture management
- 2016 CRI Canine Rehabilitation Institute, CCRT CMS과정
- 2017 CCRT 취득
- 2019 AOVET TPLO advanced course
- 2024 BlueSAO THR 인공관절 전문과정

■ 저서

- 반려동물 홈트레이닝(2020년, 크라운출판사), 대표저자
- 임상 수의사의 듣기와 말하기(2022, 북랩), 공동저자

■ 학술활동, 방송활동

- 2013 한국 수의외과학회 학술대회
  올비스코어를 적용한 흉요추 ivdd치료와 예후
- 2014 일본 오사카 / 아시아 수의외과학회 발표
  요척골골절에서 락킹플레이트의 적용
- 2015 제 4차 VCA KOREA 학술발표
  Total / hemi mandibulectomy in siberian huskey with oral/mandibul osteosarcoma
  시베리안허스키 골육종의 편측하악완전절제술 적용증례
- 2015 경기도 수의사의날 학술대회 외과강의
  surgery of canine salivary mucoceles
- 2016 제 5회 VCA KOREA 학술발표
  Medial shoulder luxation in small dog
- 2017 한일외과포럼 후쿠오카
  Lung lobectomy using surgical stapling device in canine
- 2017 제 6회 VCA KOREA 학술발표
  흉요추 IVDD의 재활치료외 다수
- 2018 재활학회 춘,추계 워크샵 강의 신경계환자의 평가와 재활
- 2018 재활 운동치료에 관한 증례발표
- 2018~2019 한국 수의골관절학회 골절수술 다수 강의
- 2018~2019 전국 수의대(경상대,전북대,충남대외) 재활강의
- 2018~2019 경기도 수의사회, 서울시 수의사회 재활강의
- 2020.9 에이치엔엠 주최 반려견 관절 건강 웨비나 진행
- 2021. 베토퀴놀 주최 반려견 관절건강 프로그램 4회 촬영
- 2022. 반려동물 가족 대상 관절관련 세미나, 웨비나 다수
- 2022.5 위들아카데미 라이브방송 “슬개골탈구만이 문제일까요?”
- 2022.6 1인병원을 위한 실전재활 프로그램, 온라인 강의
- 2022.10~2023.3 대한수의사회지 학술연재 - 수의 임상 소동물재활
- 2023.9 한국 골관절 학회 ‘전완골 골절’ 강의
- 2023.10 SBS 동물농장, ‘화성번식장 구조견’편 출연
- 2024~ 서울시, 경기도, 부산시 수의사회 연수교육 외과 재활강의

■ **수상경력**

- 2011 경기도 수의사회 표창패
- 2012 부천시 수의사회 공로패
- 2014 경기도 수의사회 표창장
- 2015 부천시장 표창장
- 2015~2018 : VCA KOREA, KBVP 감사패 및 공로상 다수
- 2019 경기도 수의사회 공로상
- 2022 대한수의사회 회장 표창장

■ **연구논문**

Study of Static Weight Distribution in the Foot Pads of Sound Dogs and Static Pedobarography and Patellofemoral Contact Mechanisms in Cadaveric Dogs

- 2023 박사학위 연구논문

Force-sensitive resistors to measure the distribution of weight in the pads of sound dogs in static standing position, Austral Journal of Veterinary Sciences(AJVS)

Chun-ki Choi a, Jinsu Kang b, Namsoo Kim b, Soon-wuk Jeong a, Suyoung Heo b*

- 2022 SCI논문 / Austral J Vet Sci 54, 139-144(2022)

Rectovaginal Fistula and Atresia Ani in a Kitten: A Case Report, J Vet Clin 2022;39:32-37, https://doi.org/10.17555/jvc.2022.39.1.32

Chun-Ki Choi, Hye-Jin Jung, Soon-Wuk Jeong,

- 2022 한국임상수의학회 논문 / 어린고양이에서 발생한 직장질루 환자 케이스 논문

〈최신 정형외과 학술 연구논문, 2022~2023〉

- 개의 슬개골 수술 전후 슬관절과 발가락 패드 체중분포 변화 메카니즘에 관한, 2편

1. Force-sensitive resistors to measure the distribution of weight in the pads of sound dogs in static standing position, Austral Journal of Veterinary Sciences(AJVS) - SCI논문
2. Study of Static Weight Distribution in the Foot Pads of Sound Dogs and Static Pedobarography and Patellofemoral Contact Mechanisms in Cadaveric Dogs - 박사 학위논문

■ **진료실적**

1. 20년간 수술(정형외과, 일반외과) 1만2건~
2. 최근 5년간 재활(골, 관절, 신경)환자 진료 3만건~

김 석 중

- 2007~2013 전) 24시 행당종합동물병원 대표원장
- 2013~현) 24시센트럴동물메디컬센터 대표원장
- 현) 한국동물재활학회 부회장
- 현) 한국수의골관절학회 이사
- 현) 한국수의외과학회 정형외과 위원
- 전북대 수의외과 석사
- 미국 재활치료 전문 자격 취득(CCRT)
- 미국 LiteCure Companion Therpy Laser 재활치료 과정 수료
- 미국 노스조지아 수의외과전문의(NGVS) 임상 학술 교류
- 국제 반려동물 정형외과(AOVET) 과정 수료
- 호주 머독 대학교 관절경 교육 수료
- 케이펫페어 공식 협력 병원으로 다수 강의
- 전) 서울호서전문학교 반려동물학과 출강
- 전) 서울연희실용전문학교 반려동물학과 출강

이 지 연

■ **학력사항**

- 경상대학교 수의학 학사
- 경상대학교 수의외과학 석사과정

■ **경력사항**

- 2019~경상대학교 동물의료원 외과 전공의

■ **전문 certificate**

- 2019. AOVET Course. Principles in Small Animal Fracture Management.
  Columbus, OH, USA
- 2020 AOVET Course. Basic Course on Surgical Approaches (with animal anatomical specimens), Las Vegas, Nevada, USA
- 2020 AOVET Course. Advanced Techniques in the Management of Small Animal Spinal Disorders. Las Vegas, Nevada, USA

■ **학술활동 및 강의**

- 2019년 한국임상수의학회 발표. Bone Regeneration of Radius Diaphyseal Fracture by BMP-2 from Porous Beads with Leaf-stacked Structure in a Pomeranian Dog.
  JY Lee, HJ Yim, GY Kim, HJ Jung, AR Jang, CH Han, JH Lee.

이재훈

■ 학력사항

- 2000년 경상대학교 수의학 학사
- 2004년 건국대학교 수의과대학 석사
- 2007년 건국대학교 수의과대학 수의 외과학 박사

■ 경력사항

- 2007-2009, 건국대학교 수의외과학, 시간 강사
- 2009-2010, Neuroscience, Veterinary School, Cambridge University, UK. 방문연구원
- 2010-2011, Department of Neuroscience, Georgetown University, USA, Postsactoral fellow.
- 2011-2012, 경상대학교 수의외과학 교실, 전임강사
- 2012-2015, 경상대학교 수의외과학 교실, 조교수
- 2015- 현재, 경상대학교 수의외과학 교실, 부교수
- 2017-2018, 경상대학교 동물의료원 원장
- 2011-2013, 한국임상수의학회, 임원 (학술 위원)
- 2014-2015, 한국임상수의학회, 임원 (총무 간사)
- 2018-2019, 한국임상수의학회, 임원 (학술 위원)
- 2020-현재, 한국임상수의학회, 임원 (편집위원)
- 2017-현재, 한국수의외과학회 신경분과 위원장
- 2018-현재, AOVET (USA) 정회원

■ 저서 역서(참여 역서)

- 수의치과학 Small Animal Dental Equipment, Materials and Techniques: A Primer, Okvet, 2012, 한국수의외과학 교수 협의회 (공동) 역서
- 수의마취학 Handbook of veterinary anesthesia, 한국수의외과학 교수 협의회 (공동) 역서
- 소동물 외과학, 4판, Okvet 2015, 한국수의외과학 교수 협의회 (공동) 역서
- 소동물 후복부 수술 Small animal surgery : The caudal abdomen, 2018 대표역자.
- 소동물 외과학, 5판, OKvet 2019, 한국수의외과학 교수 협의회 (공동) 역서
- 수의외과 실습, OKvet 2018. 한국수의외과학 교수 협의회 (공동) 저서

■ Certificated training

- 2018. Total hip replacement Course (cementless and cemented implantation), Innoplant, Ahlen, Germary.
- 2018. AOVET Course. Principles in Small Animal Fracture Management. Columbus, OH, USA
- 2018. Neurosurgery course (by Dr Curtis Dewey, Neurospecilist), Vetland, Guangzhou, China.
- 2019 AOVET Course. Advanced Techniques in Small Animal Fracture Management. Columbus, OH, USA
- 2020 AOVET Course. Basic Course on Surgical Approaches (with animal anatomical specimens), Las Vegas, Nevada, USA
- 2020 AOVET Course. Advanced Techniques in the Management of Small Animal Spinal Disorders. Las Vegas, Nevada, USA

■ Publications, Original and peer-reviewed

1. Hong SJ, Oh SH, Lee SL, Kim NH, Choe YH, Yim HJ, Lee JH. Bone regeneration by bone morphogenetic protein-2 from porous beads with leaf-stacked structure for critical-sized femur defect model in dogs. Journal of Biomaterials Applications, in press.
2. Jang AR, Han CH, Jung HJ, Lee JY, Park JH, Bae SW, Kim NY, Lee JH. Atypical cystic hepatocellular carcinoma in a Himalayan cat. J. Prev. Vet. Med. 2019;43(4): 152-156
3. Jung HJ, Jang AR, Han CH, Bae SQ, Lee JH. Complete type persistent left cranial vena cava with patent ductus arteriosus in a Bichon Frise dog. J Biomed Transl Res 2019;20(4):110-114
4. Bae SW, Han CH, Jang AR, Jung HJ, Monn HS, Lee JH. Surgical treatment of an oesophageal achalasia in a small breed dog. Veterinarni Medicina, 2019; 64(08): 367-372
5. Lee WJ, Park BJ, Lee HJ, Jang SJ, Lee SL, Lee JH,

Rho GJ, Kim SJ. Surgically induced degenerative changes in the femorotibial joints by total medial meniscectomy in minipigs closely resemble late-stage osteoarthritis. Korean J Vet Res 2019; 59(1):17~24

6. Mesalam A, Lee KL, Khan I, Chowdhury MMR, Zhang S, Song SH, Joo MD, Lee JH, Jin JI, Kong IK. A combination of bovine serum albumin with insulin-transferrin-sodium selenite and/or epidermal growth factor as alternatives to fetal bovine serum in culture medium improves bovine embryo quality and trophoblast invasion by induction of matrix metalloproteinases. Reprod Fertil Dev. 2019 Jan;31(2):333-346.
7. An SJ, Kin DY, Ahn SM, Jung DI, Hwang TS, Lee CH, Lee JH, Yu DH. Primary salivary gland adenocarcinoma in a dog J Vet Clin 2018; 35(6) : 308-310.
8. Park H, Kim MK, Kim SY, Lee SL. Lee HC, Lee WJ, Lee JH. Histological Comparison of Papain-induced and Elastase-induced Saccular Aneurysms in Rabbits. J Biomed Transl Res 2018;19(3):049-057
9. Hwang TS, Park SJ, Lee JH, Jung DI, Lee HC. Walled-off Pancreatic necrosis in a Dog. J Vet Clin 2018: 35(4) : 146-149 (2018)
10. Choi HB, Kim SY, Han CH, Jang AR, Jung HJ, Hwansg TS, Lee HC, Hwang YH, Lee WJ, Lee SL, Lee JH. Surgical Correction of Medial Patellar Luxation including Release of Vastus Medialis without Trochleoplasty in Small Breed Dogs: A Retrospective Review of 22 Cases. J Vet Clin 2018 35(3) : 481-486.
11. Park WS, Kang SH, Kim JS, Park SG, Moon HS, Kim SY, Hong SJ, Hwang TS, Lee HC, Hwang YH, Park H, Lee JH. Foramen Magnum Decompression with Duraplasty Using Lyoplant ? for Caudal Occipital Malformation Syndrome in a Dog. J Vet Clin 2017: 34(6): 449-53.
12. Kim SY, Moon HS, Park SG, Hong SJ, Choi HB, Hwang TS, Lee HC, Hwang YH, Lee JH. Biomechanical Comparison of Soft Tissue Reconstructions in the Treatment of Medial Patellar Luxation in Dogs. J Vet Clin 2017: 34(6): 414-9.
13. Moon HS, Hwang YH, Lee HC, Lee JH. Operative techniques of percutaneous endoscopic mini-hemilaminectomy using a uniportal approach in dogs. J. Vet. Med. Sci. 2017: 79(9): 1532-9.
14. Hong SJ, Park SG, Kim SY, Moon HS, Park WS, Kim JS, Kang SH, Lee JH. Subtotal Myectomy for Recurrent Cricopharyngeal Dysphagia in a Dog. J Vet Clin 2017: 34(4): 291-4.
15. Kim TH, Hong SB, Moon HS, Shin JI, Jang YS, Choi HJ, Kim IG, Lee JH. Triple tibial osteotomy (TTO) for treatment of cranial cruciate ligament rupture in small breed dogs. J Vet Clin 2017: 34(1): 7-12. 외 다수

추천사

이지동물병원의료센터 최춘기 원장님이 대표저자로 해서 제작된 <반려견 홈트레이닝 올바른 홈트레이닝과 재활>의 발간을 축하드립니다.

최 원장님은 정형 관련 환경에 대해 구조적인 재건뿐만 아니라 원활한 기능을 꾸준히 유지하기 위해서는 재활이 중요하다는 것을 일찍이 깨닫고 한국수의재활연구회 창립의 핵심 이사로 참여하였으며 연구회를 한국수의재활학회로 발전시켜 왔습니다. 그 과정에서 바쁜 병원 경영에도 불구하고 시간을 내어 일본과 미국에 가서 재활전문 개인 병원에서 경험을 얻었을 뿐만 아니라 인증기관이 운영하는 코스에도 직접 참가하여 교육을 받고 재활전문가 자격도 습득하였으며 해외 유명 강사를 국내에 초빙하여 공동으로 연수회도 주기적으로 개최하고 있습니다.

이 책은 십 수 년간의 최 원장님과 공동저자들의 지식과 경험뿐만 아니라 재활과 운동에 대한 인식은 좋아지고 있지만, 그 내용을 정확히 전달 할 만한 책이 없다는 아쉬움에서 기획된 것으로 알고 있습니다.

반려견의 재활에서도 운동의 중요성이 날로 증가하고 있지만, 그 방법과 기준을 모르는 일반인과 병원 테크니션과 재활실 근무자들 그리고 재활을 시작하는 수의사와 테크니션에게도 도움이 될 수 있을 것으로 생각됩니다.

기존의 치료 시술에서 재활로 수의사의 진료 영역을 확장해주신 데 대해 저자 분들에게 감사드리며 앞으로도 이 분야에서 학문적이고 기술적인 발전이 더욱 있기를 기원합니다.

권 오 경

수의골관절학회 회장

이제 모든 가정에서 반려동물이 하나의 애완동물이 아닌 가족으로 인정받는 요즘 동물들도 사람들과 같이 동물병원에서 수술 후 재활 분야가 물리 치료로 당연히 해야 하는 것처럼 인식이 되고 있습니다.

더불어 비만이나 허약체질 그리고 통증관리를 위해서도 반드시 동물 재활치료 분야에서 관리를 해주어야 합니다.

이런 사항을 병원에서만이 아닌 집에서 수의사와 협진을 통해 보호자가 재활 훈련과 치료에 동참할 수 있도록 하는데 아주 유용하고 도움 받을 수 있는 <반려견 홈트레이닝 올바른 홈트레이닝과 재활> 이라는 서적이 출간되어 동물 재활 분야의 현장에서 일하고 있는 수의사로서 집필진에게 아주 감사를 드립니다.

임상 현장의 한국 동물 병원에 동물 재활이 도입되고 활성화 되고 있는 이 시기에 때 맞춰 일반인들의 눈높이에 맞는 책을 발간 한다고 하니 정말 반가운 일이 아닐 수 없네요.

2006년 동물 재활 분야에 관심 있는 원장님들이 한국 동물 재활 연구회로 함께 모여 동물 재활에 처음 관심을 갖고 외국의 자료들을 찾아 조금씩 정보를 나누고 공부에 목말라 하던 때가 엊그제 같은데 어느덧 연구회는 한국동물 재학학회로 성장하고 주요 저자분들은 그 학회에서 주축으로 활동하고 일하면서 학회를 발전시키고 이끌어 가는 와중에 이젠 일선 동물병원의 수의사, 수의 재활 테크니션, 그리고 일반인들을 위해 참고가 될 책까지 발간함에 다시 한번 그간의 노고에 박수를 보내고 축하하며 동물 재활에 관심이 있는 분들에게 이 책을 적극 추천 합니다.

서 범 석

현 한국 동물 재활학회장/현 로얄 동물메디컬센터 재활센터장
현 연희실용전문학교 동물간호 전공 전임교수

추천사

반려동물에서 재활과 운동은 반려동물이 건강한 삶을 일상적으로 누리는데 있어서 매우 중요한 요소입니다. 국내에 이에 관한 전문서적이 절실히 필요하던 시기에 때마침 <반려견 홈트레이닝 올바른 홈트레이닝과 재활>이라는 서적이 출간되게 되어 매우 기쁘게 생각합니다.

책 저자들은 이 분야에 관한 전문가들로 이론적인 지식뿐만 아니라 실제로 풍부한 경험도 갖고 있습니다. 책 내용들은 기초부터 실제 적용까지 다루고 있으며 특히 사진 및 동영상 등을 통하여 매우 실질적이고 손쉽게 따라 할 수 있도록 구성하였습니다. 이 책은 반려동물재활 및 반려동물의 실내운동을 기초부터 적용까지 체계적으로 배우고자 하는 반려동물 보호자, 반려동물 관련 학과의 학생, 수련수의사 및 수의사 등에게 매우 유익한 내용을 전달할 것입니다.

국내에 반려견 재활 및 반려견의 실내운동에 관한 초석을 놓아 주신 저자들께 깊은 감사를 드립니다. 반려동물에 관한 적절한 재활요법 및 반려동물의 올바른 운동요법에 관심 있는 분들께 이 책을 적극 추천합니다.

정 순 욱

현 건국대학교 수의과대학 수의외과학 교수/전 한국수의외과학회 회장

반려동물과 함께 살다 보면 외과적 처치 또는 약물치료만으로는 아쉬움을 느끼게 되는 경우가 있습니다. 우리 동물의 건강과 체력을 어떻게 하면 더 효과적으로 높일 수 있을지 고민 할 때가 있는데, 이 책은 그동안 우리가 미처 생각지 못했던 것을 일깨워 주는 계기가 되고, 반려동물이 더 건강하게 사는 데에 큰 도움이 되리라 믿으며 추천합니다.

조 희 경

동물자유연대 대표

재활 Rehabilitation이란 사전적 의미로 '적합시키다'라는 뜻의 라틴어 'habilitare'에서 유래된 용어입니다. 인의학에서는 의학적으로 장애를 가지거나 질환, 외상 등으로 인해 저하된 삶의 질을 최적의 상태로 회복시키기 위한 모든 치료를 의미합니다. 그래서 인의학에서는 고대부터 사람에게서 치료 후에 나타나는 장애나 통증에 대해 지속적으로 연구되고 발달되어 왔습니다. 하지만, 동물에서는 그간 동물의 진료 중에 발생되는 고통 혹은 치료 후에 발생되는 불가피한 장애에 대해서는 한동안 외면 혹은 고통의 저하라는 명목으로 안락사하는 경우가 많았습니다. 하지만, 현재 사회에서는 반려동물은 어느덧 가족 구성원의 형제로 인식되기 시작하였습니다. 그래서 동물의 장애에 대해서 관심을 가지기 시작하였으며, 동물병원을 운영하고 있는 수의사선생님들도 장애를 보이는 동물에 대해서 더 편안한 삶을 영위하기 위한 연구를 계속해 왔습니다. 우리나라에서 반려동물은 사람의 애기처럼 키우다 보니 보호자들이 집 밖에서 산책을 많이 하지 않거나 산책 시에도 안고 산책하는 경우가 많습니다. 그러다보니 관절의 장애 등이 나타나기 시작하여 노령동물이 되었을 경우 더 많은 장애를 가지고 살아 가게 됩니다. 이런 현상은 아직도 우리나라 곳곳에서 발생되고 있으며, 향후 장애를 가진 노령동물이 더 많이 발생할수 있다는 것을 예언하는 것입니다. 그러나 다행히도 이번에 평소 동물의 고통과 아픔을 많이 걱정하시는 이지동물의료센터의 최춘기 원장님께서 <반려견 홈트레이닝 올바른 홈트레이닝과 재활>이라는 책을 편찬하게 되었습니다. 이는 한국수의학의 새 지평은 물론 보호자들에게도 동물의 삶의 가치를 더 높여주는 계기가 될 것으로 생각합니다. 반려동물에서도 운동의 중요성이 날로 증가하고 있지만, 그 방법과 기준을 몰라서 위험한 운동, 또는 운동부족으로 근골격계 질병이 지속적으로 나타나고 있습니다. 하지만 이번에 편찬되는 책을 통하여 반려동물이 통증등의 고통에서 규칙적이고 안전한 운동으로 건강한 삶을 누릴 수 있도록 도와줄것이라고 생각합니다. 특히 일반보호자와 병원 테크니션과 재활실 근무자들이 볼수있는 정도로 수의학적인 요소가 많이 들어서 보호자와 재활을 시작하는 수의사 및 테크니션에게도 도움이 될수 있는 좋은 길잡이 라고 생각되어집니다.

다시 한번 이러한 좋은 책을 만들어 주신 최춘기 원장님에게 감사드리며, 이 책을 통하여 우리나라 동물들이 고통이 없는 안락한 삶을 영위하기를 기원합니다. 감사합니다.

허 주 형

대한수의사회 회장

Contents

1장
반려동물의 재활과 운동치료

1절

재활의 역사

재활Rehabilitation이란 사전적 의미로 '적합시키다'라는 뜻의 라틴어 'Habilitare'에서 유래된 말로, 사람에게서는 의학적으로 장애를 가지거나 질환, 외상 등으로 인해 저하된 삶의 질을 최적의 상태로 회복시키기 위한 모든 치료를 의미합니다. 동물에게도 마찬가지로 정상 혹은 정상에 가까운 신체의 활동이 가능하게끔 환자의 활동을 중재하고, 물리적 자극을 이용하여 치료하는 것을 뜻합니다.

고대 동서 의학에서부터 재활의학에 대한 개념이 있었으나 1946년 미국 의학협회에서 'Rehabilitation'의 용어를 승인하고 현재까지 사용하고 있습니다. 사람에서의 재활의학 분야가 크게 대두된 계기는 제2차 세계 대전 이후부터 시작됩니다. 미국이 2차 세계 대전에 참전하게 되어 군의관으로 입대한 'Harward A. Rusk' 박사는 전쟁 중 부상을 입은 군인들을 치료하면서 그들이 일상으로 돌아가지 못하고 장애를 가지고 살아가는 모습을 목격하게 됩니다. 박사는 이러한 환자들의 기능 향상 및 사회적 복귀에 관심을 가지게 되었고 1950년 뉴욕 대학교 병원에 '물리 및 재활의학 연구소 Institute of Physical Medicine and Rehabilitation'를 처음 설립하였으며 이것이 현대 재활의학의 시작이 됩니다. 우리나라에서는 6.25전쟁 이후 군인들의 치료를 중심으로 재활의 시도가 이루어진 것이 첫걸음이 되었습니다. 1954년 Rusk 박사의 도움으로 한국인 의사가 미국에서 교육과 수련을 받을 수 있게 되었고, 그 이후 국내 병원에서 재활의학이 진료과목으로 채택되기 시작하면서 일반인 환자들에게도 재활치료가 적용될 수 있게 되었습니다.

1970년대까지만 해도 동물, 특히 개의 재활에 관한 정보는 찾아보기 힘들었으나, 1978년에 Ann H. Downer가 쓴 〈Physical Therapy for Animals : Selected Techniques〉 책이 출판되면서 재활치료의 수의학적 관심이 생기기 시작하였습니다. 1990년대 중반부터 동물 재활 영역이 발전하기 시작하였지만 초기 동물의 재활과 관련된 정보는 거의 사람들에서 적용되는 물리치료 개념이었기 때문에 동물에게 적용되기에 제한된 부분이 존재했습니다. 그 이후 미국의 수의외과대학을 중심으로 미국 물리 치료 학회, 미국 수의학 협회 등에서 전국적으로 재활과 관련된 연구 및 발표를 진행하며 수의 재활치료의 영역을 넓혀갔습니다. 또한 미국에서는 경찰견, 폭발 및 마약 탐지견, 시각 장애인 인도견 등 인간의 생활을 좀 더 용이하게 해주는 작업견들과 함께 스포츠를 전문으로 하는 개들의 재활에 대한 관심으로 수의 재활치료의 영역이 더욱 빠르게 발전하였습니다.

2절

도그 스포츠와 국내외 재활

'도그 스포츠 Dog sports'란 훈련받은 개들이 특정 경기를 수행하며 경쟁하는 것으로, 60여 가지의 경기종목이 있습니다. 그중에서도 넓은 공간에 줄지어진 장애물들과 경사진 오르막길 사이를 개들이 날렵하게 움직이거나, 원반을 던져주면 개가 높이 점프를 하며 원반을 물고 다시 착지하는 모습을 흔히 보셨을 겁니다. 이는 도그 스포츠의 종목인 '어질리티 Agility'와 '디스크 도그 Disc dog'의 경기 장면이며, 외국에서는 이러한 도그 스포츠가 오래전부터 문화로 자리 잡아 있습니다. 우리에게 제일 친숙하고 도그 스포츠 중에서도 주 종목으로 꼽히는 어질리티 경기는 1978년 영국에서 처음 공식적으로 열렸으며 그 이후 캐나다, 미국 등 세계 각지로 퍼져나갔습니다. 이렇게 격렬하고 활동적인 운동을 하면서 부상을 당한 환자들이 생기게 되는데, 이러한 환자들에서 부상을 치료하는 것에만 끝나지 않고 경기를 할 수 있는 원래의 상태로 회복을 돕기 위해 재활치료의 중요성이 더욱 대두되었습니다.

재활과 관련하여 더 심화된 교육을 제공하고 재활치료의 자격을 갖춘 이들에게 인증을 해주는 국제적인 기관도 다양하게 존재합니다. 그중에서도 대표적으로 CCRT란, 'Certified Canine Rehabilitation Therapist'의 약어로, 세계적인 동물 재활 연구기관인 'CRI Canine Rehabilitation Institute'에서 개의 운동 재활치료와 관련된 인증을 받은 수의사 및 물리치료사를 의미합니다.

대부분의 교육 과정은 미국 현지에서 이루어지며 영국, 호주 등에서도 실시됩니다.

5일 동안의 재활 기초 코스, 5일 동안의 임상기술과 관련된 코스, 3일 동안의 임상적 응용에 관련한 코스의 교육 프로그램을 이수하고 각 코스가 끝날 때마다 30일간의 시험을 통해 평가받아야 합니다. 그 이후 CRI에서 인증한 인턴쉽 기관에서 40시간 동안의 실습 훈련을 마치게 되면 CCRT 인증을 받을 수 있게 됩니다.

교육과정에는 개 해부학, 생리학, 생체 역학 등의 기본 개념에서부터 질병을 진단하고 치료의 계획을 설정하고 실제 진행되는 운동 재활의 응용까지 개의 운동 재활치료와 관련된 전반적이면서도 전문적인 내용들을 다루게 됩니다. 더불어 수의사를 위한 CVAT Certified Veterinary Acupuncture Therapist, 수의 간호사를 위한 CCRVN Certified Canine Rehabilitation Veterinary Nurse 등과 같은 인증 프로그램도 함께 제공하고 있습니다.

우리나라에서도 보호자들의 인식이 반려동물을 가족처럼 여기는 것으로 바뀌고 나서부터, 노령이거나 아픈 반려동물에 대한 치료의 의지가 생기며 재활에 대한 관심이 높아졌습니다. 2009년에는 '한국동물재활학회 KSVR'가 출범하여 많은 수의사들이 반려동물의 신체 본래의 기능 회복과 신체적, 정신적 고통을 덜어주며 반려동물의 행복한 삶을 위해 동물 재활에 대한 많은 노력과 연구를 펼치고 있습니다.

앞서 언급한 CCRT와 더불어 동물 재활과 관련된 여러 해외 인증 프로그램을 이수하여 자격을 갖춘 국내 수의사들의 수가 늘어나고 있습니다. 더불어 국내 동물병원에도 재활센터가 생겨나기 시작하여, 앞으로 국내 동물 재활 분야가 더욱 발전할 것으로 예상되고 있습니다.

3절

재활 및 운동의 중요성

재활의 가장 큰 목표는 일상생활 활동을 정상적으로 수행할 수 있는 것과 아프거나 다치기 전 정상 상태로의 복귀라고 할 수 있습니다. 신경, 정형, 근골격계, 관절 질환 등과 관련해서 정확한 진단이 내려진 후 약을 먹거나 수술을 하는 등의 치료를 받을 수 있습니다. 하지만 재활치료와의 병행을 통해 약물의 용량을 줄이거나, 약물 없이 재활만으로도 어느 정도 기능의 유지 및 회복이 가능합니다. 또한 수술을 마친 후 정상 기능으로의 회복까지 소요되는 기간을 단축할 수 있으며, 회복하는 양상에 대한 만족도를 향상시켜 줍니다. 우리가 흔히 생각하는 일반적인 치료 약물 복용, 수술 등와 비교해서 재활치료의 가장 큰 장점은 침습적인 접근이 최소화되고, 적절히 사용했을 시 부작용이 거의 없다는 것입니다. 특히 노령의 환자에서 약물이나 수술적인 치료가 행해지기 힘든 경우, 비침습적이고 부작용이 적은 재활을 통해 치료의 방향을 설정해볼 수 있습니다. 재활치료에는 다양한 종류가 있으며 환자의 나이, 성격, 질병의 상태를 고려하여 다양한 조합의 치료 방향이 설정 가능합니다. 기본적인 재활치료의 효과는 통증의 감소, 근력과 지구력의 향상, 움직임이나 활동의 정상화, 관절과 근육의 유연성 및 가동성의 증가 등이 있습니다. 또한 반려동물과 보호자에게 심리적인 안정감을 부여하며, 보호자의 교육을 통해 차후 발생할 수 있는 부상에 대한 예방도 가능해집니다.

이 책에서 중점적으로 다룰 내용인 반려견의 홈트레이닝에도 많은 장점들이 있습니다. 반려견과 함께 운동을 하는 것은 시간을 공유하며 신체적인 접촉과 함께 반려견과 사람이 서로 대화를 나누는 과정이라 볼 수 있습니다. 이를 통해 반려견과 사람 사이의 친밀감을 높여줄 수 있으며 다른 반려견과 사람들이 함께할 경우 사회성을 길러줄 수도 있습니다. 너무 활동적인 개체의 경우 에너지를 운동을 통해 소모시킴으로써 문제를 일으킬 행동의 가능성을 낮춰줍니다. 또한 운동은 신체적인 에너지를 사용함과 동시에 정신적인 에너지를 사용할 수 있으므로 정신의 자극에 긍정적인 영향을 미칠 수 있습니다.

운동은 반려견의 나이나 상황에 따라 가지는 장점도 다양합니다. 성장판이 열려있는 어린 시기의 경우 적당한 운동을 통해 성장판에 긍정적인 자극을 줄 수 있습니다. 노령의 경우 굳어있는 근육과 관절을 움직여주며 신체를 골고루 사용할 수 있게 해주고 정신건강에 큰 도움이 됩니다. 비만인 개체의 경우 관절에 무리가 가지 않는 선에서 운동을 통해 체중조절의 효과를 볼 수 있습니다. 병원에서 하는 재활치료가 아니더라도 보호자와 함께하는 운동이 개에게 긍정적인 효과를 가질 수 있지만 정확한 진단이 선행되지 않으면 부정적인 효과를 나타낼 수 있으므로 수의사와의 충분한 상담이 필요합니다.

고양이의 재활

재활과 관련된 관심이 빠르게 증가하고 있지만, 고양이의 재활은 개보다 다소 적은 비중을 차지하고 있으며, 이는 고양이와 개 사이에 존재하는 다양한 차이 때문입니다.

첫 번째로 고양이는 개와는 달리 정형외과 질환 및 부상이 전체적으로 적으며, 개에서 다발하는 골관절염 등과 같은 질환도 고양이에서는 거의 알려진 바가 없습니다. 이는 실제로 대부분의 고양이들도 골관절염이 하나 이상의 관절에서 발생하지만 방사선 사진에서만 확인되며 개처럼 파행 등의 임상적 증상이 발현되지 않고 행동 또는 생활 패턴들의 변화로 나타나기 때문에 만성적인 통증이 존재한다 하더라도 쉽게 알아차리지 못할 때가 많기 때문입니다.

두 번째는 대부분의 고양이들이 만져지는 것을 싫어하고 독립적으로 행동하기 때문에 운동치료의 여러 방법들이 수행되기가 굉장히 어렵습니다. 따라서 고양이 치료를 함에 있어서는 최대한 환자가 거부반응을 일으키지 않는 환경에서 짧은 시간 안에 행해져야 하는 애로사항이 있으나 놀이 및 사냥을 즐기는 고양이의 행동 특성을 이용한다면 활동적이고 효과적인 운동치료를 설계할 수 있습니다. 이 책에 전반적으로 설명되는 운동치료와 더불어서 7장에서 소개되는 다양한 재활치료법 중 각 고양이 환자에 알맞은 가장 적합한 치료법을 찾아 선택할 수 있어야 합니다.

2장
반려견의 해부학 구조

1절
서론 및 용어

재활을 설명하기에 앞서서 반려동물의 보호자와 수의사 수의 간호사들 사이에서는 반려동물에서 재활의 적용과 이해 관련한 내용을 효율적으로 전달하기 위해서는 우선 해부학 용어에 대한 지식이 필요합니다.

해부학 용어에 대한 지식은 반려동물의 재활에 있어서 효과적인 치료의 적용과 재활치료의 효과를 최대화하기 위한 평가, 치료, 상담 중에 반복적으로 나오게 됩니다. 이번 장에서는 재활과 관련된 골격과 근육의 구조와 명칭에 대한 내용을 다루고 있습니다. 동물의 운동 기능과 기능 장애를 이해하려면 관련 해부학 및 생체 역학에 대한 지식이 중요합니다.

재활에 관련한 반려동물에 대한 해부를 개를 기준으로 주로 다루며, 다른 동물과의 비교 해부에 대하여서는 최소화 하였습니다. 한글 용어는 〈개 해부 길잡이〉 7판, 2010년를 기준으로 정리 하였습니다.

1. 해부학적 단면 Plane

직선으로 이을 수 있는 두 지점 사이의 낀 실제적이거나 가상적인 면을 기술하는 용어

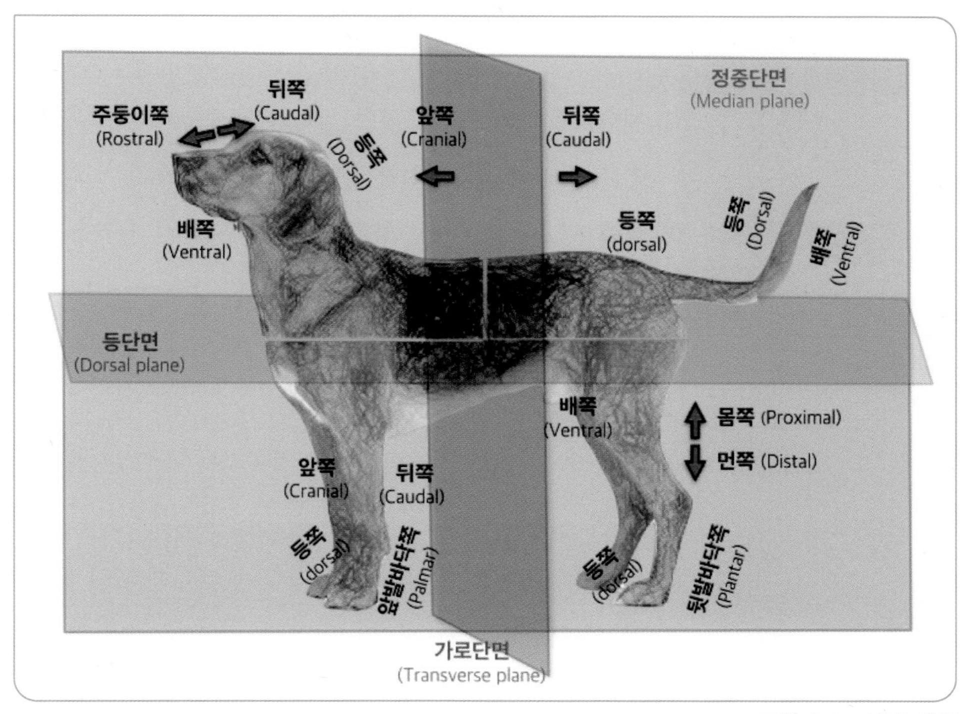

그림 2-1 _ 방향 용어

(1) **정중면** 정중단면, Median plane : 몸을 왼쪽과 오른쪽 절반씩 대칭적으로 나눈 단면

(2) **시상면** 시상단면, Sagittal plane : 머리, 몸통 혹은 사지를 지나는 정중단면과 평행한 면

(3) **횡단면** 가로단면, Transverse plane : 긴축에 대해 직각으로 머리, 몸통 혹은 사지를 가로지르는 단면, 한 장기나 부분의 긴축에 대해 직각으로 자른 단면

(4) **등단면** Dorsal plane : 정중단면과 가로단면에 직각으로 지나는 단면이며, 신체나 머리를 등쪽과 배쪽 부분으로 나눔

2. 위치 및 방향

(1) **배측** 등쪽, Dorsal : 등을 향한, 또는 등에 비교적 가까운 쪽. 사지에서는 위쪽, 앞발이나 뒷발에서는 발바닥, 발가락 볼록살이 있는 쪽 맞은편

(2) **복측** 배쪽, Ventral : 배를 향하거나 배에 비교적 가까운 쪽 사지에서는 절대 사용하지 않음

(3) **내측** 안쪽, Medial : 정중단면을 향한 쪽 또는 정중단면에서 비교적 가까운 쪽

(4) **외측** 가쪽, Lateral : 정중단면에서 멀어지는 쪽 또는 정중단면에서 비교적 먼 쪽

(5) **두측** 앞쪽, Cranial : 머리를 향한 쪽 또는 머리에 비교적 가까운 쪽. 머리에서는 사용하지 않음

(6) **문측** 주둥이쪽, Rostral : 머리에서만 사용하는 용어로 코를 향한 쪽 또는 코에 가까운 쪽

(7) **미측** 꼬리쪽, 뒤쪽, Caudal : 꼬리를 향한 쪽 또는 꼬리에 가까운 쪽, 머리에서도 사용

(8) **근위** 몸쪽, Proximal : 주된 부위 Main mass나 이는 곳에 비교적 가까운 쪽. 사지, 꼬리의 경우 부착된 끝

(9) **원위** 먼쪽, Distal : 주된 부위나 이는 곳에서 멀어지는, 사지와 꼬리에서는 고정되어 있지 않은 끝

(10) **장측** 앞발바닥쪽, Palmar : 앞발에서 볼록살이 위치한 면. 즉, 서있는 동물에서 지면과 접촉하는 면

(11) **척측** 뒷발바닥쪽, Plantar : 뒷발에서 볼록살이 위치한 면

3. 관절을 중심으로 운동의 방향과 형태를 나타내는 용어

(1) **굴곡** 굽힘, Flexion : 두 뼈 사이의 각이 작아지는 움직임 관절 각도가 작아지도록 하는 운동

(2) **신전** 폄, Extension : 두 뼈 사이의 각이 일직선상에 가깝거나 더 커지는 움직임 관절 각도가 증가하도록 하는 운동

(3) **외전** 벌림, Abduction : 정중단면에서 멀어지게 하는 움직임

(4) **내전** 모음, Adduction : 정중단면을 향하는 움직임

(5) **회전** 휘돌림, Circumduction: 원뿔을 그리는 움직임

(6) **회전** 돌림, Rotation : 긴 축을 따라 도는 움직임 중심축을 두고 회전

(7) **회외** 뒤침, Supination : 발의 앞발바닥이나 뒷발바닥 면이 내측으로 향하는 사지의 외측 회전

(8) **회내** 엎침, Pronation : 바로 누운 자세에서 앞발바닥이나 뒷발바닥면이 땅을 향하도록 하는 사지의 내측 회전

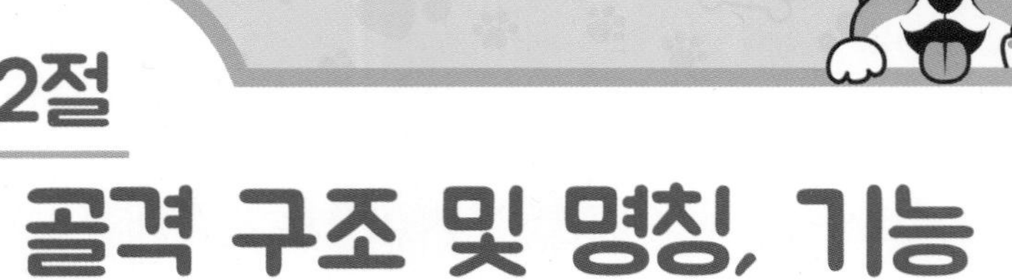

2절

골격 구조 및 명칭, 기능

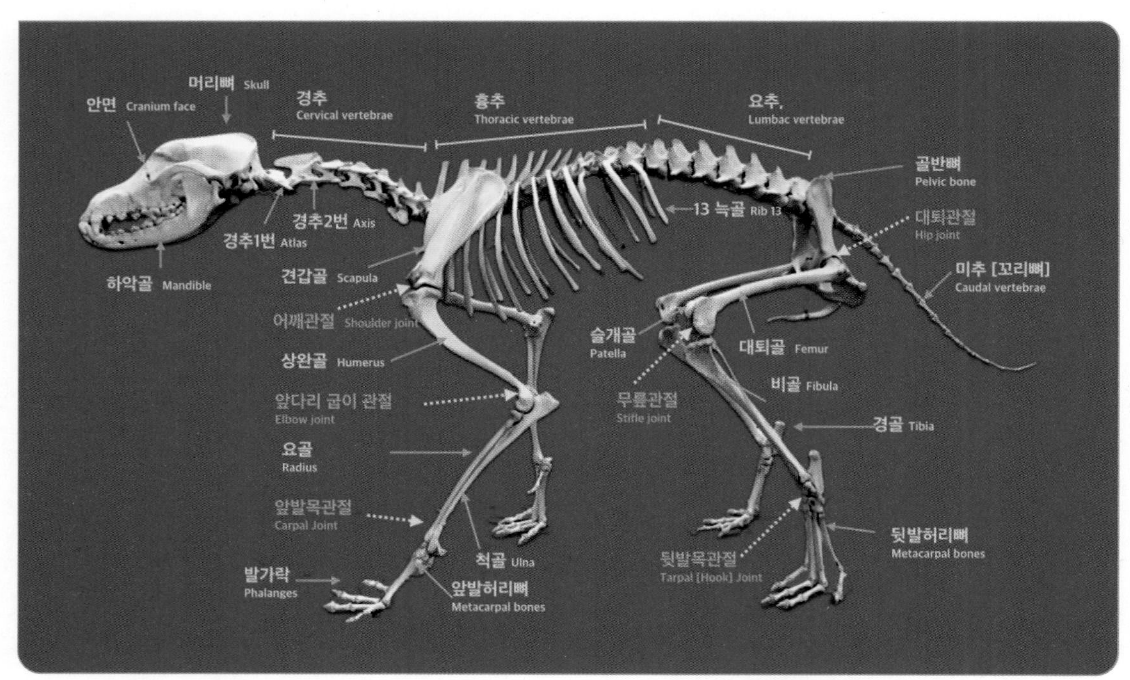

그림2-2 _ 수컷 개의 골격과 주요 부위 명칭 관절, 노란색/점선

1. 전지 앞다리뼈

전지의 크기는 개 품종에 따라 크기가 변하기 때문에 개체마다 다릅니다. 개는 무게의 60%를 앞다리로 지지 합니다. 개에서 쇄골 빗장뼈, Clavicle은 길이 1cm 이하, 폭 1/3cm의 작은 타원형 판으로, 작고 약합니다. 상완이두근 상완두갈래근, Biceps brachii muscle의 교차점에 위치합니다. 나이가 든 개에서 쇄골은 대부분 연골이며 방사선 사진에서는 보이지 않습니다.

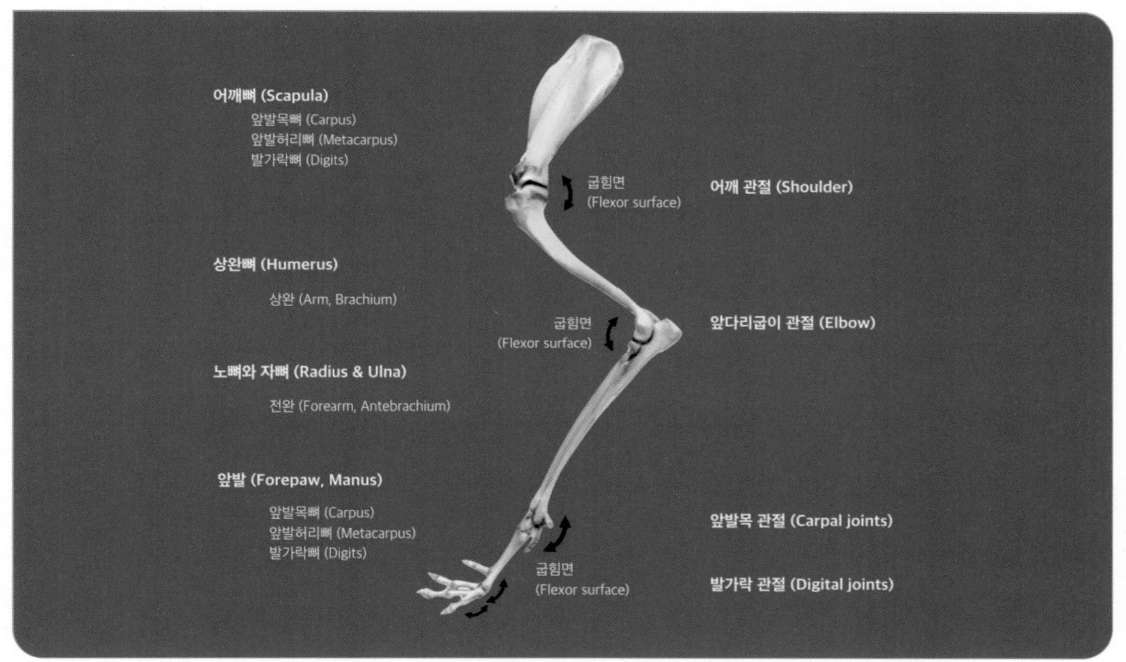

그림 2-3 _ 왼쪽 앞다리뼈대와 앞다리 관절 굽힘

(1) **견갑골** 어깨뼈, Scapula : 납작하며 긴 삼각형에 가까운 모양이며, 근육에 의해 몸통에 부착되어 있습니다.

(2) **상완골** 위팔뼈, Humerus : 반려견 상완의 머리는 체중을 보조하여 사람에 비해 덜 둥근 모양입니다. 상완골은 견관절 견갑골의 관절오목 접시오목, Glenoid cavity

- 상완골의 상완골두 위팔뼈머리, Head of humerus, 정상적으로 펴거나 굽히는 작용과 주관절 앞다리굽이관절, Elbow joint 상완골도르래 - 요골두와 요골머리오목, Capitular fovea & 척골활차절흔 척골도르래패임, Ulnar trochlear notch, 경첩관절을 이루고 있습니다.

(3) **전완골** Forearm, Antebrachium : 요골 노뼈, Radius는 내측 팔뚝뼈로 구성되며 몸통 원위의 주요 체중을 지탱하는 뼈입니다. 요골의 근위 표면은 사람과 같이 명확하지 않는 상완골소두 위팔뼈 머리, Capitulum로 연결됩니다. 개의 몸통 원위 관절은 완골 앞발목뼈, Carpus과의 관절연결되는 뚜렷한 면을 가지고 있어 무게를 지탱할 수 있습니다. 척골 자뼈, Ulna은 요골보다 길고 모양은 불규칙, 근위 끝에서 원위 끝으로 갈수록 점차 가늘어집니다. 근위에서 척골은 요골보다 내측에 위치, 원위에서 척골은 요골보다 몸 바깥쪽에 위치해 내측으로 요골과 함께 앞발목 관절을 이루게 됩니다.

(4) **지골 뼈대** Forepaw or Manus : 완골 앞발목뼈, Carpus, 장골 앞발허리뼈, Metacarpus, 지골 앞발가락뼈, Phalanges **[그림 2-4]**

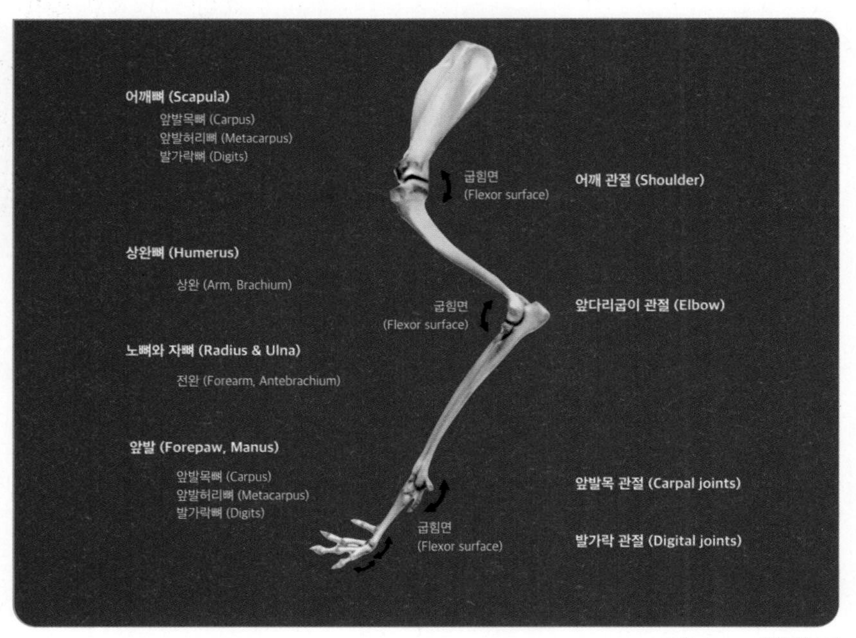

그림 2-4 _ 앞발뼈대

7개의 완골이 있습니다. 요측완골과 중간완골이 붙어있습니다. 앞발허리뼈는 5개 있습니다. 첫 번째 장골은 짧고 기능이 없습니다.

개는 힘줄이나 근처에 많은 종자골 종자뼈, Sesamoid bones이 있습니다. 종자골은 근육 수축 동안 생성된 인장력에 더하여 힘줄에 당기는 방향에 상당한 변화가 있는 곳이 있으며, 생체 역학적 정렬을 쉽게 하기 때문에, 개처럼 발가락으로 걷는 동물에 보행 동안 생기는 스트레스를 완화시킵니다.

개는 발가락으로 걷는 동물 Digitigrade animals이며 발가락 II~V에서 무게를 지탱하고 있고, 이 중에 발가락 III번 및 IV번이 가장 많은 체중을 지탱합니다.

2. 후지 뒷다리 뼈

뒷다리 뼈대에는 장골 엉덩뼈, Ilium, 좌골 궁둥뼈, Ischium, 치골 두덩뼈, Pubis로 구성된 골반 뒷다리이음뼈, Pelvic girdle or Pelvic을 포함하여, 다른 뒷다리뼈들로 구성됩니다. 뒷다리 뼈의 크기도 개 품종의 크기가 크게 다르기 때문에 크게 달라지게 됩니다. 뒷다리는 개 체중의 40%를 지탱합니다. [그림 2-5]

(1) 골반 뒷다리이음뼈, Pelvic girdle or Pelvic : 골반은 대칭을 이루는 관골 볼기뼈, Os coxae로 되어 있고, 이 두 뼈는 복측으로 골반결합에서 만나고, 배측으로는 천골와 관절을 이루고 있습니다. 각 관골는 주요 세가지 뼈 장골, 좌골, 치골로 되어 있습니다. 이 두 개의 관골을 합쳐서 골반이라고 합니다. 골반은 아래에서 보면 직사각형에 가깝게 보입니다.

① 장골 : 관골을 형성하는 뼈 중에서 가장 크며, 앞등쪽에 위치하여 관골 앞 1/2 내지 3/5를 이루게 됩니다. 고관절에서 시작해 비스듬히 앞

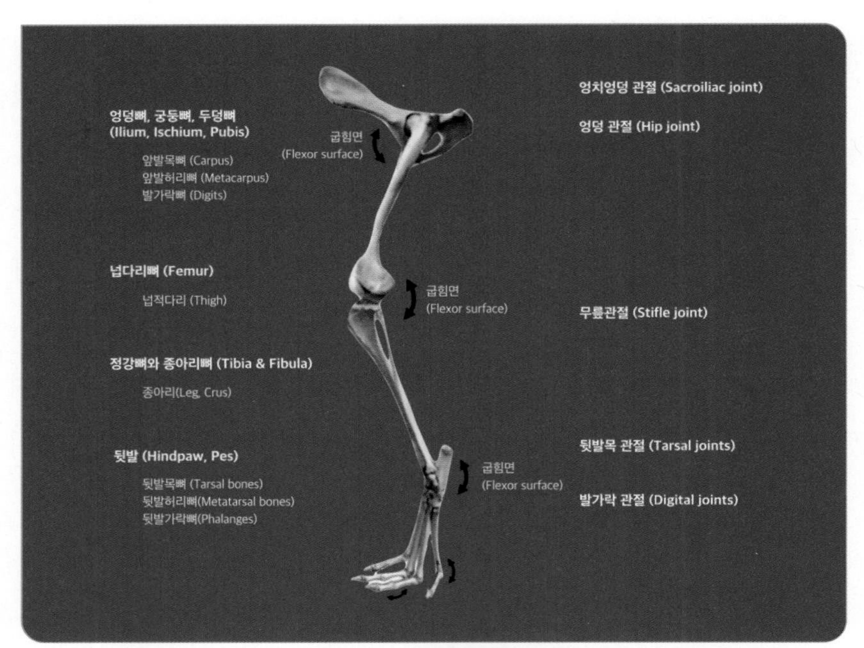

그림 2-5 _ 왼쪽 뒷다리뼈대와 뒷다리 관절 굽힘

으로 뻗어 천골 엉치뼈, Sacrum와 관절을 이루고 있습니다.

② 좌골 : 치골보다 뒤쪽에 있으며 고관절을 형성하는 가지를 내고 있지만 골반 바닥의 더 많은 부분 구성하고 있습니다.

③ 치골 : 고관절 엉덩관절, Hip에서 내측으로 뻗어 골반 바닥의 앞부분을 형성하는 부분입니다. 기본적으로 L자형이며, 바깥쪽에 있는 장골과 좌골로부터 내측에 있는 골반 결합까지를 말합니다.

(2) 대퇴골 넙다리뼈, Femur : 개의 대퇴골은 몸에서 가장 크고 무겁고 강한 뼈입니다. 대퇴골과 관골이 이루는 고관절의 굴곡각은 약 110도 입니다.

① 대퇴골의 근위 : 대퇴골두 넙다리뼈머리, Head of femur는 대퇴골 근위 끝 내측면에 위치하고 평편한 반구형입니다. 대퇴골두를 내측에 있는 대퇴골 근위 끝에 붙여주는 대퇴골목 넙다리뼈목, Neck of femur부분이 있으며, 관절주머니로 쌓여 있습니다. 대천자 큰돌기, Greater trochanter는 근위

에서 가장 큰 융기 돌출부분으로 대퇴골두 바로 바깥쪽에 위치하지만 주요한 근육들의 부착점이 됩니다.

② 대퇴골의 끝 : 경골 정강뼈, Tibia 및 슬개골 무릎뼈, Patella과 관절면이 있으며, 대퇴골도르래 넙다리뼈도르래, Trochlea of femur이라고 불리는 앞원위 부분에 나 있는 넓은 고랑이 있습니다. 이 고랑에 타원형의 슬개골이 위치하고 있습니다. 슬관절을 펴는 대퇴골도르래 넙다리뼈도르래, Trochlea of femur가 닿는 힘줄에 있는 종자골로서 넙다리네갈래근 힘줄을 보호하고 방향을 바로 잡아주는 기능을 합니다.

(3) **경골** 정강뼈 Tibia : 근위 끝부분은 넓게 퍼져 있으며, 경골에서 가장 높은 곳에 위치하는 두 개의 작고 긴 결절과 얕은 융기 사이구역으로 되어있는 과간융기 융기사이융기, Intercondylar eminence를 중심으로 내측융기 내측관절융기, Medial intercondylar eminence와 외측융기 외측관절융기, Lateral intercondylar eminence가 분리 됩니다. 내측/외측 관절융기는 경골 근위 끝에서 근위관절면과 이 관절면에 인접한 비관절면 부분으로 측 관절융기가 특히 뚜렷하며, 이곳에 경골두와 관절을 이루는 경골 관절면이 존재합니다. 경골 앞근위에는 경골조면 정강뼈거친면, Tibial tuberosity이라고 불리는 큰 사각형 모양의 돌기가 있습니다. 이 돌기는 대퇴사두근, 대퇴이두근 넙다리두갈래근, Biceps femoris, 봉공근 넙다리빗근, Sartorius이 슬개골과 무릎인대와 연결되어 부착 되는 부분입니다.

(4) **비골** 종아리뼈, Fibula: 경골 외측관절융기와 관절을 이루는 비골두 종아리뼈머리, Head of fibula가 얇게 근위에서는 경골 바깥쪽 뒤쪽에서 시작하여, 몸통원위에서는 경골의 바깥 중심에 놓이게 되며, 내측면으로 경골 원위 끝 외측면, 그리고 거골 목발뼈, Talus과 관절을 이루는 뚜렷한 관절면을 형성합니다.

(5) 뒷발 Hindpaw, Pes [그림 2-6]

① 족근골 뒷발목뼈, Tarsal bones은 뒷발허리와 종아리 사이에 위치하며, 7개의 족근골과 이에 관련한 부드러운 조직 연부조직으로 되어있습니다. 일명 뒷발꿈치로도 불리며, 불규칙하게 근위열 거골 목발뼈, Talus, 종골 뒷발꿈치뼈, Calcaneus, 중심족근골 중심뒷발목뼈, Central tarsal bone, 원위열 첫째/둘째/셋째/넷째 족근골 뒷발목뼈, first/second/third/forth Tarsal bone로 총 3열로 되어 있습니다.

② 중족골 뒷발허리뼈, Metatarsal bones은 첫째 중족골을 제외하고는 앞발허리뼈와 유사합니다. 앞발허리뼈보다 약 20% 길고 횡단면상에서 둥글게 보입니다.

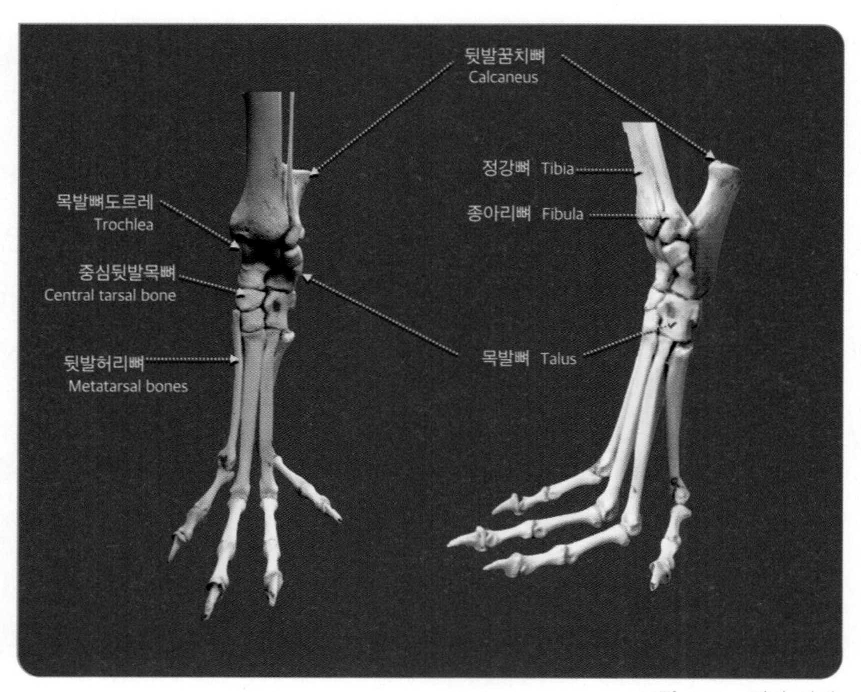

그림 2-6 _ 뒷발 뼈대

③ 지골 뒷발가락뼈, Phalanges : 앞발가락뼈와 유사하며, 뒷발가락뼈와 종자골의 뒷발가락 골격을 형성합니다. 엄지발가락 첫째 뒷발가락, Hallux은 없는 경우가 흔합니다.

3. 척추 골대 척추뼈 Spine

반려견과 반려묘의 척추는 경추 목 척추뼈, Cervical vertebrae, 7개, 흉추 등 척추뼈, Thoracic vertebrae, 13개, 요추 허리 척추뼈, lumbar vertebrae, 7개, 천골 엉치뼈, Sacral vertebrae, 3개, 미추 꼬리 척추뼈, Caudal vertebrae의 다섯 영역으로 구성됩니다.

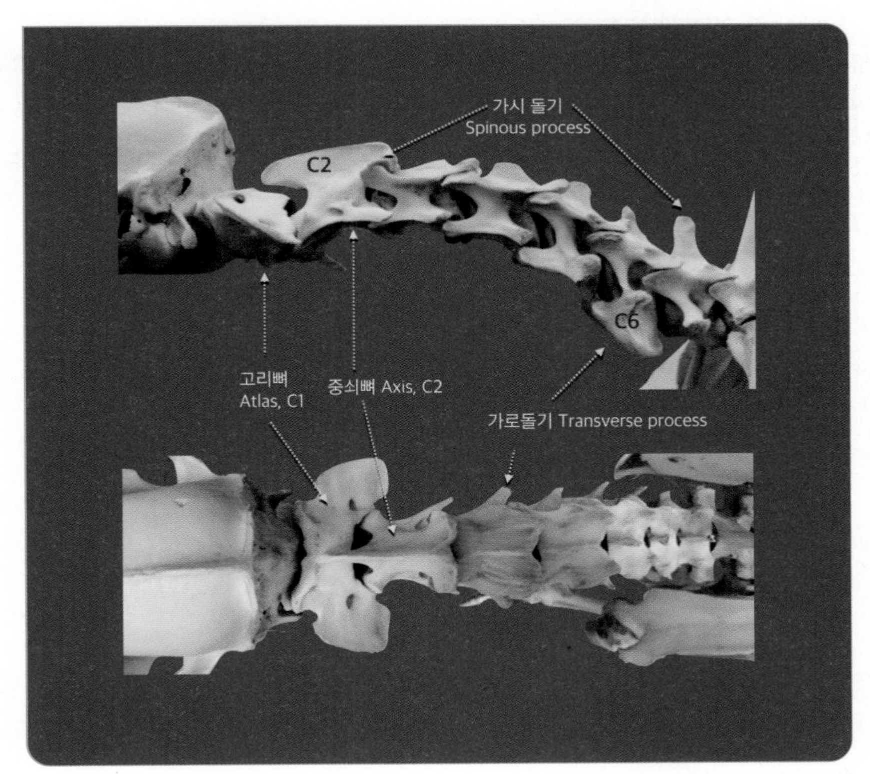

그림 2-7 _ 목 경추 뼈

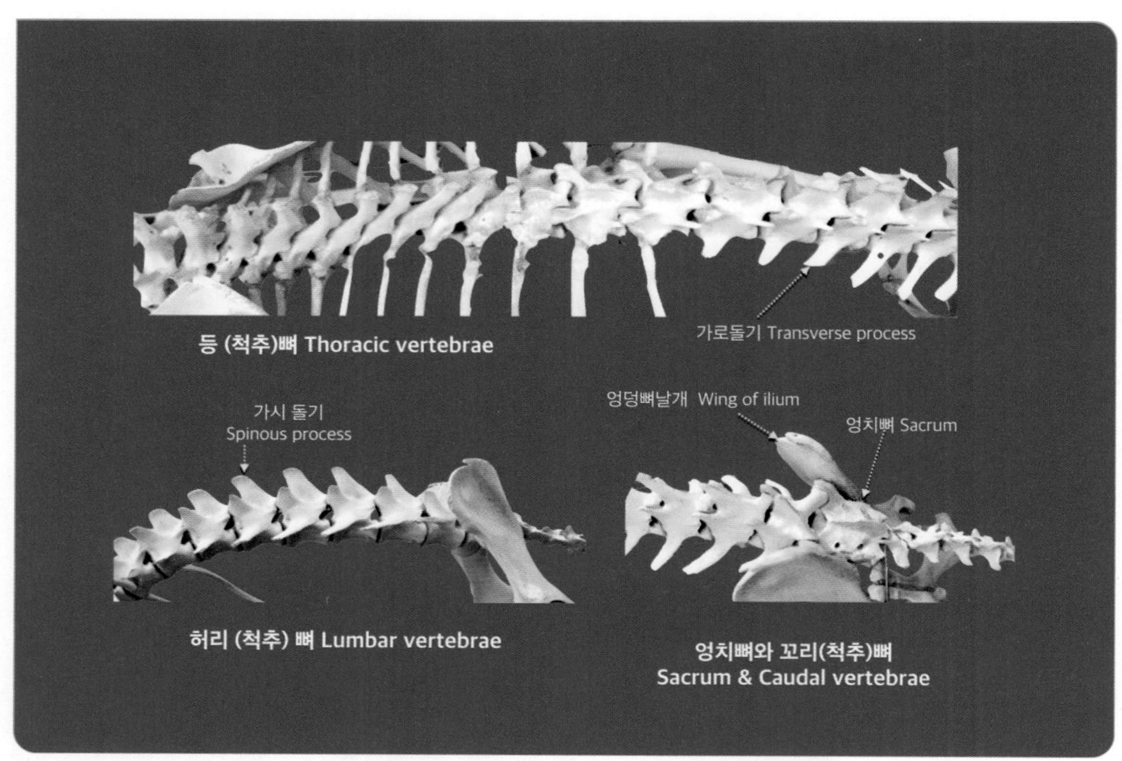

그림 2-8 _ 흉요추

(1) **경추** 목 척추뼈, Cervical vertebrae : 일반적으로 포유동물의 목뼈는 7개이며, 환추 고리뼈, Atlas, C1, 축추 중쇠뼈, Axis, C2는 다른 목뼈와 구조적으로 차이가 크다. 꼭지돌기와 덧돌기가 존재하지 않는다.

① 환추 Atlas, C1 : 두 개의 앞관절오목은 머리뼈의 뒤통수뼈관절융기와 관절을 이루어 고리뒤통수관절을 형성한다. 뒤관절오목은 두개의 얕은 관절오목으로 둘째 목뼈와 자유롭게 움직일 수 있는 고리중쇠관절을 형성하고 있다. 이 고리중쇠관절에서 머리의 회전운동을 할 수 있다. 바깥쪽의 가로돌기는 두터워져 환추익 고리뼈날개, Wing of atlas를 형성한다.

② 축추 Axis, C2 : 가장 긴 척추뼈로 가시 돌기가 용마루 모양으로 잘 발달되어 있다. 척추 패임이 크게 발달하여 목의 움직임을 보정하는 역할을 한다.

③ 목 척추뼈 3번~7번 C3~C7 : 척추 몸통이 뒤로 갈수록 길이가 짧아지며, 몸통의 양쪽 끝은 다른 부위의 척추뼈보다 심하게 굽어져 있고 비스듬히 경사져 있습니다. 극돌기 가시돌기, Spinous process는 등뼈에 비해 낮지만 형성되어 7번째 목뼈를 제외하고 가시 돌기 잘 발달되어 있지 않지만, 뒤쪽 목뼈로 갈수록 가시 돌기의 높이가 점차 증가합니다. 횡돌기 가로돌기, Transverse process는 하나의 가로돌기가 복측결절 배쪽결절, Ventral tubercle과 배측결절 등쪽결절, Dorsal tubercle 두 갈래로 나뉘어 져 있습니다. 목뼈 3번~5번 C3~5까지의 두 갈래의 가로돌기는 각각 앞,뒤로 향하지만, 목뼈 6번 C6에서는 배쪽결절 배쪽판, Ventral lamina이 아랫방향 수직으로 위치하고 넓게 확장되어 있어 수술과 신체 검사의 기준이 됩니다. 목뼈 7번은 첫째 갈비뼈와 관절을 형성하는 관절면이 몸통 뒤 끝에 있어 다른 뼈와 구별 가능합니다.

(2) **흉추** 등 척추뼈, Thoracic vertebrae : 척추 몸통이 편평하고 짧으며, 반려견과 반려묘에서는 13개가 있으며 처음 9개는 모양이 비슷합니다. 극돌기 가시돌기, Spinous process가 매우 두드러져 있으며, T6의 가시돌기가 가장 길고, 뒤로 갈수록 가시 돌기의 크기가 작아집니다. 가시 돌기는 뒤쪽으로 뻗어 있어 T1~7,8 까지는 길이와 방향의 변화가 거의 없지만, T9~10을 지나면서 가시 돌기의 길이가 점차 짧아지고 앞으로 기울어지게 됩니다.

(3) **요추** 허리 척추뼈, Lumbar vertebrae : 허리 척추뼈에는 등 척추뼈보다 큰 척추 몸통을 가지고 있습니다. 허리 척추뼈의 가로돌기는 길고 얇으며 머리쪽/

배쪽 방향으로 기울어져 있습니다. 척추 앞/뒤의 관절면은 좌/우/위/아래의 굴곡 및 신장이 가능하게 해 줍니다.

(4) **천골** 엉치뼈, Sacral vertebrae : 3개의 엉치 척추뼈 몸통과 돌기들이 융합하여 형성되며, 합쳐진 척추 몸통은 오목한 배쪽면 골반면을 형성하게 됩니다. 천골는 장골 사이에 위치하며 장골와 관절을 이루고 있습니다. [그림 2-8]

(5) **미추** 꼬리 척추뼈, Caudal vertebrae : 반려견에서 꼬리뼈 수는 평균 20개이지만, 품종에 따른 차이가 있을 수 있습니다. 꼬리뼈는 형태가 점차 단순화되어, 처음 몇 개는 작은 요추를 닮았지만 중간과 뒤쪽은 단순한 막대 모양으로 작아지게 되며, 뒤쪽 꼬리뼈로 갈수록 극돌기, 관절돌기, 횡돌기가 형태적으로 사라집니다. [그림 2-8]

3절 근육 구조 및 명칭, 기능

근육은 주작용근 Primary movers, 관절 움직임에 중요함 및 2차 작용근 Secondary movers, 관절 작용 수행에 중요하지 않음으로 구분됩니다. 주작용근은 정상 생리학적 관절운동에 필요한 순간적인 힘 Moments를 생성하고, 큰 생리학적 단면, 큰 모멘트 암 Moment arm 및 원하는 관절운동을 기반의 특징을 가장 잘 조합한 근육군입니다.

주작용근은 움직이려는 관절에 걸쳐 있습니다.

근육 강도 근력, Muscle strength는 원하는 관절운동의 방향에 작용하는 힘과 근육에 작용하는 순간적인 힘을 곱한 값입니다. 근육의 크기와 작용선 벡터의 방향은 특정 운동을 생성하는 능력을 결정합니다. 근육의 힘은 근육 섬유의 생리학적 단면적과 관련이 있습니다.

일부 반려견의 근육은 사람에서 유사한 근육의 몇 갈래 이는 점의 숫자로 나누어지는지 따라 명명되었기 때문에 근육을 구성하는 실제 갈래 수는 다를 수 있습니다. 예를 들어, 사람의 상완이두근 상완두갈래근, Biceps brachii은 두개의 기시점 이는점, The origin 갈래, 머리 Head이 있지만, 개의 상완이두근은 하나의 기시점이 있습니다. 하지만 이 두 근육 모두를 상완이두근이라고 합니다. [그림 2-8]

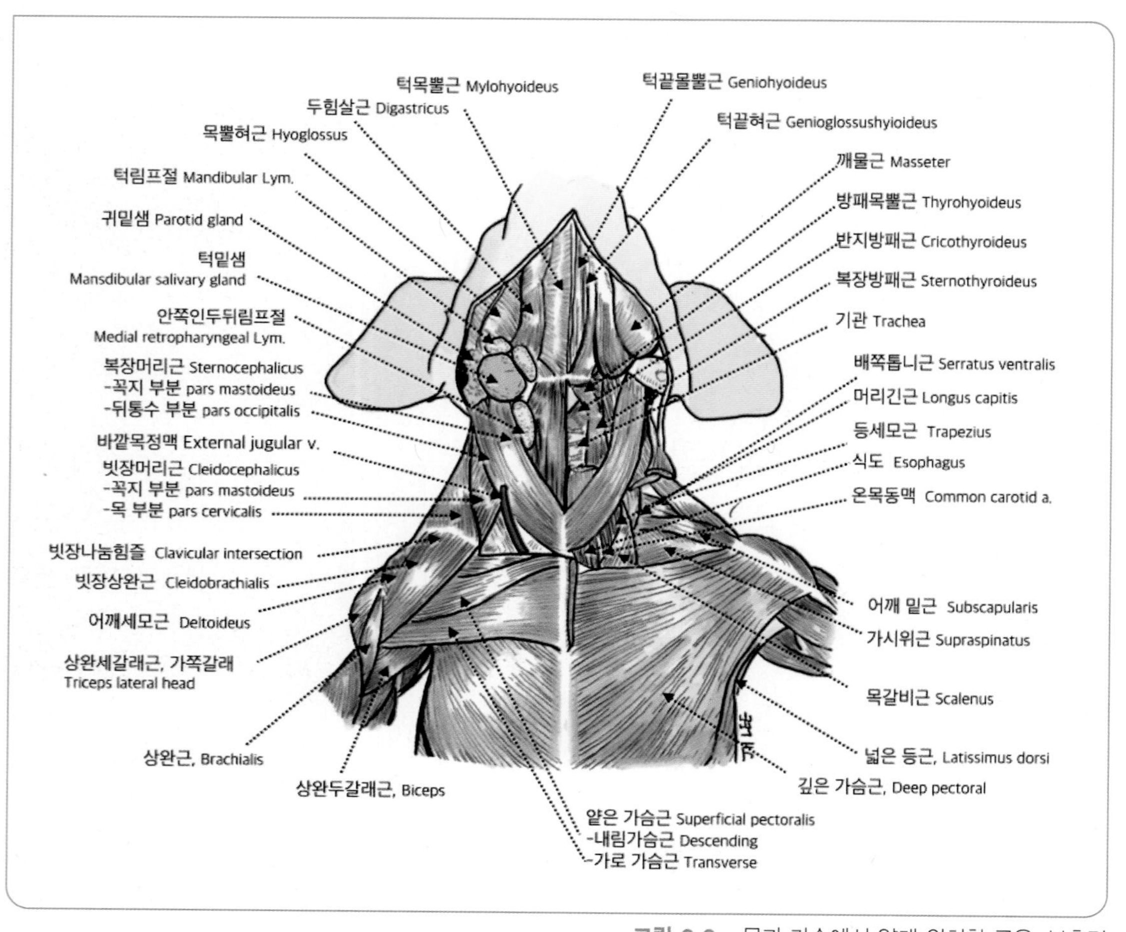

그림 2-9 _ 목과 가슴에서 얕게 위치한 근육, 복측면

1. 전지 앞다리, Forelimb

체중을 유지하는 팔다리로서 앞다리 기능은 근육 수, 크기 및 위치와 밀접한 관련이 있습니다. 또한, 머리와 목을 체중이 지탱할 수 있도록 머리-목과 앞다리 사이에는 강한 근육 덩어리와 인대들이 존재합니다.

반려견의 머리와 목은 캔틸레버 보 Cantilever beam 한 끝이 고정 지지되고, 다른 끝이 자유로운 들보 건물이나 구조물의 들보나 도리와 기계적으로 유사합니다. "빔 Beam"의 끝에 있는 머리의 무게는 큰 목 굴곡 모멘트 Flexion moment를 생성하여, 척추 인대와 목 신전근 목폄근, Extensor of neck에 의해 균형을 이루고 있습니다.

반려견에서 견갑 내전근 어깨 모음근, Adductor of shoulder과 팔꿈치 신전근 팔꿈치 폄근, Extensor of elbow에 큰 근육 덩어리가 있어 앞다리의 무게를 지탱하는 기능을 합니다. 앞다리 근육 중 무게를 지탱하는 근육은 다음과 같습니다.

- 닫힌 체인 운동 Closed chain에서는 어깨 신전근/서 있는 자세에서 열린 체인 운동에서 견갑어께 굴곡근
- 어깨 내전 및 외전 : 무게를 지탱하는 자세에 따라서
- 닫힌 체인 운동에서 팔꿈치 신전근, 서 있는 자세에서 열린 체인 운동에서는 팔꿈치 굴곡근
- 닫힌 체인 운동이나 최종 범위 열린 체인인 경우 수근굴곡근 앞발목굽힘근, Carpal flexor/지굴근 발가락 굽힘근, Digital flexor, 정상적으로 서 있는 자세에서 열린 체인 운동인 경우 수근신전근 앞발목폄근, Carpal extensors/지신전근 발가락폄근, Digital extensors

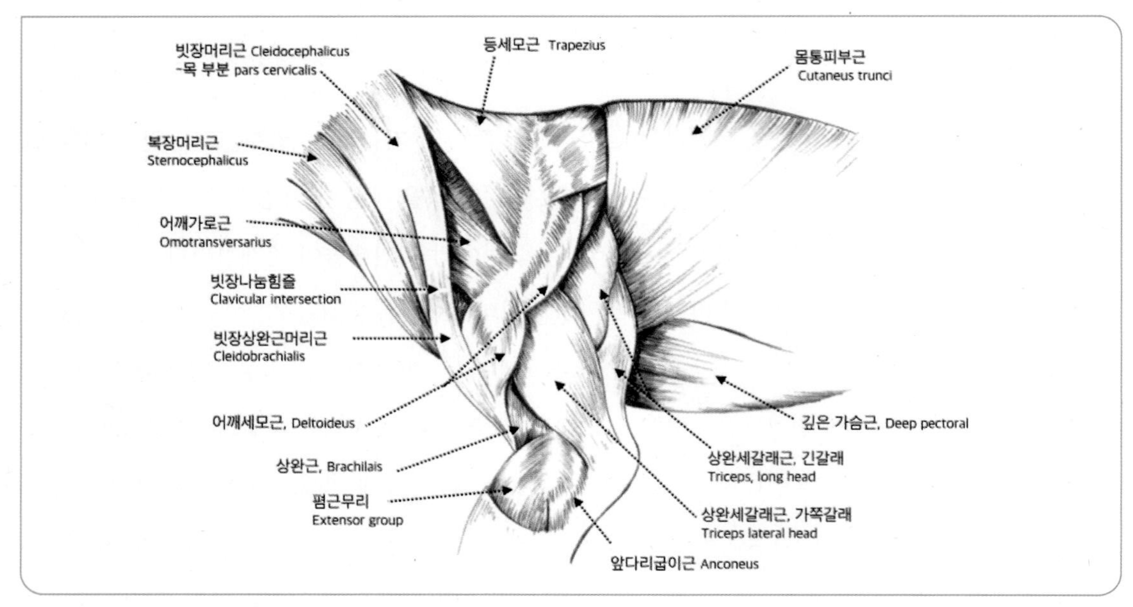

그림 2-10 _ 왼어깨와 상완에서 얕게 위치한 근육

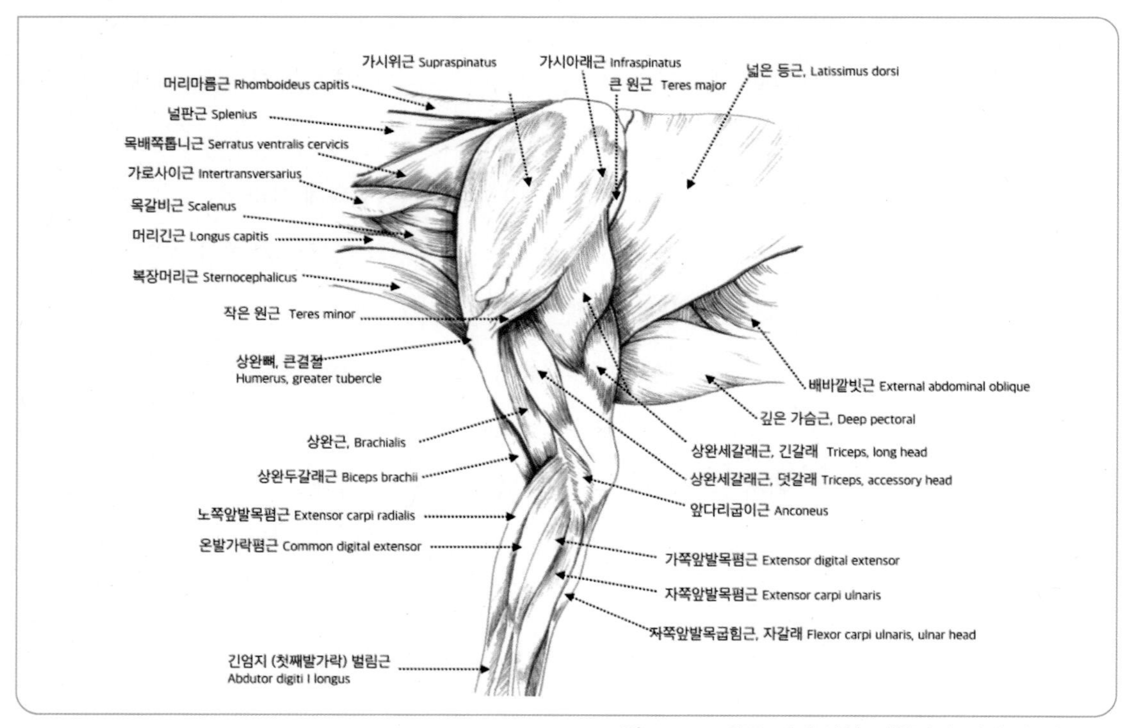

그림 2-11 _ 왼쪽 어깨 상완, 전완에서 깊게 위치한 근육

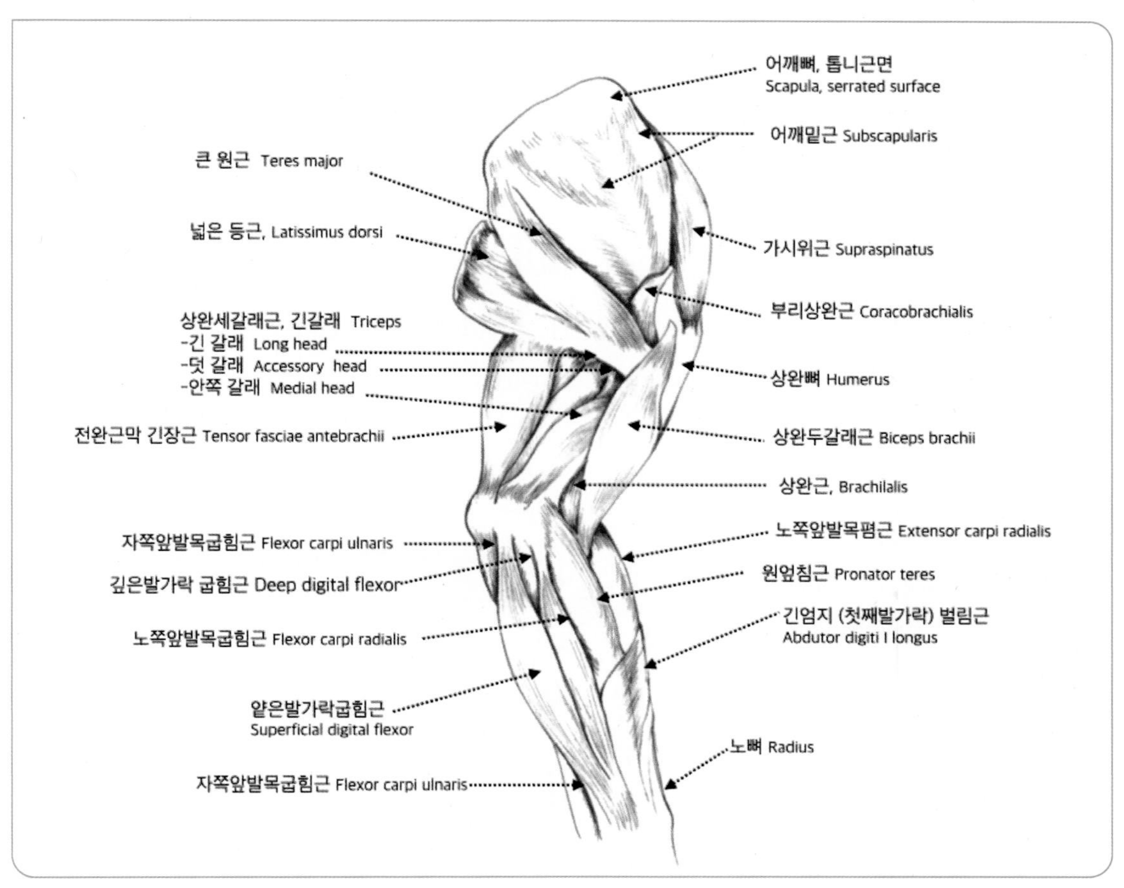

그림 2-12 _ 안쪽에서 본 왼쪽 앞다리 근육

앞다리 근육 그룹의 주작용근 Primary movers는 다음과 같습니다.

- 견갑 굴곡근들 어깨굽힘근들, Shoulder flexors : 광배근 넓은등근, Latissimus dorsi, 삼각근 어깨세모근, Deltoideus, 상완삼두근의 장두 상완세갈래근의 긴 갈래, Long head of the triceps brachii, 대원근 큰원근, Teres major, 소원근 작은원근, Teres minor
- 견갑 신전근들 어깨폄근들, Shoulder extensors : 쇄골상완근 빗장상완근, Cleido-brachialis, 상완이두근 상완두갈래근, Biceps brachii, 극상근 가시위근, Supraspinatus, 완두근 상완머리근, Brachiocephalicus

- **팔꿈치 굴곡근들** 앞다리굽이 굽힘근들, Elbow flexors : **상완이두근** 상완두갈래근, Biceps brachii, **상완근** 위팔근, Brachialis
- **팔꿈치 신전근들** 앞다리굽이 폄근들, Elbow extensors : **상완삼두근** 상완세갈래근, Triceps brachii
- **수근굴근들** 앞발목 굽힘근들, Carpal flexors : **요측수근굴근** 노쪽앞발목굴곡근, Flexor carpi radialis, **척측수근신전근** 자쪽앞발목폄근, Extensor carpi ulnaris, **척측수근굴곡근** 자쪽앞발목굽힘근, Flexor carpi ulnaris

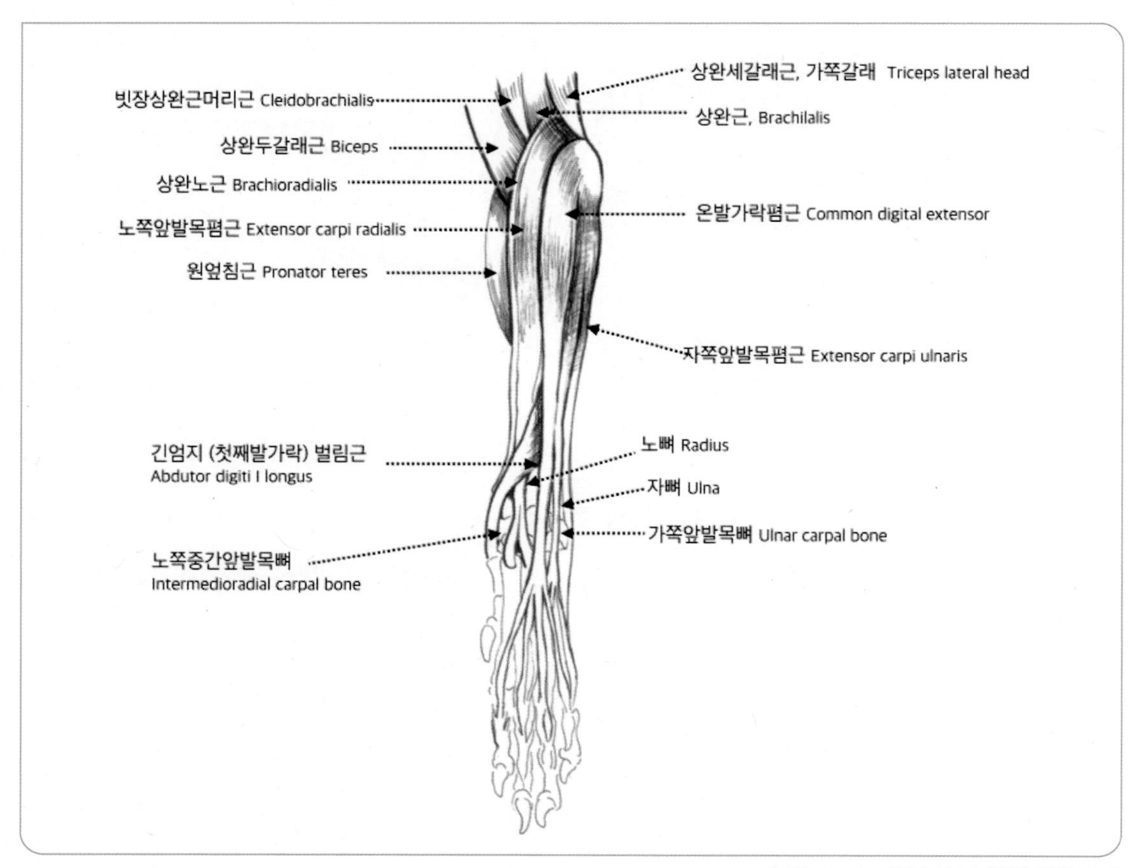

그림 2-13 _ 앞에서 본 왼쪽 전완 근육

• **수근신전근들** 앞발목 폄근들, Carpal extensors : **요측수근신전근** 노쪽앞발목폄근, Extensor carpi radialis, **수근굴곡근/신전근** 앞발목 굽힘/폄근, Carpal flexor and extensor muscles에는 지대 지지띠, retinaculum이 있어 발가락 힘줄을 바른 배열로 유지 합니다. [그림 2-13~14]

• **지굴근들** 발가락 굽힘근들, Digit flexors : **천지굴근** 얕은발가락굽힘근, Superficial digital flexors, **심지굴근** 깊은발가락굽힘근, Deep digital flexors

• **지신전근들** 발가락 폄근들, Digit extensors : **총지신근** 온발가락폄근, Common digital extensor과 **외측지신근** 바깥발가락폄근, Lateral digital extensor muscle

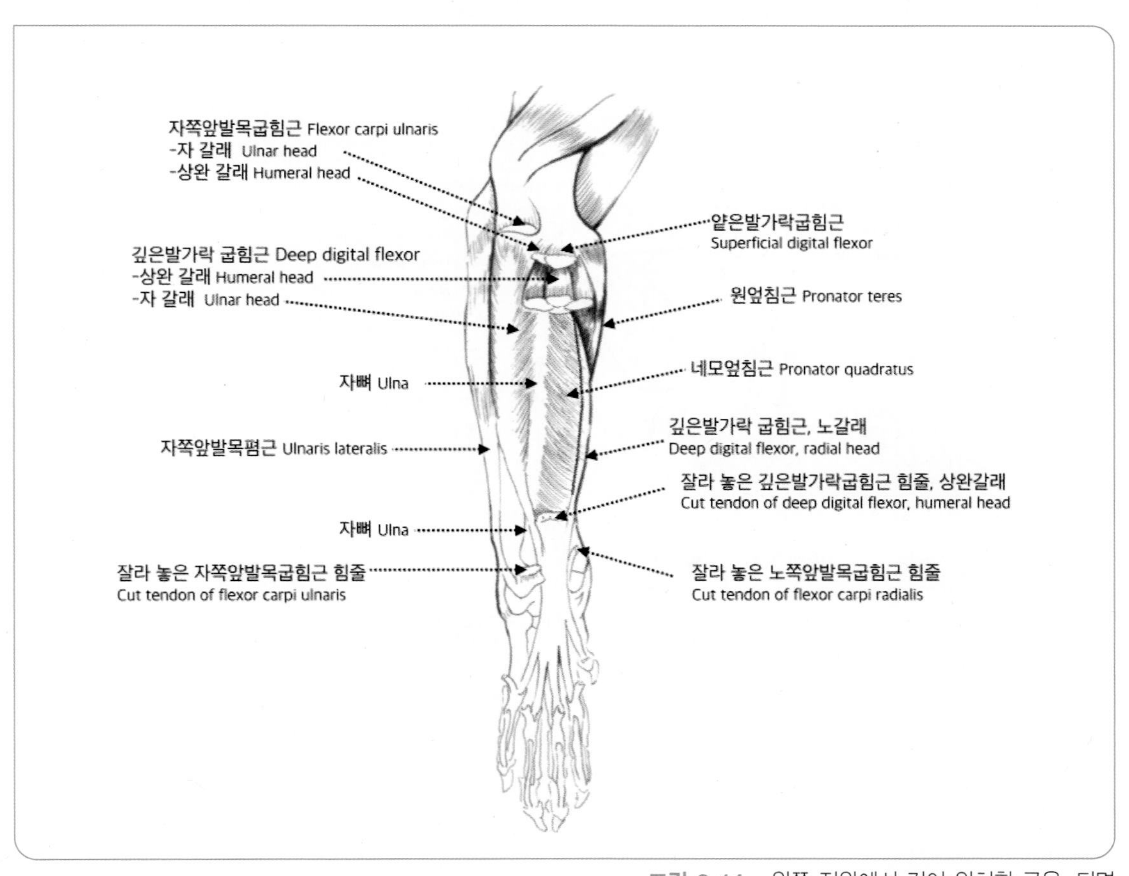

그림 2-14 _ 왼쪽 전완에서 깊이 위치한 근육, 뒤면

2. 후지 뒷다리, Hindlimb

정상적인 자세에서, 엉덩이와 무릎의 각도는 약 110~150도이며, 무릎 관절을 더 많은 굽힐 수 있습니다. 후지에서 닫힌 사슬 운동 시 무게를 지탱하는 근육은 다음과 같습니다.

- 시상면 시상단면, Sagittal plane에서 엉덩 신전근들
- 관상면 이마면, Frontal plane에서 엉덩 외전근들
- 슬신전근들 무릎 신전근들, Stifle extensors
- 거퇴관절 신전근들 발목관절 신전근들, Talocrural extensors
- 발가락 굴곡근들 Digit flexors

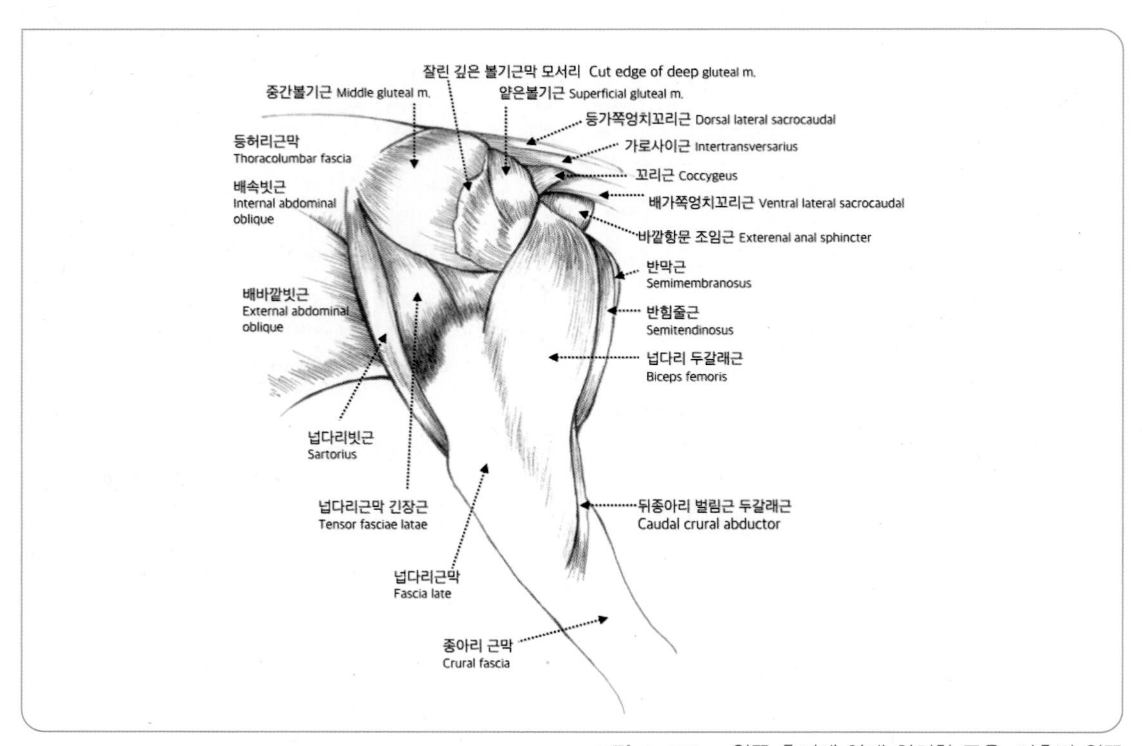

그림 2-15A _ 왼쪽 후지에 얇게 위치한 근육. 외측면 왼쪽

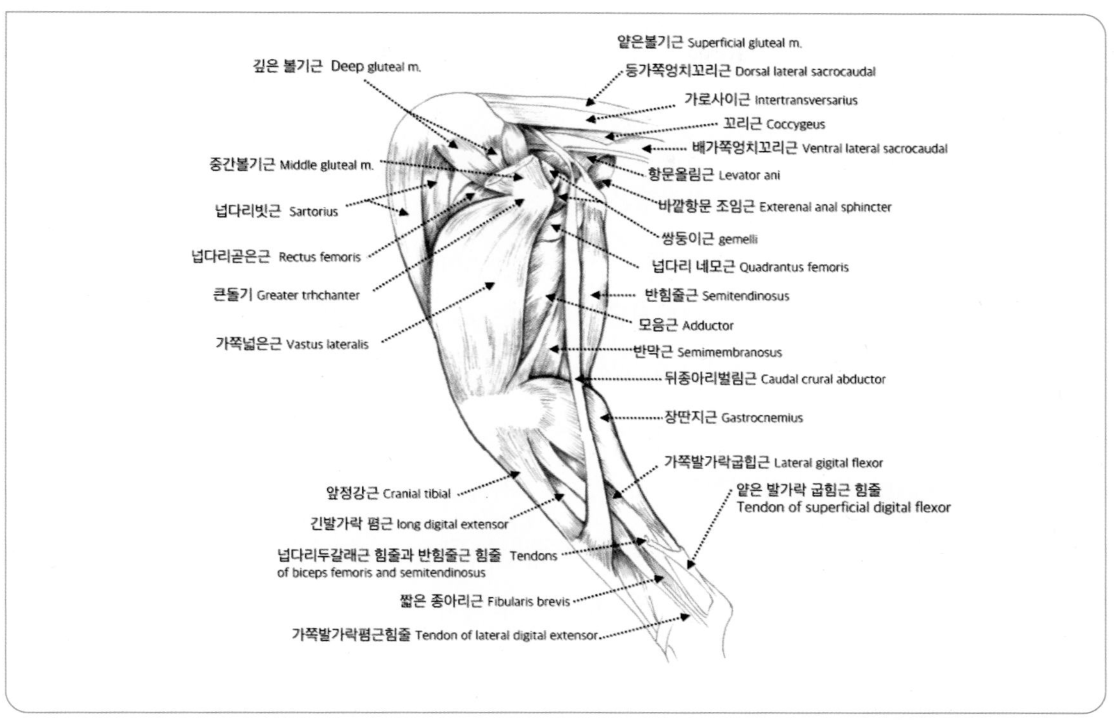

그림 2-15B _ 왼쪽 후지에 깊게 위치한 근육

후지 근육의 주작용근은 다음과 같습니다.

- 둔 굴곡근들 엉덩굽힘근들, Hip flexors : 장요근 엉덩허리근, Iliopsoas, 봉공근 넙다리 빗근, Sartorius, 대퇴근막긴장근 넙다리근막긴장근, Tensor fasciae latae
- 둔 신전근들 엉덩폄근들, Hip extensors : 둔근들 볼기근들, Gluteal muscles, 대퇴이두근 넙다리두갈래근, Biceps femoris, 반건형근 반힘줄근, Semi-tendinosus, 반막형근 반막근, Semimembranosus
- 둔 외전근들 엉덩벌림근들, Hip abductors : 중둔근 중간볼기근, Middle gluteal
- 둔 내전근들 엉덩모음근들, Hip adductors : 대내전근/단내전근 큰모음근/짧은모음근, Adductor magnus/Adductor brevis, 치골근 두덩근, Pectineus

- 둔 외측회전근들 엉덩바깥돌림근들, Hip lateral rotators : 내/외폐쇄근 속/바깥폐쇄근, Internal and external obturator, 쌍자근 쌍둥이근, Gemelli
- 둔 내측회전근들 엉덩안쪽돌림근들, Hip medial rotators : 심둔근 깊은볼기근, Deep gluteal, 반건형근 반힘줄근, Semitendinosus
- 슬 신전근들 무릎폄근들, Stifle extensors : 대퇴사두근 넙다리네갈래근, Quadriceps femoris, 대퇴직근 넙다리곧은근, Rectus femoris, 외측광근 가쪽넓은근, Vastus lateralis, 내측광근 안쪽넓은근, Vastus medialis, 중간광근 중간넓은근, Vastus intermedius
- 슬 굴곡근들 무릎굽힘근들, Stifle flexors : 대퇴이두근 넙다리두갈래근, Biceps femoris, 반건형근 반힘줄근, Semitendinosus, 반막형근 반막근, Semi-membranosus
- 거퇴 굴곡근들 뒷발목굽힘근들, Talocrural flexors : 전경골근 앞정강근, Cranial tibial
- 거퇴 신전근들 뒷발목폄근들, Talocrural extensors : 비복근 장딴지근, Gastrocnemius, 천지굴근 얕은발가락굽힘근, Superficial digital flexor
- 지굴근 발가락 굽힘근들, Digit flexors : 천/심 지굴근 얕은/깊은 발가락 굽힘근, Superficial/Deep flexor
- 지신전근 발가락 폄근들, Digit extensors : 장지신근 긴발가락 폄근, Long digital extensor

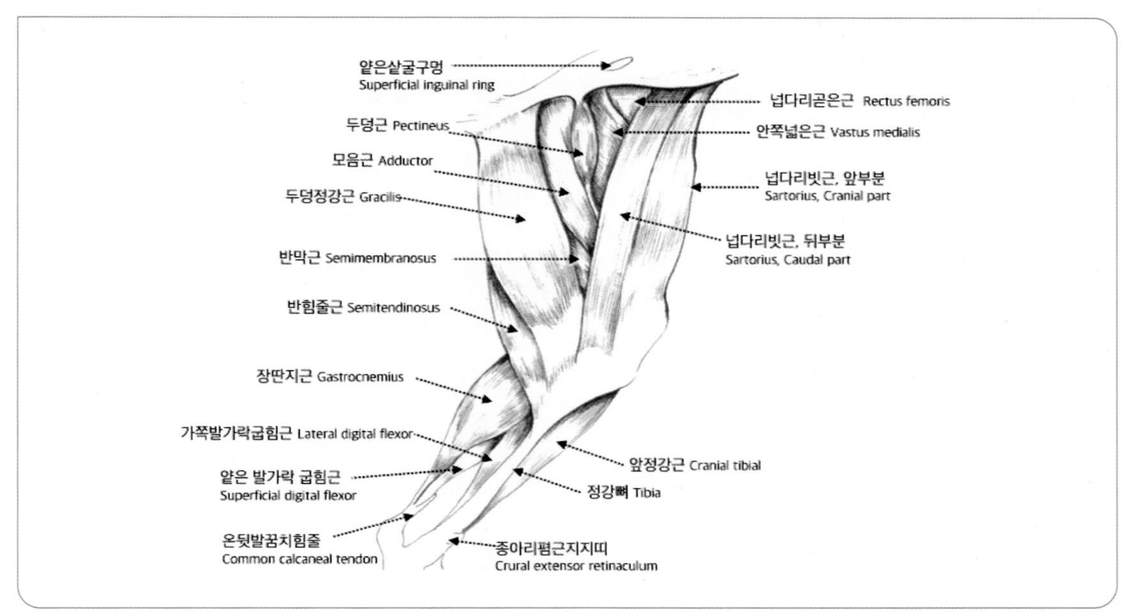

그림 2-16A _ 왼쪽 후지에서 얕게 위치한 근육 안쪽면

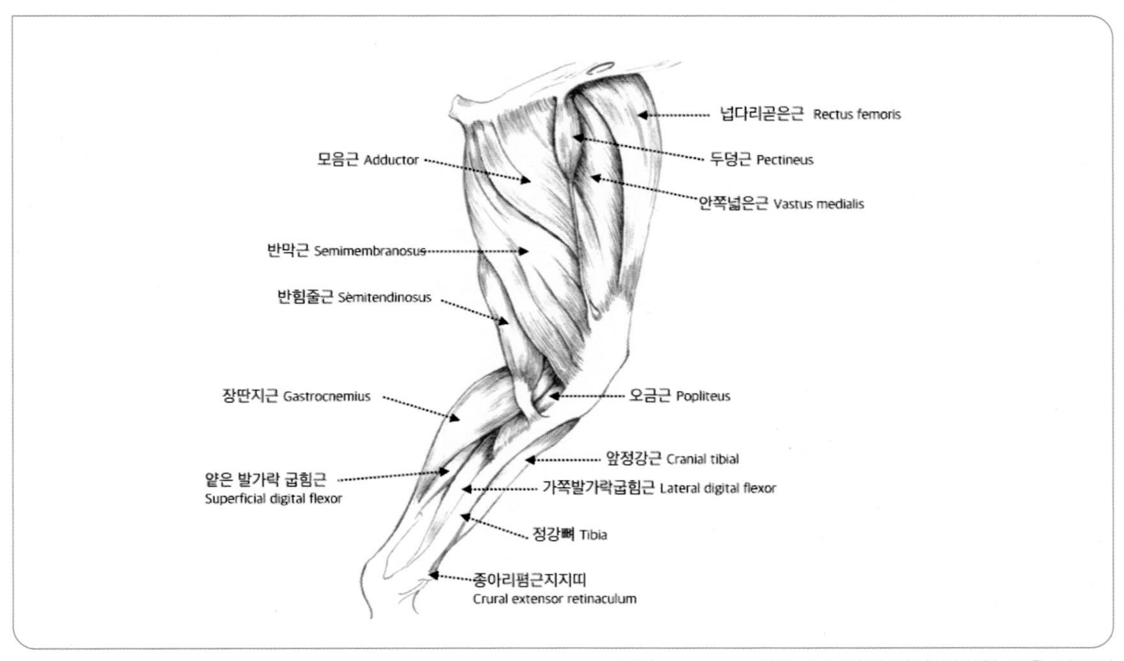

그림 2-16B _ 왼쪽 후지에서 깊이 위치한 근육 안쪽면

전지는 반려견에서 정적상태에서 몸무게의 대부분을 지탱하는 반면에, 후지는 달리기와 점프와 같은 역동적인 활동에 필요한 추진력을 주는 역할을 합니다.

대퇴근육들은 크고 강한 힘들을 수용할 수 있습니다. 반려견의 대퇴근은 앞쪽/뒤쪽 근육무리들로 나누어져 있습니다. 앞 대퇴근은 대퇴이두근의 앞쪽과 반막형근으로 구성되며, 뒤쪽 대퇴는 대퇴이두근과 반막형근의 뒷부분과 전체 반건형근으로 구성됩니다.

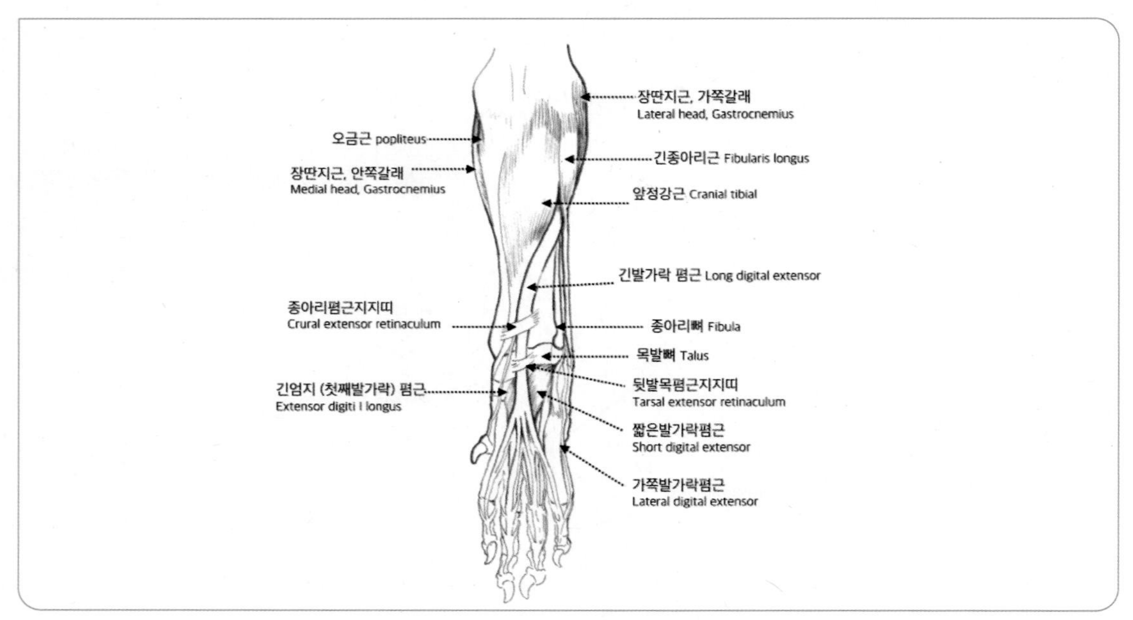

그림 2-17A _ 앞쪽에서 바라본 왼쪽 종아리 근육

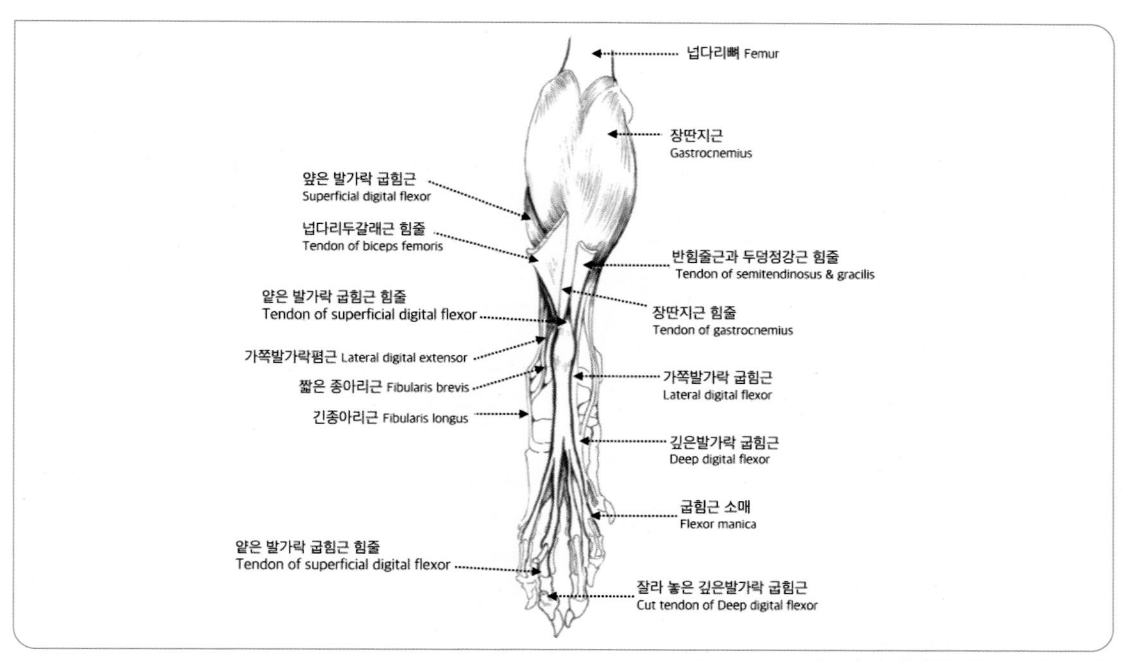

그림 2-17B _ 뒤쪽에서 바라본 왼쪽 종아리 근육

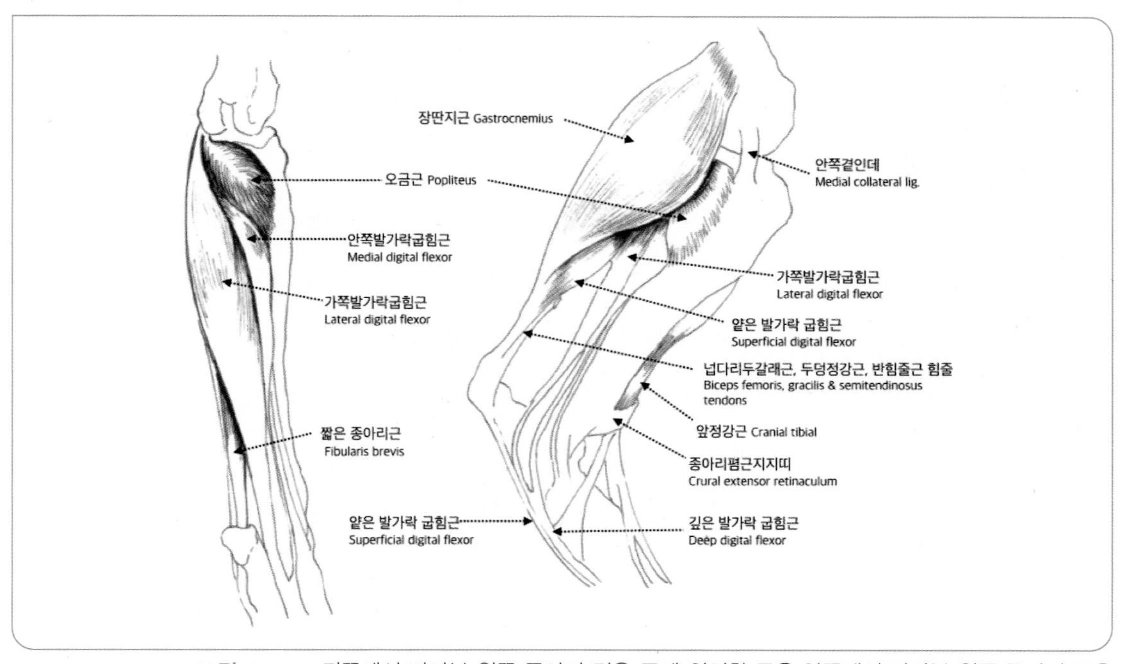

그림 2-18 _ 뒤쪽에서 바라본 왼쪽 종아리 깊은 곳에 위치한 근육/안쪽에서 바라본 왼쪽 종아리 근육

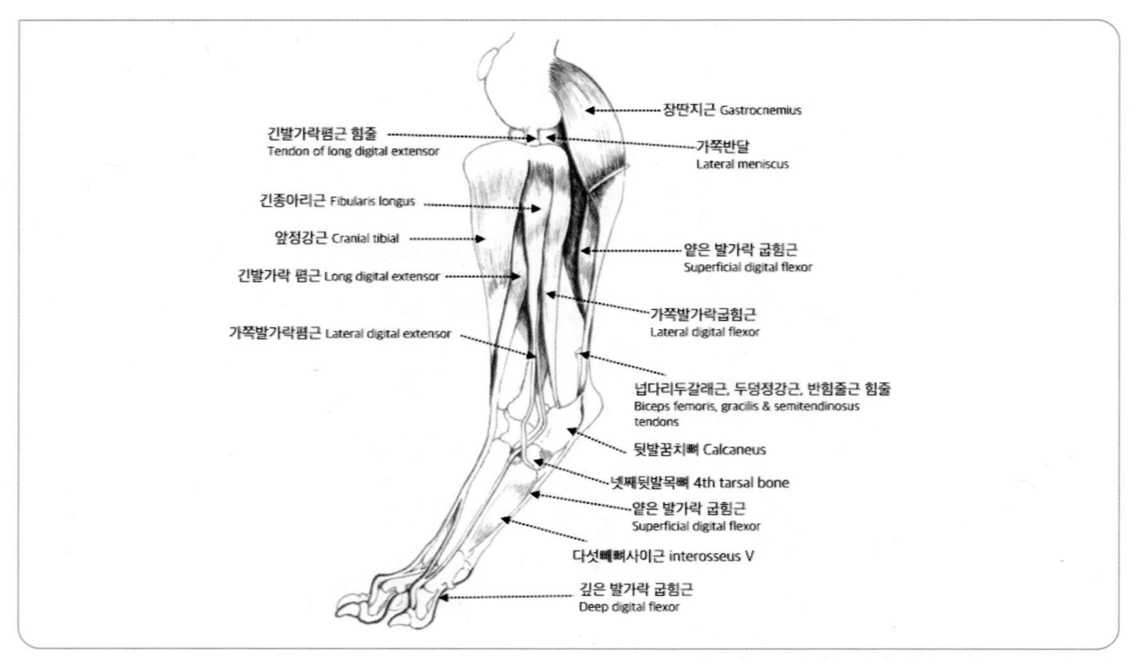

그림 2-19 _ 바깥쪽에서 바라본 왼쪽 종아리 근육

3. 몸통과 목 Trunk and neck

반려견의 몸통과 목의 근육은 신경 공급과 몸통 축위 근육군과 몸통 축아래 근육군으로 구분됩니다. 몸통 축위 근육들은 척추 횡돌기 가로돌기 배측에 위치하며, 척주를 펴는 기능을 합니다. 몸통 축아래 근육들은 척추 횡돌기의 복측으로 위치하며, 척주를 굽히는 작용을 하며, 복벽과 흉벽의 근육이 여기에 포함됩니다.

체중을 지탱하는 몸통과 목의 근육군은 신전근들이며, 주작용근은 다음과 같습니다.

- 환추-축추의 경추굴곡 고리뼈-중쇠뼈의 목척추굽힘, Cervical spine flexion of C1-C2
  : 두장근 머리긴근과 경장근 목긴근

- 축추 뒤쪽의 경추굴곡 중쇠뼈 뒤쪽의 목척추굽힘, Cervical spine flexion caudal to C2 : 흉골 유돌근, 두장근, 경장근
- 경추 신장 목척추 폄, Cervical spine extension : 판상근 널판근
- 경추의 옆 구부림 목척추의 옆 구부림, Cervical spine side bend : 사각근 목갈비근
- 경추의 회전 목척추의 회전, Rotation of the cervical spine : 판상근, 흉골 유돌근
- 몸통 굴곡 몸통 굽힘, Flexion of the trunk, 흉/요추, Thoracic and lumbar spine : 복직근 배곧은근
- 몸통 신전 몸통 폄, Extension of the trunk : 척주기립근 척주세움근
- 몸통 옆구부림 Side bend of the trunk : 외복사근 배바깥빗근의 허리 부분
- 몸통 회전 몸통 돌림, Rotation of the trunk : 외복사근의 장근 긴근과 늑골 부분

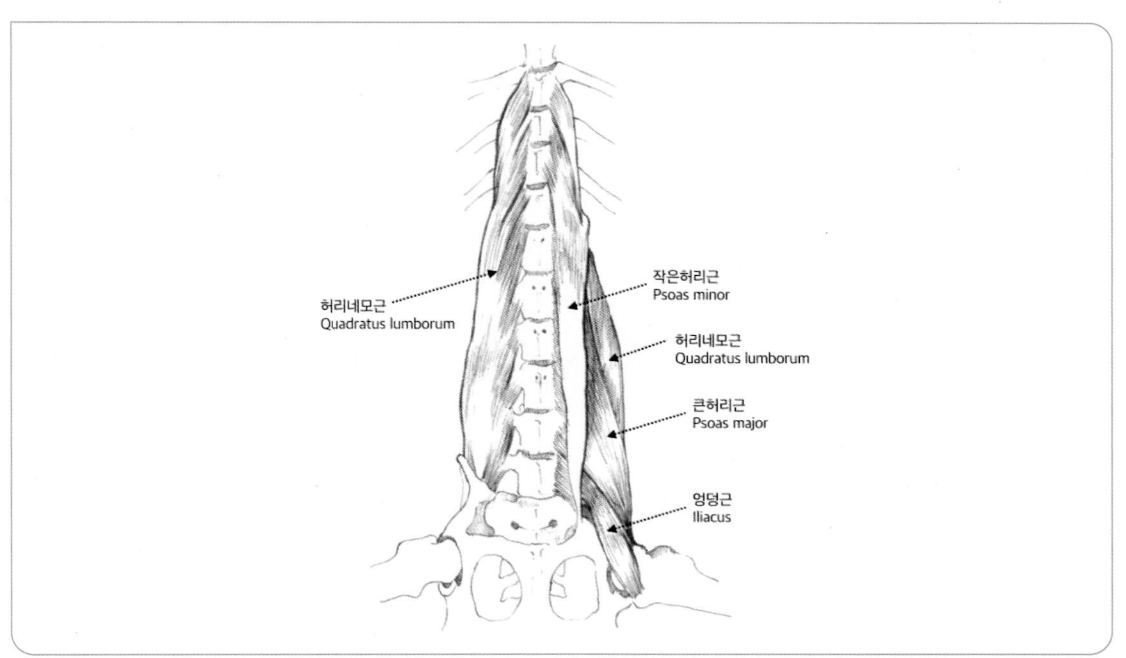

그림 2-20 _ 배쪽에서 본 허리밑근육

목은 캔틸리버 빔 형태로 몸통에 붙어 있으며, 목이 중립적인 자세를 유지하기 위해서는 목의 신전근들의 지속적인 운동이 필요하기 때문에 많은 양의 목 신전근들이 있습니다. 몸통의 굴곡과 신전을 위해서 몸통의 굴곡 신전근들이 존재하여, 복부 근육은 내부 장기의 무게를 지탱하는 역할을 하기도 합니다.

4절

다리의 관절, 인대 및 힘줄의 구조 및 명칭

1. 앞다리 관절 및 인대

견관절 어깨관절, Shoulder joint

반려견의 견관절은 섬유소성 관절 주머니로 내측 및 측방 협측 인대 안쪽 및 가쪽 오목위팔인대, Medial and lateral glenohumeral ligaments를 가집니다. 횡상완지대 상완가로 지지띠, Transverse humeral retinaculum가 상완 두갈래근의 이는 곳을 단단히 잡고 있습니다.

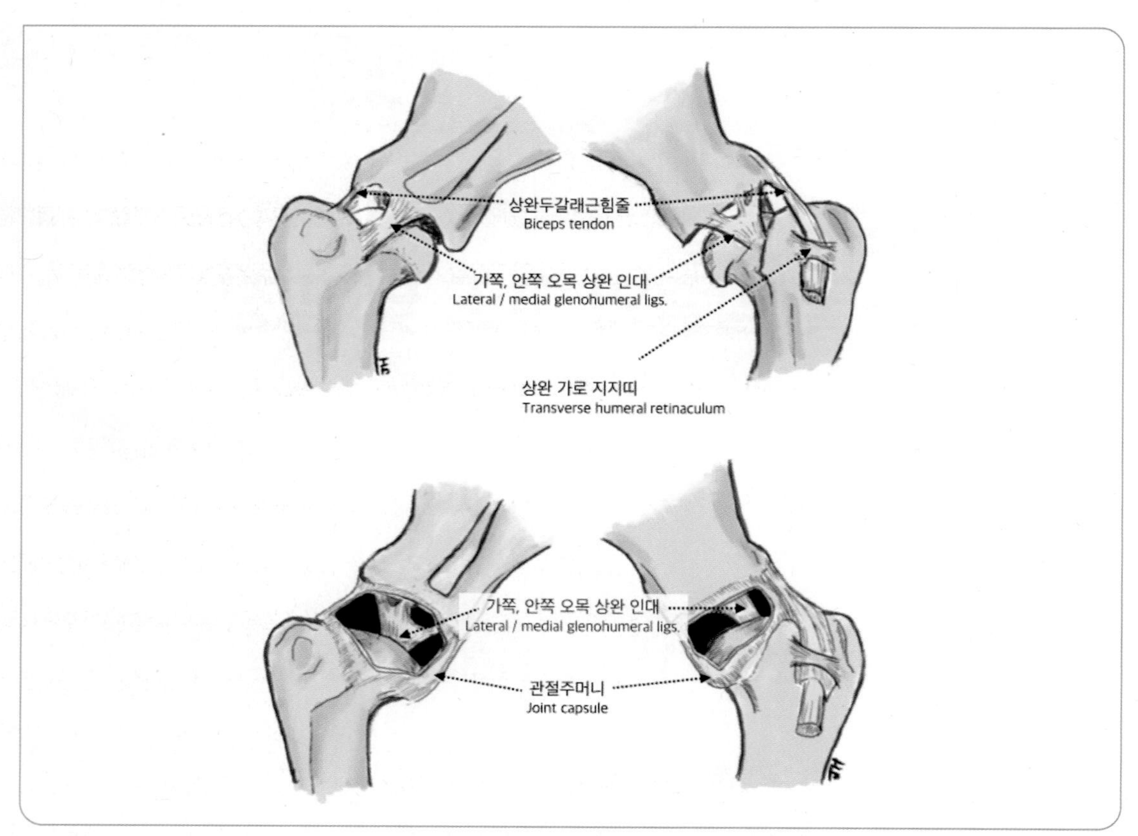

그림 2-21 _ 왼쪽 견관절 인대, 외측면과 내측면/왼쪽 견관절 주머니, 외측면과 내측면

주관절 앞다리굽이 관절, Elbow joint

고리인대 돌림인대, Annular ligament가 근위 요골을 척골에 단단히 고정시킵니다. 앞다리 굽이 관절의 외측측부인대 가쪽곁인대, Lateral collateral lig.와 내측측부인대 안쪽곁인대, Medial collateral lig.가 이 관절을 안정시키는 실질적인 구조입니다.

요골와 척골 사이에는 전완골간인대 뼈사이인대, Interosseous lig. of antebrachium이라는 치밀한 아교섬유성 조직으로 연결되어 있습니다.

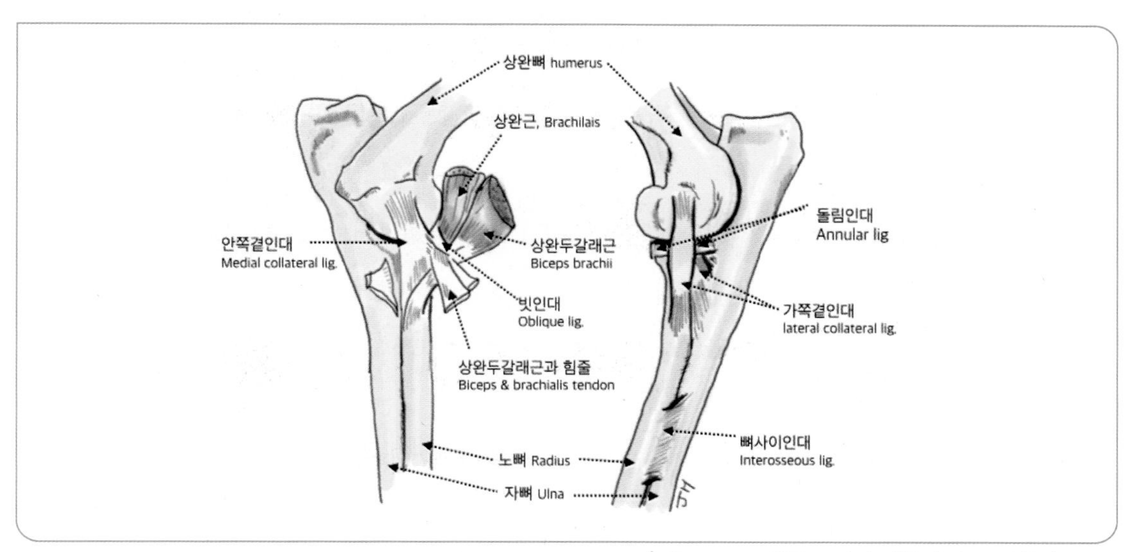

그림 2-22 _ 왼쪽 주관절 내측면 왼쪽, 외측면 오른쪽

전족근관절 앞발목관절, Antebrachiocarpal joint과 발가락 사이 관절

모든 앞발목 관절에 걸쳐 있는 측부인대는 없지만, 앞발목 관절의 안정성을 유지하기 위해 개별적으로 많은 측부인대가 존재합니다.

장측수근인대 바닥쪽앞발목 인대, Palmar carpal lig.는 두꺼운 섬유층인대로 완골에 강하게 부착되어 정상적인 체중을 지탱하는데 필수적인 역할을 하고 있습니다.

2. 뒷다리 관절 및 인대

주요한 관절및 인대의 그림은 아래와 같습니다 그림 2-22, 23, 25. 좌우 좌골과 치골은 정중단면에 있는 골반결합 Symphysis pelvis로 연결되어 관절이 된다.

고관절 엉덩관절, Hip joint

고관절의 주요 운동은 굽히고 펴는 것으로 절구관절입니다. 대퇴골두인대 넙다리뼈머리 인대, Lig. of femoral head는 아교성 조직으로 절구 오목에서 대퇴골두와 넙다리뼈머리오목, Fovea of femoral head까지 연결되어 있습니다. 대퇴골두인대는 관절 발달에 중요한 역할을 하지만 관절 주머니가 관절의 안정성에 더 큰 역할을 합니다.

천결절인대 엉치결절 인대, Sacrotuberous lig.는 고관절 인대가 아닌 골반 인대이지만, 넙다리 두갈래근의 기원 중 하나이기 때문에 여기에서 언급됩니다.

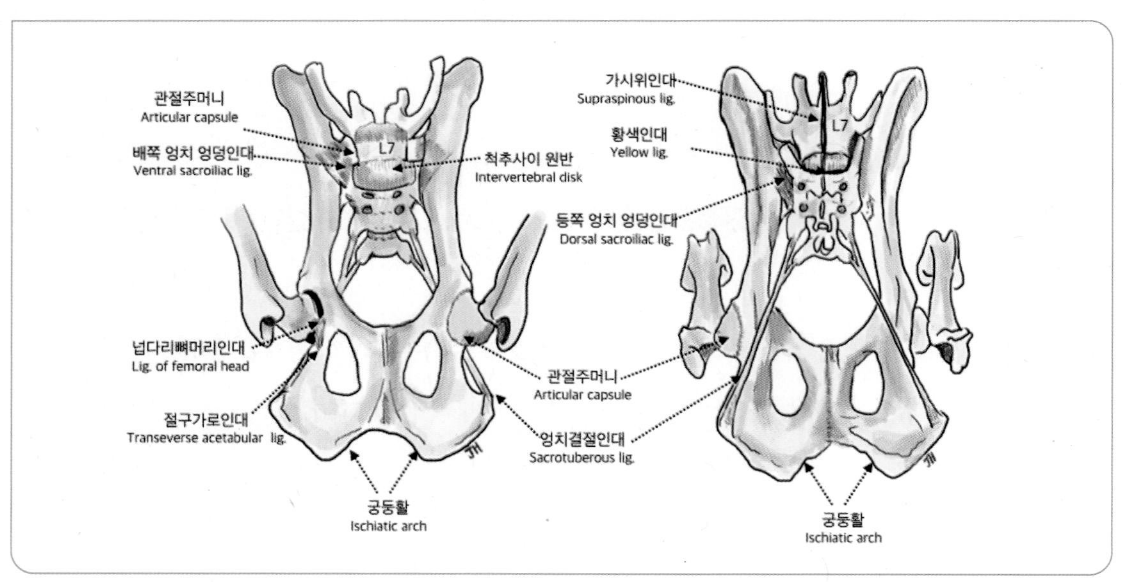

그림 2-23 _ 골반에 있는 인대 복측면 왼쪽과 배측면 오른쪽

슬관절 무릎관절, Stifle joint

전십자인대 앞십자인대, Cranial cruciate lig.와 후십자인대 뒤십자인대, Caudal cruciate lig.는 경골와 넙다리 뼈 사이를 연결하여, 앞뒤 운동을 하는 것을 제한하여

슬관절의 안정화에 중요한 인대입니다. 전십자인대는 다른 섬유의 묶음으로 전내측띠 앞내측 띠, Cranialmedial bands와 후외측띠 뒤가쪽 띠, Caudolateral bands로 구분됩니다.

내측측부인대 안쪽곁인대, Medial collateral lig.와 외측측부인대 가쪽곁인대, Lateral collateral lig.들은 슬관절의 벌림, 모음, 회전을 방지하며, 안정성에 기여하고 있습니다.

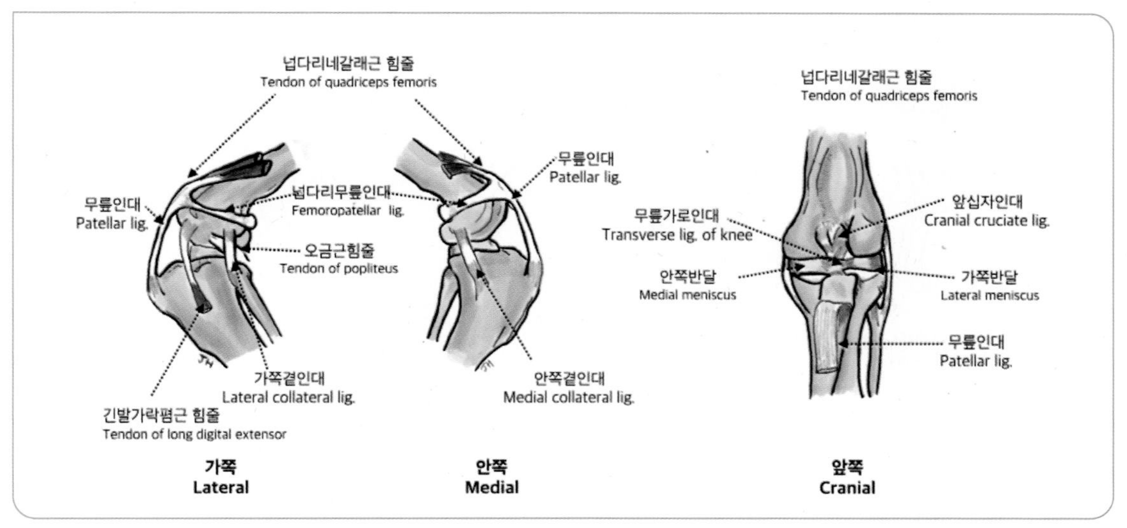

그림 2-24 _ 왼쪽 슬관절 인대 외측면, 내측면, 앞쪽면과 왼쪽 경골 근위 끝에 있는 관절 반달과 인대

슬관절에는 3개의 관절낭 관절주머니, Articular capsule이 있습니다. 두 개는 대퇴골관절 융기와 경골 관절 융기에 있는 대퇴경골관절낭 넙다리 정강관절 주머니, Femorotibial joint capsule이며, 마지막 하나는 대퇴슬관절낭 넙다리무릎관절 주머니, Femoropatellar joint capsule으로 슬개골 바로 아래에 있습니다. 대퇴경골관절은 비복근 장딴지근육, Gastrocnemius의 종자골 종자뼈, Sesamoids의 관절과 합쳐지지만 십자인대가 포함되지는 않습니다.

외측 대퇴경골 관절낭 가쪽 넙다리 정강관절 주머니, Lateral femorotibial pouch은 신전근구 폄근 고랑, Extensor groove를 지나서 장지신근 긴발가락폄근, Long digital extensor m.으로 연장되며 슬와근 오금근, Popliteus m.의 근위 부착 부위 힘줄을 싸고 있습니다.

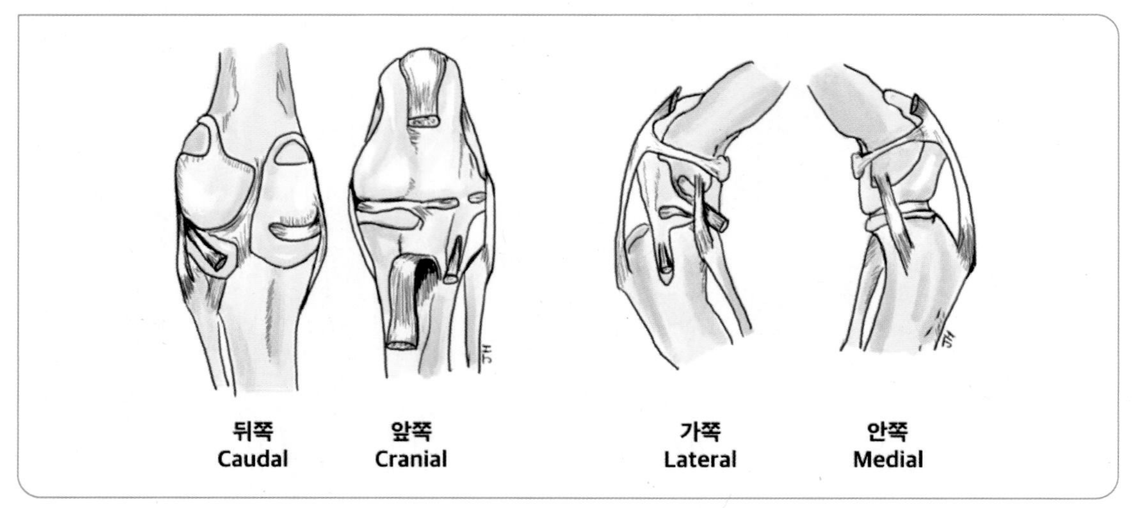

그림 2-25 _ 왼쪽 슬관절 관절낭 뒤쪽면, 앞쪽면, 외측면, 내측면

경골관절 융기 사이에는 "C"자 모양의 연골판인 관절반월 관절반달, Meniscus이 존재합니다. 이 관절반월은 대퇴골과 경골 사이 부조화를 보완하고 있습니다. 외측보다 내측 관절반달이 더 강하게 부착되어 있어 전십자인대의 손상으로 관절이 불안정하게 되면, 내측 관절 반월이 더 자주 손상되게 됩니다.

섬유소성 폄근 지지띠 Fibrous extensor retinaculum가 슬개골을 고정하고 있습니다. 폄근 지지띠에서 외측 근막이 슬개골를 대퇴골 활차 넙다리뼈 도르래, Trochlea of femur 사이에 잡아두는 중요한 역할을 합니다. 대퇴슬개인대 넙다리 무릎 인대, Femoropatella lig.는 섬유소성 주머니로 대형견종의 개에서만 관찰됩니다.

족근관절 뒷발목관절, Tarsal joint

족근관절의 내측측부인대와 외측측부인대 Medial & Lateral collateral lig.가 안정성을 주며, 길고 짧은 여러 측부인대들이 존재합니다. 족근관절에서 운동은 주로 경골 달팽이와 거골 활차 사이에서 일어납니다.

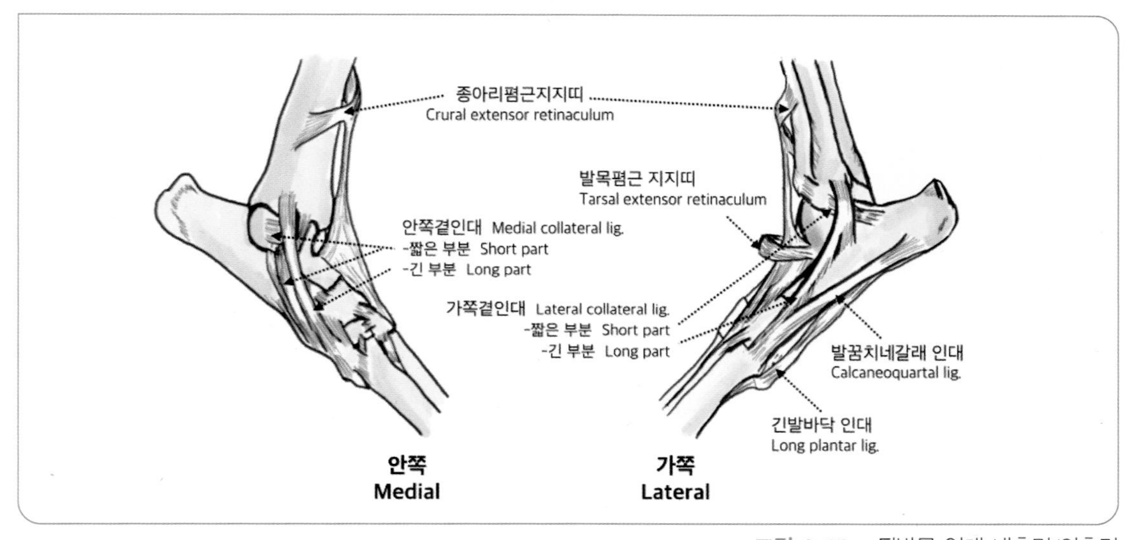

그림 2-26 _ 뒷발목 인대 내측면/외측면

5절
관절가동범위(ROM)의 측정

관절의 기능을 나타내는 하나의 지표로서 관절가동범위의 측정을 사용합니다. 관절가동범위는 관절각도계 Goniometer로 쉽게 측정할 수 있습니다. 개에게 관절각도 5장 참고를 사용하여 피부 위에서 관절각도계로 측정한 각도는 방사선 사진을 이용하여 실제의 각도를 비교한 결과 유의한 상관관계가 있다고 보고되어 있으므로 관절각도계에 따른 측정은 평가에 유용한 기준이 될 수 있습니다.

래브라도 리트리버의 각 관절의 관절가동범위의 평균치가 보고되어 있어, 이 수치를 참고하여 가동범위 제한의 유무를 판단할 수 있습니다. 표 2-1 그러나 다른 품종에서 예를 들어, 닥스훈트품종 간 각 관절의 관절가동범위의 기준치가 다르기 때문에 관절 가동 범위의 평가는 정상적인 다리와 비교하여 실시하는 것이 필요합니다. 또한 휴식 시에 측정한 관절가동범위는 보행이나 작업을 할 때에 필요로 하는 기능적인 가동범위와는 다르다는 것을 알아 둘 필요가 있습니다.

【표 2-1】 래브라도 리트리버의 각 관절의 관절가동범위의 평균치

관절 부위	신전각 Extended	굴곡각 Flex
구절 앞발목 관절	196 ± 2°	32 ± 2°
주관절 앞다리 굽이 관절	165 ± 2°	36 ± 2°
견관절 어깨 관절	165 ± 2°	57 ± 2°
비절 뒷 발목 관절	164 ± 2°	39 ± 2°
슬관절 무릎 관절	162 ± 3°	42 ± 2°
고관절 엉덩 관절	162 ± 3°	50 ± 2°

Mills PL. Canine Rehabilitation & Physical Therapy, Saunders, 2004

각 관절에서 관절가동범위의 측정은 정형외과 질환을 진단하는데 있어서 많은 정보를 얻을 수 있으므로 동물병원에서 진료 시에는 네 다리의 모든 관절에서 측정하는 것을 권장합니다.

반려견이나 반려묘에서 각 관절의 관절가동범위 측정법은 사람과 달리 동물을 옆으로 보정하여 각각의 관절을 최대로 굽혔을 때와 최대로 폈을 때의 각도를 관절각도계로 측정합니다. 관절의 운동 중심에 관절각도계의 중심을 대어 각도계의 한쪽을 근위 뼈의 장축에 다른 한쪽은 몸통 원위 뼈의 장축에 겹쳐 관절의 각도를 측정합니다.

반려견의 각 관절의 표준적인 관절가동범위의 측정을 위해 해부학적인 기준점과 방법은 아래 그림에서 확인할 수 있습니다. 표 2-2, 그림 2-26~28 관절가동범위를 측정할 때에는 정상적인 다리부터 실시하는 것이 일반적입니다. 아픈 다리부터 측정할 경우 반려견의 협조가 떨어지는 경향이 있기 때문입니다. 일반적으로 관절가동범위를 측정할 때에는 진정이나 전신마취를 필요로 하지 않지만, 일부 정형외과 질환에서는 최대로 관절을 펴거나 굽혔을 때 통증을 나타내는 경우가 있습니다. 이러한 경우에는 통증을 나타내지 않을 정도로 펴거나 굽혀서 관절의 각도를 측정하도록 합니다.

측정은 동일한 평가자 수의사가 3회 실시하여 그 평균치를 구하는 것이 좋습니다. 모든 관절의 관절가동범위를 관절각도계로 측정할 시간적인 여유가 없는 경우에는 펴거나 굽혔을 때 가동범위를 정상 "0" 증가 "1", 감소 "*"로 간단히 평가할 수도 있습니다.

【표 2-2】 관절각도계의 ROM 측정 시 기준점 Landmarks

관절 Joint	몸통쪽 팔 Proximal arm	기준축 Axis	몸통원위 팔 Distal arm	끝 End feel
견관절(Shoulder) Flexion/Extension	Spine of the scapula	Acromion	Lateral humeral epicondyle	Soft or firm/firm
견관절 외전 Abduction	Spine of the scapula	Greater tubercle	Bisecting the lateral humerus	Firm
주관절 Flexion/Extension	Greater tubercle	Lateral epicondyle	Lateral styloid process	Soft or firm/hard
구절 Flexion/Extension	Radial head	Lateral styloid	Fifth metacarpal	Firm/firm
고관절 Flexion/Extension	Bisecting the iliac wing	Greater trochanter	Lateral femoral condyle	Soft or firm/hard
슬관절 Flexion/Extension	Greater trochanter	Lateral femoral condyle	Lateral malleolus	Soft or firm/hard

Zink C and Van Dyke JB. Canine sports medicine & rehabiliation, wiley Blackwell, 2nd ed, 2018.

정상 소견 최대로 펴거나 굽혔을 때의 각도는 정상적인 관절과 비교했을 때 차이가 나타나지 않습니다. 좌우의 관절을 비교했을 때 한쪽의 관절이 과도하게 펴지거나 굽혀지는 경우에는 비정상 소견으로 판단합니다. 또한 관절이 명확히 펴지거나 굽혀지는 않는 경우에도 비정상으로 판단합니다. 힘줄이나 인대의 단열 시에는 최대 폄 또는 굴곡 시의 각도가 커지거나 관절가동범위가 증가됩니다. 퇴행성 관절증이나 관절질환이 있는 경우에는 최대 폄 또는 굴곡 시의 각도가 작아져 관절가동범위가 감소되는 경우가 많습니다.

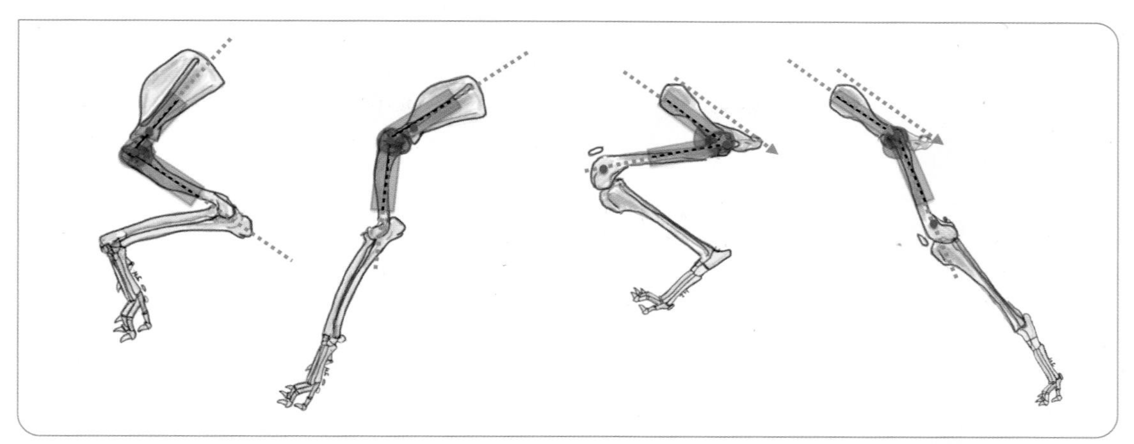

그림 2-27 _ 견관절 굴곡각, 신전각/고관절 굴곡각, 신전각

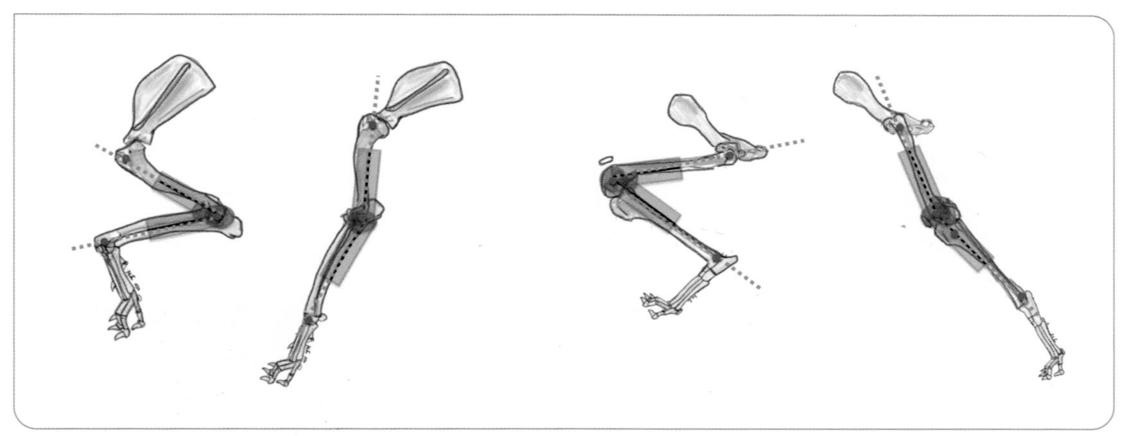

그림 2-28 _ 주관절 굴곡각, 신전각/슬관절 굴곡각, 신전각

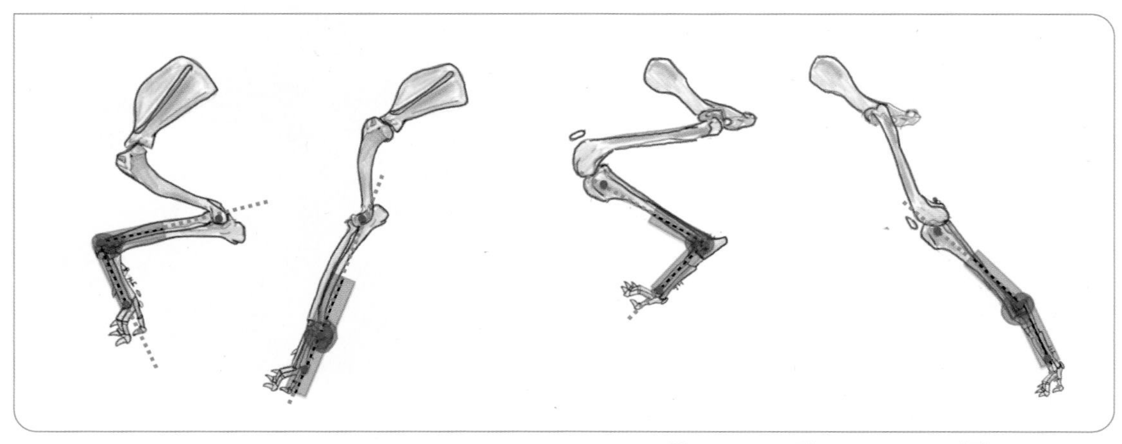

그림 2-29 _ 구절 굴곡각, 신전각/비절 굴곡각, 신전각

6절

근육량의 측정

근육량을 측정하여 다리 근육의 사용과 체중 지탱의 정도를 파악할 수 있습니다. 근육량은 초음파, CT, MRI 등으로 측정하는 방법이 있지만, 줄자를 이용하여 다리의 둘레를 측정하는 것만으로도 충분한 정보를 얻을 수 있습니다. 다리 둘레 측정은 수의사가 아니라도 누구든지 쉽게 측정할 수 있지만, 검사자가 다를 경우 오차가 생길 수 있기 때문에, 시간에 따른 변화 수 일, 수 개월 단위를 관찰할 경우 같은 사람이 하는 것이 좋습니다.

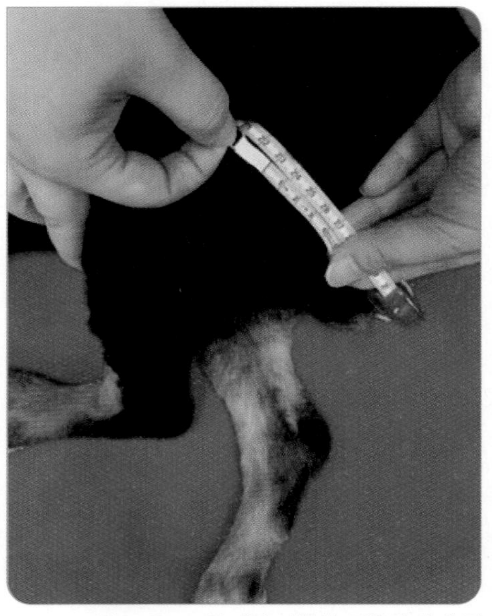

그림 2-30 _ 줄자를 이용한 근육량의 측정

측정결과는 서있는 자세, 관절이 굽혀지거나 펴진 상태, 진정제 투여의 여부, 털 길이가 영향을 받으므로 이를 고려해야 합니다.

근육량을 측정할 때는 다리의 둘레에서 근육량이 일정 이상 있으며, 운동 감소나 질환이 있을 경우 많이 감소되는 위치에서 측정하는 것이 좋습니다. 각 다리의 근육량 추천 부위는 아래 그림을 참고하시면 됩니다.

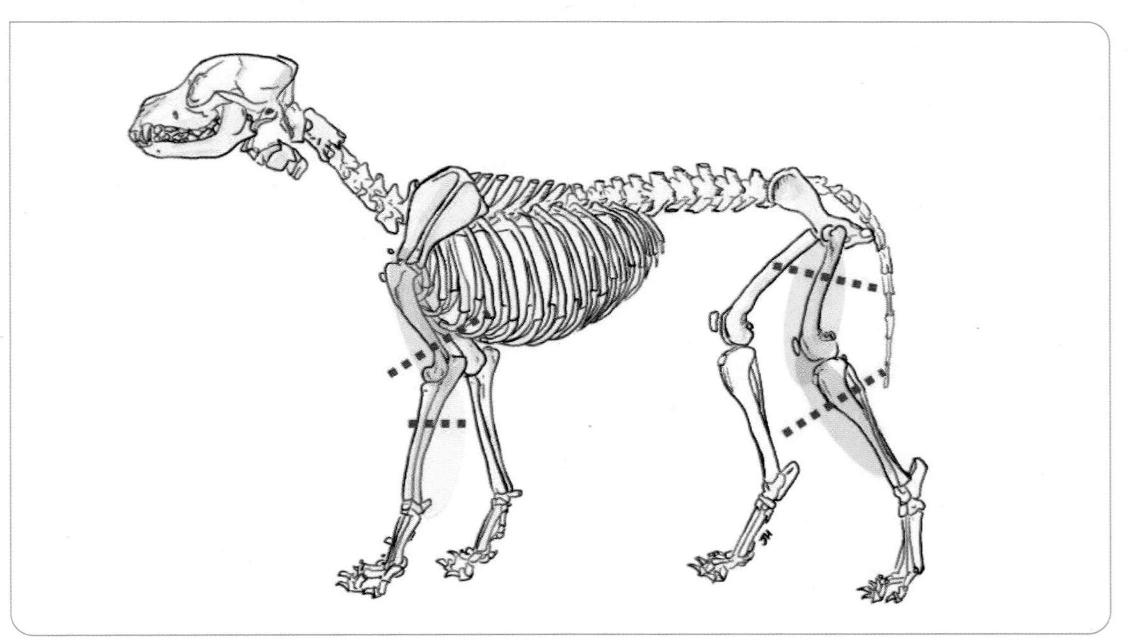

그림 2-31 _ 근육량을 측정하는 부위

【표 2-3】 다리 주위를 측정할 때 추천하는 측정 부위

구분	측정 부위
상완부	상완골 상완골 대결절과 앞발꿈치 머리의 사이 원위 1/3 부위
전완부	척골 상완골 외측과 - 척골 갈고리 돌기 사이 근위 1/4 부위
대퇴부	대퇴부 대퇴골 대전자와 슬개골 사이 근위 1/4 부위
하퇴부	하퇴부 경골조면과 경골 외측 근위 1/4 부위

Fossum TW, Small Animal Surgery 5th ed. Mosby, 2019.

근육량이 비정상적인 노견은 다리의 같은 부위 둘레를 측정하였을 때 좌우의 차이가 있습니다. 질환이 있는 다리의 근육이 정상보다 위축되어 적은 근육을 보이게 되는 것이 일반적이고 수술이나 재활을 통한 치료 시 근육량이 증가하여 측정값이 증가하게 됩니다.

3장
정상 vs 비정상 보행 구분

1절 보행 검사 관련 용어 및 이론

보행 검사에서 파행을 정확히 평가하기 위해서는 개의 올바른 보행 상태를 이해할 필요가 있습니다. 보행 검사는 수의사가 실시하는 정형외과 질환의 진단 과정 중 검사법입니다. 보행 검사는 정형외과 질환이 의심되는 반려견이나 반려묘를 진단할 때에 방사선 검사를 실시하기 전에, 진료의 효율을 증가시키기 위해 추천됩니다.

보행검사를 시작하기 전에 간단한 보행 용어를 알아둘 필요가 있습니다. 다리를 들어 올렸다가 지면에 닿는 점을 착지점, 다리를 들어올려서 지면에서 멀어지는 점을 거지점이라 합니다. 일반적으로 착지점에서 착지점까지의 거리를 보폭 Stride length이라 합니다. 다리를 착지하고 충분히 체중을 지탱하고 다리를 들어올려 지면에서 닿을 때까지를 착지기 하중기, Stance phase라고 합니다. 한편, 다리가 지면에서 떨어져 다리를 전방으로 움직여 착지할 때까지의 과정을 유주기 Swing phase라 합니다. 표 3-1

보행검사를 실시할 때에는 보폭의 길이와 시간, 착지기와 유주기의 시간 및 비율, 체축과 착지점의 위치 관계, 보행 시 각 관절의 각도, 각 다리의 체중부하 정도에 중점을 두고 관찰합니다. 이때 좌우의 차이가 있는지 머리나 몸통의 상하운동이 있는지, 보행 주기 중 어떤 시기에 이상이 있는지를 주의 깊게 살펴봅니다. 근육, 뼈 관절 신경 중 어느 한 부위이라도 이상이 있으면 보행에 변화가 나타나게 됩니다.

정형외과 질환에서는 착지기에 통증이 나타나는 경우가 많으므로 동물들은 통증을 경감하기 위한 보행 상태를 나타내어 착지기가 짧아지는 경향이 있습니다. 정형외과 질환을 가진 일부 반려견, 반려묘는 다리를 움직일 때 통증이 나타나는 경우가 있어, 유주기가 짧아지는 듯한 파행을 나타냅니다. 또한 정형외과 질환이 있는 동물에서는 질환의 종류나 부위에 따라 "머리를 끄덕이는 운동", "허리를 좌우로 움직이는 보행"과 같은 특징적인 보행 양상을 관찰할 수 있습니다.

【표 3-1】 측면에서 바라본 보행 분석 Gait analysis의 평가 용어

용어	정의
보폭 Stride length	한 발자국에서 같은 팔다리의 다음 발자국까지의 거리
착지기 하중기, Stance phase	다리를 착지하고 충분히 체중을 지탱하고 다리를 들어올려 지면에서 닿을 때까지의 과정
유주기 Swing phase	다리가 지면에서 떨어져 다리를 전방으로 움직여 착지할 때까지의 과정
착지시간 Stance time	보행주기 동안 서 있는 과정과 발이 지면에 닿아 있는 시간
유주시간 Swing time	보행주기 동안 다리는 공중에 띄우고 있는 시간

2절

보행 검사 방법

시진 Observating canine gait

보행 검사는 미끄럽지 않은 바닥, 즉 콘크리트나 아스팔트 또는 잔디밭과 같이 미끄럽지 않고 넓은 장소에서 실시하는 것이 이상적입니다. 또한 진료실 내에서만 하는 검사는 제한이 있는 경우가 많으므로 긴 복도, 주차장, 놀이터 등과 같이 넓은 장소에서 보행 검사를 실시하면 보행 상태를 보다 자세히 파악할 수 있습니다. 이 때에는 적어도 10걸음 이상 연속된 보행을 평가할 수 있는 넓이가 바람직하고, 2회 정도 반복하며, 되도록 비디오로 촬영하여 느린 영상에서 관찰하는 것이 진단에 도움이 더 됩니다. 보행은 상보 보통 걸음, Walk와 속보 빠른 걸음, Trot로 구분하여 관찰합니다.

신경학적 이상 증상 운동실조 Ataxia, 다리 건너뜀 Paw scuffing, 발에 걸려 넘어지기 Stumbling등이 있는지 확인합니다. 상보는 가장 느린 보행이기 때문에 이상을 관찰하는 가장 쉬운 보행이지만 종종 가벼운 파행 Lameness은 감지되지 않을 수 있습니다.

속보는 앞다리와 뒷다리가 무게가 실릴 때 반대쪽 다리가 도와줄 수 없는 유일한 걸음걸이이기 때문에 파행 Lameness 감지에 사용하기에 가장 좋은 걸음걸이입니다. 또한 직선 보행과 원형을 그리는 보행을 하는 동안 파행을 확인합니다.

【표 3-2】 걸음의 시각적 평가를 위한 수치 등급

파행 등급 Lameness grade	설명
Grade 1	상보 보통 걸음는 괜찮지만 무게 이동이나 속보 빠른 걸음에서 파행
Grade 2	전문가의 눈으로 확인할 수 있고 체중을 지탱할 수 있는 가벼운 파행
Grade 3	일반적으로 뚜렷한 "고개 머리의 끄떡 거림"이 있고 체중을 지탱할 수 있는 파행
Grade 4	체중을 지탱하나 명확한 파행
Grade 5	발끝만 닿아 있는 파행
Grade 6	체중을 지탱하지 않는 파행

Grade 2-6의 파행은 상보 보통 걸음와 속보 빠른 걸음에서 관찰할 수 있습니다.

3절 보행 구분

강아지의 보행상태는 걸음속도에 따라 주로 "상보 보통 걸음, 常步, Walking", "속보, 빠른 걸음, 速步, Trot", "습보 달리기, Gallop"의 3종류로 분류할 수 있습니다. 습보는 개가 최대 속력으로 모둠 발로 달리는 것을 의미합니다.

대칭인지 비대칭인지에 따른 구분

상보, 속보 및 측대속보 Pace와 같은 대칭 보행 걸음걸이을 사용하면 강아지 신체의 한쪽에서 팔다리의 움직임이 발의 간격이 거의 균등하게 떨어지면서 반대쪽에서 전지와 후지의 움직임이 반복됩니다.

습보와 같은 비대칭 걸음걸이의 경우 한쪽편의 다리의 움직임이 다른 쪽 다리 움직임을 반복하지 않으며 발 착지 간격이 고르지 않습니다. 걸음걸이를 고려할 때 한 번의 전체주기를 보폭이라고 합니다.

1. 상보 보통 걸음, 常步, walking

"상보"라 하여 일반적으로 보행할 때에 하나 또는 두 개의 다리를 드는 속도의 보행을 말합니다. [그림 3-1] 즉 항상 최소 2개나 3개의 다리가 지면에 닿아 있습니다. 전형적인 상보는 좌우의 다리가 대칭으로 움직여 왼쪽 뒷다리, 왼쪽 앞다리, 오른쪽 뒷다리, 오른쪽 앞다리, 왼쪽 뒷다리로 돌아오는 순서로 다리를 딛습니다.

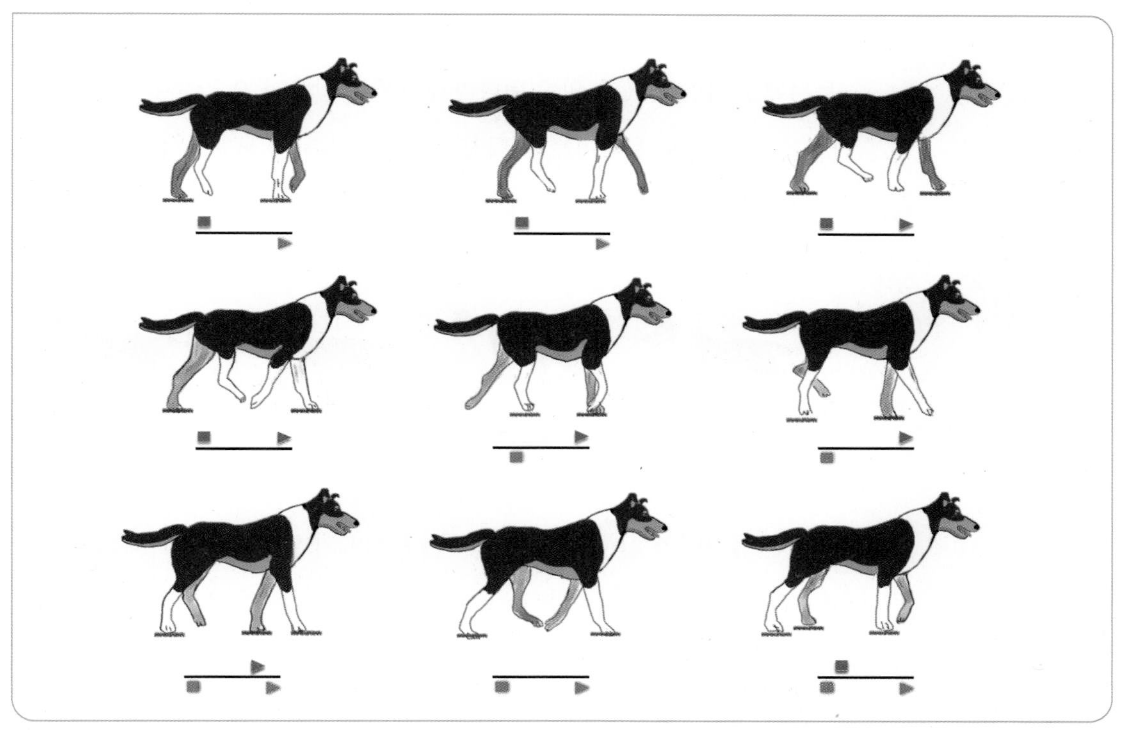

그림 3-1 _ 개 정상 보행 상보

그림 아래에 표시된 발자국 패턴 오른쪽 녹색, 왼쪽 붉은색, 앞다리 삼각형, 뒷다리 네모은 걸음걸이 주기 동안 어떤 발이 땅에 있는지 나타내고 있습니다.

보통 개들의 걸음걸이는 왼쪽 뒷다리, 왼쪽 앞다리, 오른쪽 뒷다리, 오른쪽 앞다리 순으로 걸으며, 반드시 세 다리가 땅에 닿고 있다. 이때 이상이 발견되지 않으면 속보로 검사를 실시합니다.

2. 속보 빠른 걸음, 常步, Trot

보행 검사를 하는데 있어 매우 중요한 걸음걸이입니다. 대각선의 다리가 동시에 움직입니다. 즉 왼쪽 뒷다리와 오른쪽 앞다리 오른쪽 뒷다리와 왼쪽 앞다리가 쌍으로 움직이는 두 박자의 보행입니다. 이 보행에서는 항상 두 다리가 땅에 닿고 있습니다. [그림 3-2]

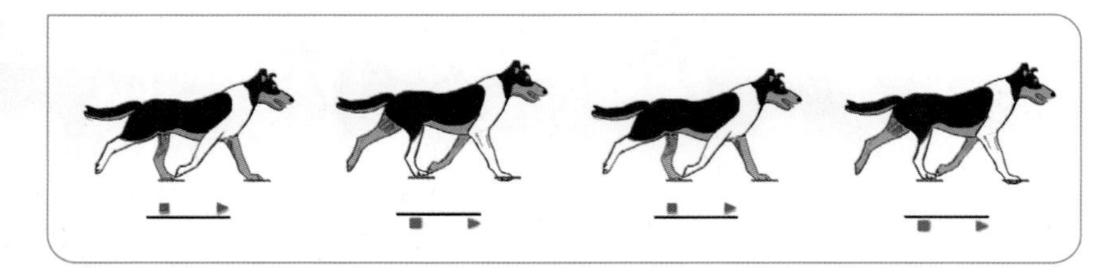

그림 3-2 _ 속보는 항상 두 발이 지면에 닿아 있습니다.

짧은 몸길이와 긴 다리를 가진 개는 뒷다리가 앞다리를 방해하기 때문에 속보로 뛰기 어려워합니다.

* 구보와 습보 차이

말은 4개의 걸음걸이로 구분하지만, 개는 다른 두 가지 구보 Cantering와 다른 두 가지 습보 방식을 가지고 있습니다. 말에서 사용되는 "구보, 駈歩, Canter" 라는 용어는 개의 보행에서는 잘 사용되지 않습니다. 구보에서는 우선 왼쪽 앞발, 다음에 오른쪽 뒷발, 그리고 나머지 두 다리가 동시에 지면을 딛습니다. 속보와 습보의 중간 속도로 달리는 말의 보통 보법 步法이라고할 수 있습니다. 습보는 모든 다리가 공중에 떠 있는 순간이 있지만, 구보는 어떤 발이든 항상 지면에 닿아 있습니다. 속보는 왼쪽 뒷다리와 오른쪽 앞다리가 동시에 움직일 때 다른 두 다리도 동시에 움직여 동시에 착지하지만 구보는 남은 다리는 따로 따로 착지합니다.

측대보 Amble/측대 속보 Pace

빠른 상보를 엠블[Amble, 측대보 測對步]이라 하기도 한다. "속보"는 조깅하는 정도의 빠른 속도로 보행할 때에 대각의 2개 다리를 드는 2박자의 보행을 말합니다. [그림 3-3] 대각선의 다리가 거의 동시에 움직이기 때문에 사각속보라고도 불립니다.

그림 3-3 _ 측대 속보
같은 방향의 다리가 거의 동시에 움직이는 속보

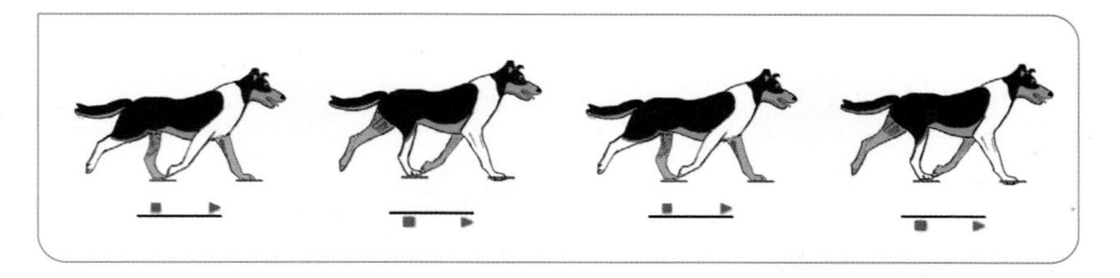

같은 방향의 다리가 거의 동시에 움직이는 속보도 있으며 이러한 보행을 측대속보라 합니다.

몸통과 다리가 긴 개에 일반적으로 사용되는 보행 예를 들어, 올드잉글리쉬쉽독이며, 앞다리와 뒷다리 사이의 간섭없이 똑바로 앞쪽으로 움직일 수 있습니다. 페이스에 의해 생성 된 신체의 측면 진동은 다리가 긴 개가 가장 잘 처리하는 것으로 보입니다. 강아지의 비정상적인 걸음걸이는 측대 속보라고하며, 반대로 일부 품종의 말에게는 정상적인 걸음걸이입니다.

3. 습보 Gallop

그림 3-4 _ 습보
두 번 공중에 떠 있는 기간이 있습니다.

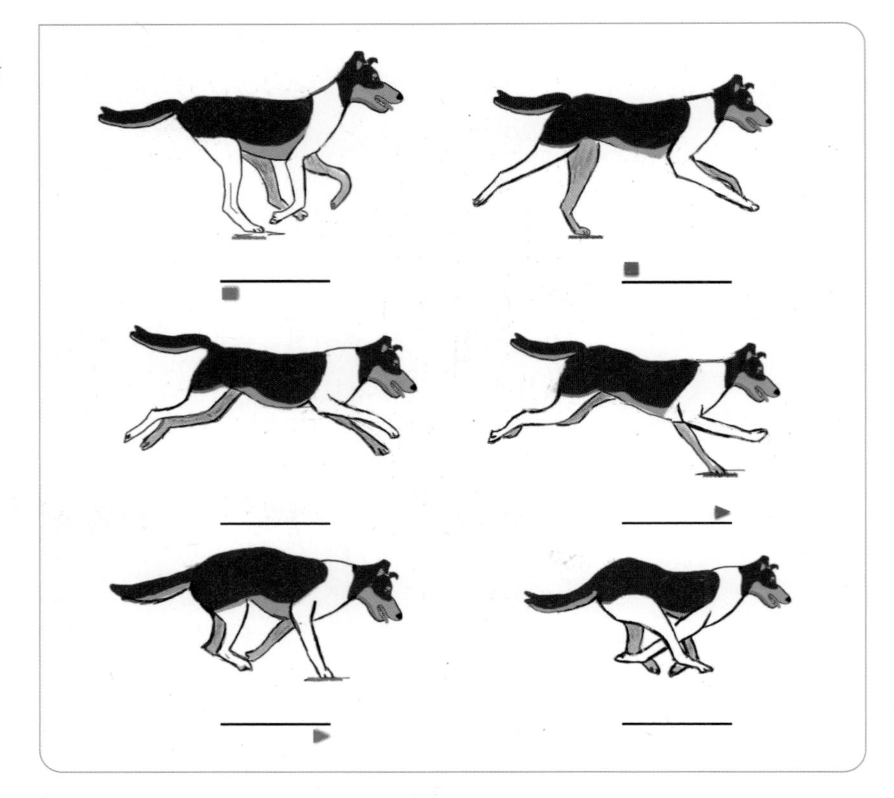

전력질주 하는 것을 "습보"라 하여 보행 중 모든 다리가 공중에 뜰 정도의 속도로 주행하는 것으로 정의되어 있습니다 그림 3-5~3-7. 한 다리가 착지하자마자 공중으로 떠서 달리는 가장 빠른 3박자 보법입니다.

비월 습보 Flying trot

뒷다리가 지면을 떠난 뒤에, 네 다리가 공중에 뜬 체 공기를 지나 앞다리가 착지하는 습보를 말합니다.

그림 3-5 _ 비월 습보 날아다니는 빠른 걸음는 두번의 공중에 떠 있는 사이클이 있습니다.

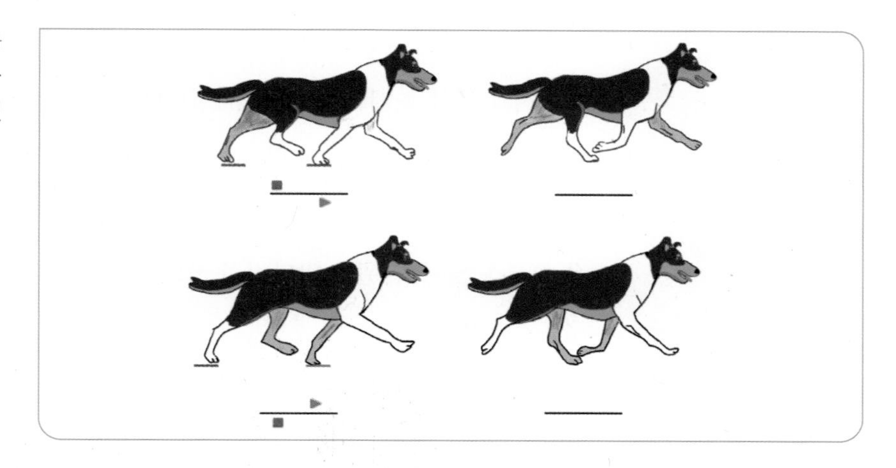

회전 습보 Rotary gallop

그림 3-6 _ 회전 습보 왼쪽 리드 왼쪽으로 이끌어 나아감

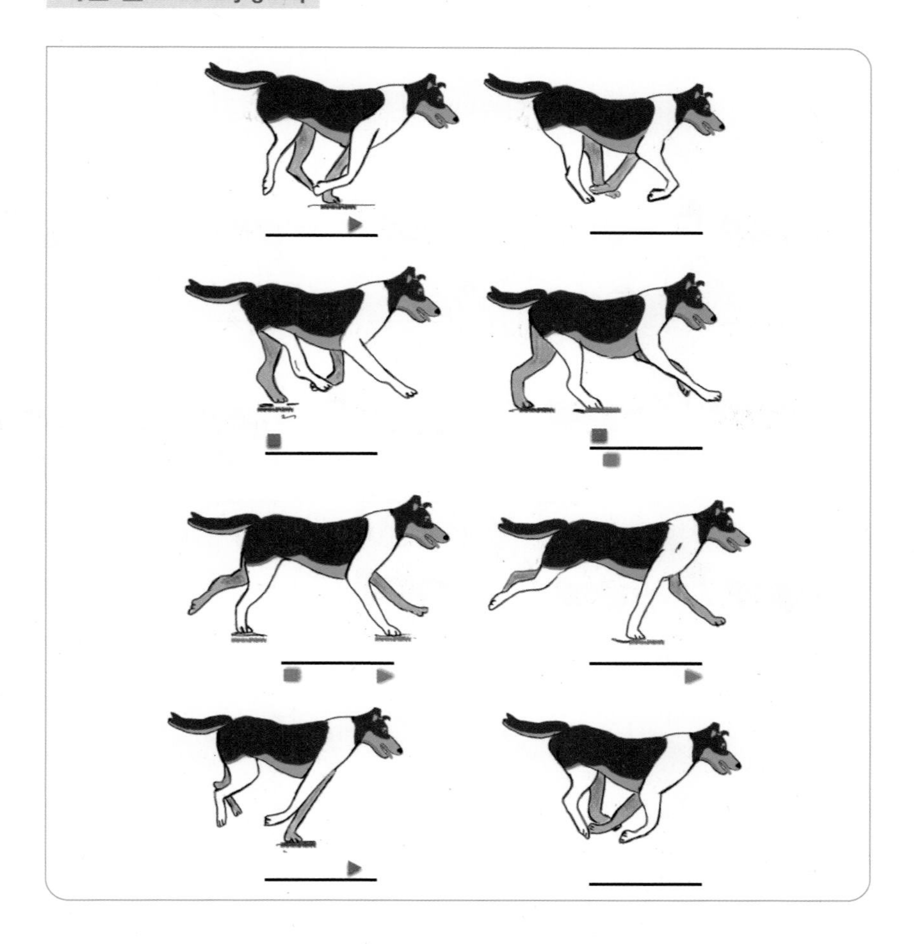

회전 습보 그림 3-6 의 경우, 앞다리들이 거의 동시에 지면에 닿지만 왼쪽 앞다리가 조금 늦게 땅에 닿는 식입니다. 왼쪽 앞다리로 지면을 밀어 공중에 잠시 떠 있습니다. 그런 다음 2개의 뒷다리가 역시 거의 동시에 땅을 박차게 됩니다. 오른쪽 뒷다리가 왼쪽보다 조금 늦게 땅에 닿습니다. 그런 다음 오른쪽 앞다리, 왼쪽 앞다리 순서로 딛게 됩니다. 개에서 주로 사용되는 걸음걸이 입니다.

횡습보 Transverse gallop

횡습보 그림 3-7 는 회전습보와 거의 비슷하지만, 뒷다리의 경우 그 순서가 반대입니다. 강아지에서는 일반적이지 않은 걸음걸이이며, 말에서 주로 볼 수 있습니다.

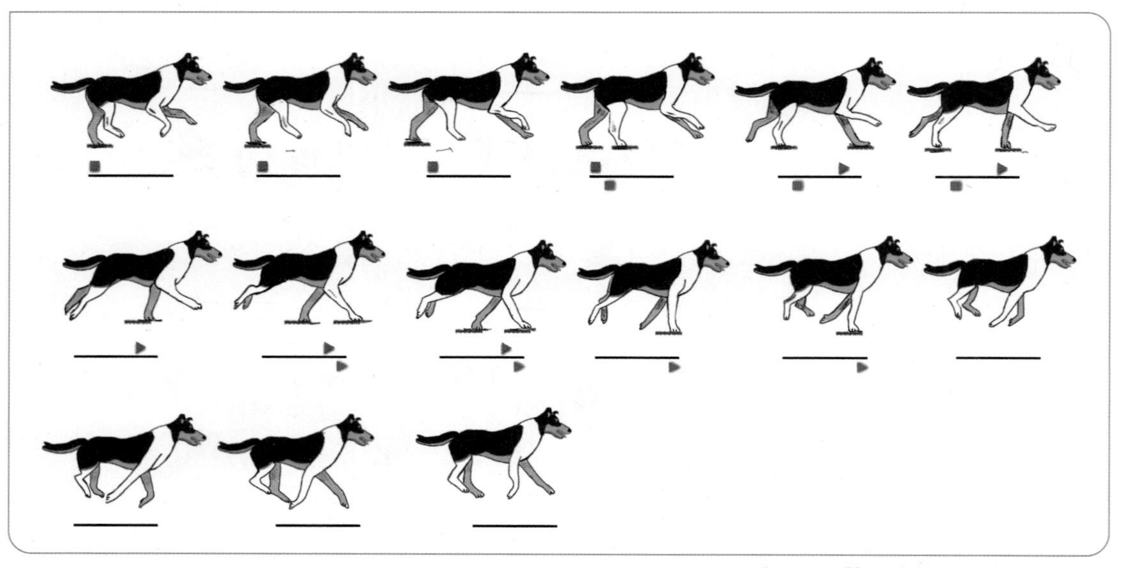

그림 3-7 _ 횡습보. 오른쪽 리드 Right lead

4장
주요 질병

이번 장에서는 반려견들에게 흔히 발생하는 질병 및 재활치료에 도움이 되는 질병들에 대해 소개되고 있습니다. 모든 치료에 앞서 질병에 대한 정확한 진단은 필수적이며, 잘못 진단된 방향으로 치료가 진행되면 환자에게 더 좋지 않은 영향을 끼칠 수 있습니다. 따라서 정확한 진단과 치료 방향의 설정은 수의사와의 상담 후 결정해야 합니다.

1절 뒷다리 파행 질환

1. 슬개골 탈구 무릎뼈 탈구 Patellar luxation

정의

슬개골 탈구란 활차구 도르래고랑 위에 놓여져 있는 슬개골 내측 안쪽 혹은 외측 바깥쪽으로 빠져나오는 질환을 의미하며, 탈구가 진행된 정도와 양상에 따라 다음과 같이 4단계로 구분할 수 있습니다.

1단계는 정상적으로 움직일 때 탈구가 되지 않고 슬개골을 내측 혹은 외측으로 밀었을 때만 탈구가 발생하며 밀어주는 힘이 없을 경우 다시 정상 위치로 슬개골이 돌아오는 상태를 의미합니다.

2단계는 인위적으로 슬개골을 밀었을 때 탈구가 일어나며 슬관절을 굽히고 펼 때에도 간헐적으로 탈구가 될 수도 있습니다. 하지만 정상 위치로 옮겨주거나 다시 슬관절을 움직이면 정상 위치로 슬개골이 돌아오는 상태를 의미합니다.

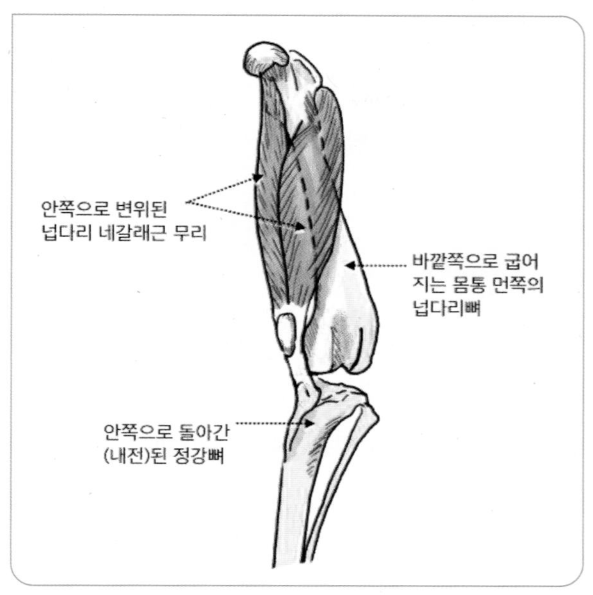

그림 4-1 _ 내측 슬개골 탈구 모식도

3단계는 슬개골이 대부분 탈구된 채로 유지되고 있으며, 슬관절을 펴주어서 인위적으로 슬개골을 정상 위치로 환원시킬 수 있지만 슬관절을 다시 움직이면 재탈구가 발생하게 됩니다.

4단계는 슬개골이 영구적으로 탈구되어 있으며, 정상 위치로 옮겨지지가 않는 상태를 의미합니다. 내측 슬개골 탈구는 소형견에게 파행을 일으키는 가장 일반적인 원인입니다.

원인

내측 슬개골 탈구가 있는 대부분은 대퇴사두근 넙다리네갈래근 무리가 다리 내측으로 변위되거나, 대퇴골 넙다리뼈의 먼 쪽이 외측으로 비틀리거나 휘고, 대퇴골 끝이 비정상적으로 형성되며, 슬관절의 회전이 불안정하고, 경골에 기형이 존재하는 등의 근골격계의 이상과 관련이 있습니다. 대퇴사두근이 내측으로 비정상적으로 배열될 경우 뼈에 압력이 가해지게 되고, 대퇴골 먼쪽의 성장을 지연시키게 됩니다. 동시에 대퇴골의 외측면은 압력이 덜 가해지기 때문에 성장이 촉진됩니다. 따라서 대퇴골의 내측과 외측의 길이 성장에 차이가 생기게 되고 대퇴골의 원위가 외측으로 휘게 됩니다. 어린 개체의 경우 3기 혹은 4기와 같이 탈구가 확연히 관찰되는 경우 대퇴사두근이 항상 내측에 위치하게 되고 대퇴골 원위의 성장에 많은 영향을 미치기 때문에 더 심하게 영향을 받을 수 있습니다. 또한 슬개골이 대퇴골의 활차구에 제대로 위치해있어야 지속적인 압력을 가하게 되면서 고랑이 정상적인 깊이로 성장하게 되는데, 어릴 때 슬개골이 탈구되어 고랑에 위치해있지 않은 경우 고랑이 적당한 깊이로 성장하지 못하게 되어 탈구가 더 쉽게 발생하게 됩니다.

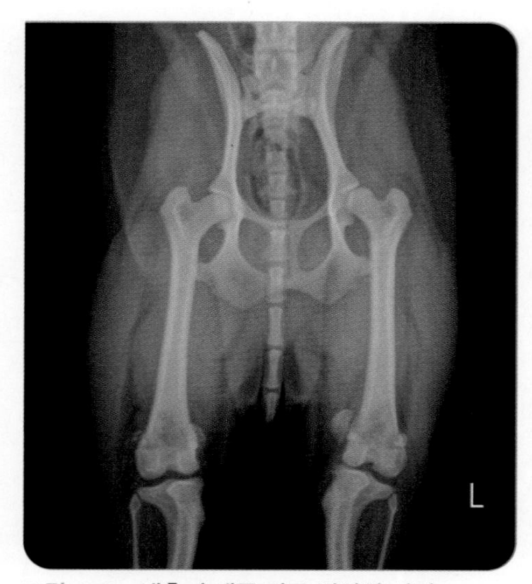

그림 4-2 _ 내측 슬개골 탈구 방사선 사진
5살 수컷 푸들 4.5kg이 파행을 동반한 슬개골탈구 증상으로 내원하였음

증상 및 진단

대부분 보행 시 한 두걸음 정도 다리를 굽히고 걷거나 탈구가 심한 경우 체중을 정상적으로 지지하지 못하는 비정상적인 걸음걸이를 보이게 됩니다. 2단계부터 경미한 수준으로 골격계의 기형이 존재할 수 있으며, 4단계 탈구 환자는 슬관절을 완전히 펼 수 없게 됩니다. 신체검사에서 슬개골을 촉진하여 확인하거나, 방사선 영상검사에서 슬개골이 내측 혹은 외측으로 변위된 것이 확인할 수 있습니다.

치료

지속적인 파행이 슬개골의 관절연골을 마모시키므로 파행을 보이는 환자에서는 수술이 지시되며, 특히 성장기의 환자인 경우 대퇴골, 경골 정강뼈 등의 기형이 발생할 수 있으므로 골격의 성장에 해가 되지 않는 선에서 수술이 행해져야 합니다.

슬개골 탈구를 교정하는 수술방법에는 여러 가지가 있으며, 슬개골을 활차구 안에 잡아 두는 것이 수술의 목표가 됩니다. 강한 고정력을 위해서 상황에 따라 여러 수술법을 조합하여 실시할 수도 있습니다.

2. 십자인대 파열 Cruciate ligament rupture

정의

십자인대란 대퇴골과 경골을 이어주는 인대로 이 두 뼈의 앞뒤 운동을 제한하는 역할을 하며, 전십자인대 앞십자인대와 후십자인대 뒤십자인대로 이루어져 있습니다. 전십자인대는 뒷다리에 체중이 실릴 때 대퇴골 바로 밑에서 경골이 앞으로 미끄러지는 것을 방지하며, 슬관절을 굽힐 때 경골이 내측으로 회전하는 것을 제한합니다. 후십자인대는 뒷다리에 체중이 실릴 때 대퇴골 바로 밑에 있는 경골이 뒤로 밀리는 것을 막아줍니다. 십자인대의 손상은 인대가 완전 또는 부분적으로 찢어진 상태이거나 뼈와 붙어있는 인대 부분이 떨어져 나가는 것을 의미합니다. 전십자인대는 전내측띠와 후외측띠로 구분되며 이들은 경골고원의 서로 다른 위치에 부착됩니다.

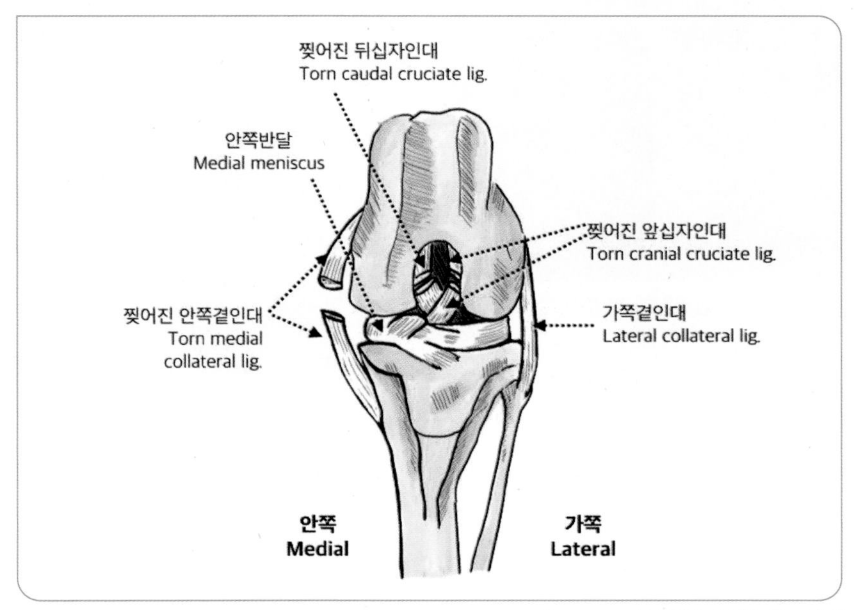

그림 4-3 _ 슬관절을 구성하는 인대

원인

전십자인대의 기능상실은 퇴행 변화 및 외상의 결과로 나타나며, 퇴행 변화로 쇠약해진 인대가 외상으로 쉽게 손상될 가능성이 높아 두 원인은 서로 관련성이 있습니다. 과체중은 십자인대 파열의 위험성을 증가시키는 원인이 될 수 있습니다.

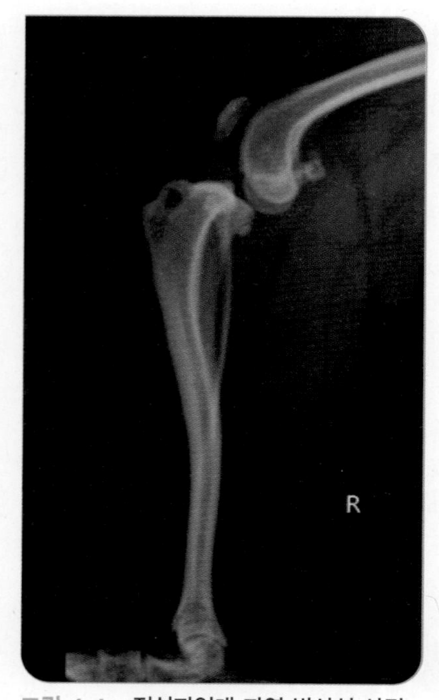

그림 4-4 _ 전십자인대 파열 방사선 사진
7살 중성화한 수컷 말티즈3.1kg가 일주일 전부터 통증호소와 함께 다리를 딛지 않은 상태로 내원하였음

증상 및 진단

전십자인대가 부분적으로 파열될 경우에는 미약한 통증반응이나 파행이 관찰될 수 있으며, 방사선 영상 검사에서 골관절염의 진행이 확인됩니다. 부분파열은 시간이 지나면서 완전파열로 진행될 수 있습니다. 전십자인대 손상은 급성손상, 만성손상, 부분손상의 3가지 임상적 분류로 나눌 수 있습니다.

① 급성손상의 경우 환자가 뒷다리에 체중을 지지하지 못하거나 부분적으로 체중을 지지하는 파행이 갑작스럽게 나타납니다.

② 만성손상의 경우 뒷다리의 근육이 위축되어 있으며 슬관절을 굽히거나 펼 때 관절 주변으로 거품소리나 파열음이 들리거나 느껴질 수 있습니다. 지속적으로 체중을 지지하는 파행이 관찰됩니다. 파행은 대체적으로 운동하고 나서나 자고 일어난 후 악화되는 경향이 있습니다. 앉거나 서는데 힘들어하며, 앉아 있을 경우에도 아픈 다리를 옆으로 빼고 있는 것이 확인됩니다.

③ 부분손상의 경우 진단이 어려우며, 파행이 존재하다가도 휴식을 하고 나면 회복되는 경향이 있습니다. 십자인대 손상의 진단은 방사선 영상 검사, 관절경, 활액검사, 신체검사 등으로 가능합니다. 방사선 사진에서 뒷발목관절을 굽혔을 때 경골 능선이 앞쪽으로 전진한 것이 확인되며, 만성적으로 진행되었을 때는 관절의 지방덩이 경계가 소실되며 뒤쪽 관절주머니가 팽창되고 관절 주변부로 뼈의 증식이 확인될 수 있습니다.

치료

10kg 이하의 소형견에서는 진통소염제 등의 약물로 대증치료는 가능하지만 완전한 회복을 기대할 수는 없습니다. 십자인대의 완전파열이 아닌 부분적 파열인 경우 약물을 복용하면서 재활치료를 병행하여 십자인대 손상의 진행을 늦춰줄 수 있습니다. 수술은 크게 관절주머니 안과 밖을 복구해주는 방법과 교정을 위해 뼈를 잘라 다시 붙이는 방법, 인대를 보강해주는 방법이 있습니다.

3. 고관절 이형성 엉덩관절 형성 이상 Hip displasia

정의

고관절 이형성은 선천적이거나 발달성으로 발생할 수 있으며, 주로 어린 환자의 대퇴골 머리의 완전 탈구나 아탈구 또는 나이 든 환자의 심한 퇴행관절병으로 나타나는 엉덩관절의 비정상 발달을 의미합니다.

원인

유전이 될 수 있으며, 빠른 체중 증가 및 과성장으로 인해 관절 주변을 지지해주는 조직의 발달 불균형과, 윤활액 감염 등이 원인이 될 수 있습니다.

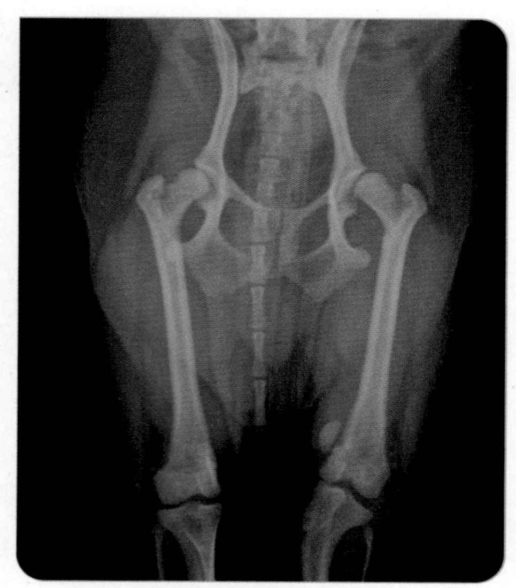

그림 4-5 _ 고관절 이형성 방사선 사진
2살 중성화한 수컷 포메라니안 3.9kg이 뒷다리를 만지면 통증을 호소하며 뒷다리의 파행을 보여 내원하였음

증상 및 진단

잘 일어서지를 못하고, 조금만 운동해도 힘들어하거나, 운동을 한 후 파행이 있고, 골반 둔부 근육들이 위축되며, 뒷다리의 비정상 움직임 때문에 뒤뚱거리는 걸음을 걸을 수 있습니다.

신체 검사 시 고관절을 젖히거나, 외측으로 회전시키고, 벌리는 동안 통증을 호소하고 골반 근육 조직의 발육 부진을 보일 수 있습니다. 방사선 영상 검사에서 퇴행성관절염이나 대퇴골두의 부분 탈구가 관찰될 수도 있습니다.

치료

소염제 복용과 휴식 및 집중적인 재활치료 등으로 보존치료를 할 수 있으며 통증 감소와 관절주머니 주변의 섬유 증식에 의해 임상증상이 어느 정도 호전될 수 있습니다. 체중관리와 지방과 단백질을 줄인 식단이 추천되며, 오메가-3와 글루코사민/콘드로이틴을 포함한 영양제의 보충이 도움이 됩니다.

수술적으로는 20주령 이하의 강아지들에서 자견치골결합고정술 자견두덩뼈결합고정술이 행해질 수 있고, 골반뼈 절단술, 대퇴골 머리와 목 절제술, 전체 고관절 치환술 등의 방법이 있습니다.

4. 고관절 탈구 엉덩관절 탈구 Hip joint luxation

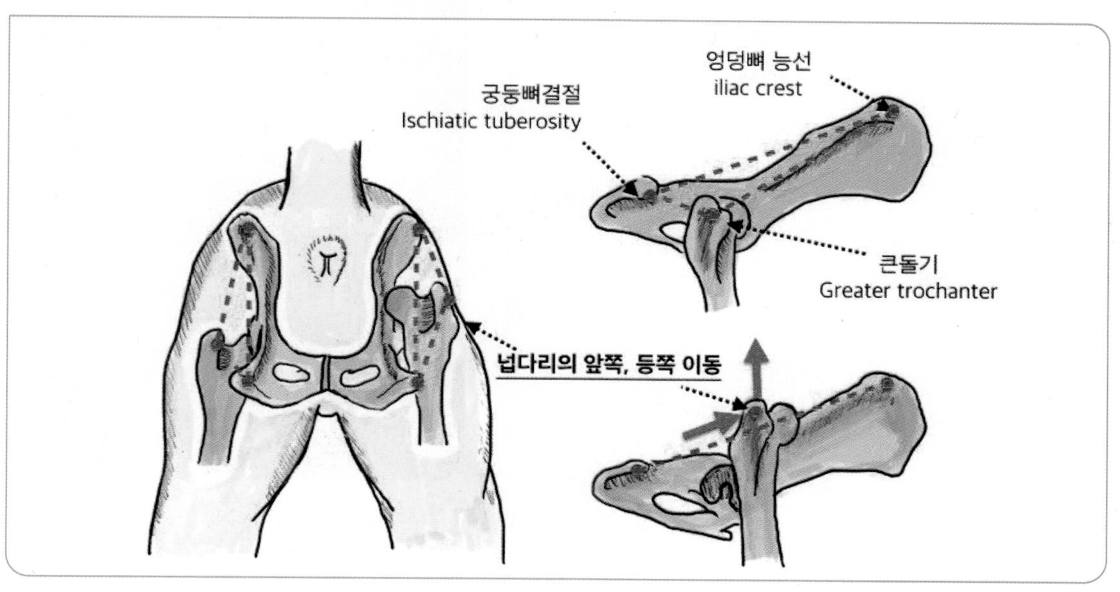

그림 4-6 _ 고관절의 뒤등쪽 변위 모식도

정의

고관절 탈구는 절구로부터 대퇴골 머리가 외상성으로 탈구된 것을 의미합니다. 전형적으로 대퇴골 머리가 전배측 앞등쪽으로 탈구되며 대퇴골두의 원인대는 완전히 파열됩니다. 고관절 탈구는 고관절을 둘러싼 물렁조직의 계속적인 손상과 관절 연골의 퇴화를 방지하기 위해 가능한 빨리 치료해야 하는 질병입니다.

원인

고관절 탈구는 대부분 외상에 의해 발생하기 때문에 다른 부위의 손상이 있는지 면밀한 신체검사가 진행돼야 합니다.

증상 및 진단

고관절 탈구가 되면 체중 지지가 불가능한 파행을 보입니다. 대퇴골이 전배측으로 변위되었을 때 다리는 내전된 상태로 슬관절이 외측으로 회전하게 되고, 후복측 뒤배쪽으로 변위되었을 때는 다리가 외전된 상태로 슬관절이 내측으로 회전하게 됩니다. 다리를 조작하면 소리가 나거나 심한 통증 반응을 보입니다. 고관절 탈구가 발생하면 양쪽 뒷다리의 다리 길이의 차이가 생기게 되는데, 전배측 변위는 영향받은 다리가 정상 다리보다 짧으며 복측 탈구에서는 반대가 됩니다. 진단은 방사선 영상 검사를 통해 가능하며, 보통 외상에 속발되는 경우가 많기 때문에 고관절 골절과 연관된 대퇴골 머리 오목의 박리와 고관절 이형성에 속발한 퇴행변화가 있는지 주의깊게 살펴야 합니다.

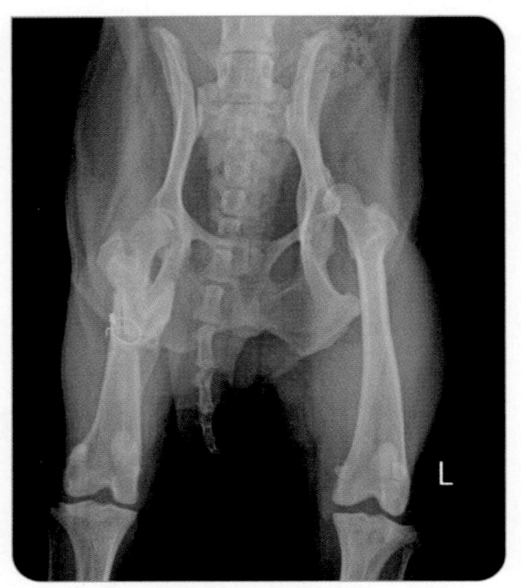

그림 4-7 _ 고관절 탈구 방사선 사진
중성화한 수컷 푸들 7.6kg이 파행 및 통증 호소로 내원하였으며 왼쪽 고관절 탈구를 진단받음.

치료

마취가 되어있는 상태에서 폐쇄조작을 통해서 절구 안으로 대퇴골두를 되돌려 넣거나 외과 수술을 통해 치료가 가능합니다. 폐쇄정복 후 붕대를 제거하기 전까지 일주일 전후의 기간 동안에는 케이지에 가두거나 목줄을 하여 운동 제한을 해야 하며, 붕대 제거 후 2주 동안에도 목줄을 하는 등의 운동 제한을 해줘야 합니다. 관절주머니 및 관절 재건술 등을 통해 관절을 안정화시키는 수술 등이 행해질 수 있으며, 수술 후 장기간 정복 유지가 안 된다면 대퇴골두 및 목 절제술이나 전체고관절치환술과 같은 다른 수술 방법을 고려해야 합니다.

5. 대퇴골두 허혈 괴사증 LCPD

정의

대퇴골두 허혈 괴사증은 대퇴골두 성장판이 폐쇄되기 전의 어린 환자에게 발생하는 대퇴골두의 비염증 무균 괴사를 뜻합니다.

원인

알려져 있는 원인은 대퇴골두로 들어가는 혈류의 방해 때문에 대퇴골 끝에 허탈 상태가 나타나며, 혈류의 감소 원인은 확실하게 알려지지 않았지만 몇몇 이론들에 의하면 호르몬의 영향, 유전요인, 해부학적 구조, 관절공간 압력, 대퇴골두의 경색 등이 있습니다. 보통 염색체열성유전자가 대퇴골두의 무균 괴사를 진행시키는 원인유전자로 여겨지기 때문에 중성화가 권장됩니다.

증상 및 진단

고관절을 조작하면 지속적인 통증이 발생하며, 질병이 진행될 경우 관절가동범위 제한, 근육 위축, 비빔 소리 등이 나타날 수 있습니다. 대부분 6~8주 간에 걸쳐 서서히 진행되는 파행이 확인됩니다. 방사선 영상 검사에서 대퇴골두의 변형, 대퇴골목의 단축, 대퇴골 끝의 뼈 밀도가 감소한 것이 관찰됩니다.

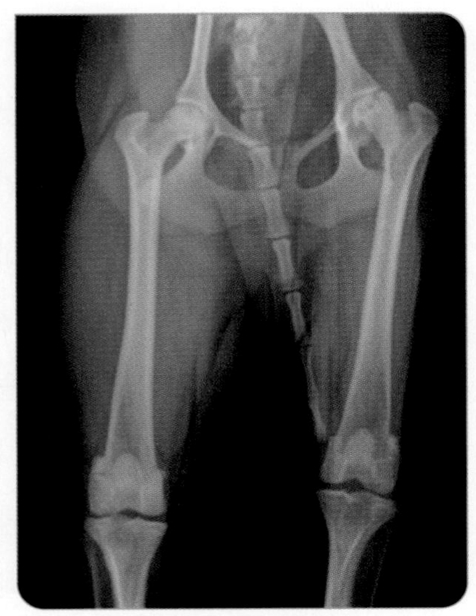

그림 4-8 _ LCPD 방사선 사진
1년 5개월령 중성화한 수컷 푸들 4.9kg이 수개월 전부터 좌측 후지 파행을 호소하여 내원하였음

치료

소염제를 복용시키고 목줄을 한 후 제한된 운동을 시키거나 수영과 같이 체중을 많이 싣지 않는 운동을 하여 통증을 완화시킬 수 있습니다. 수술적으로는 대퇴골두와 목 절제술, 전체고관절치환술 등을 할 수 있습니다.

6. 장요근 엉덩허리근 염좌

정의

장요근은 장근 엉덩근과 대요근 큰허리근으로 구성되며, 고관절을 바깥으로 회전시키고 굽히는 역할을 합니다. 장요근 염좌는 장요근을 구성하는 인대나 근육이 외부 충격 등에 의해 늘어나거나 찢어지는 것을 의미합니다.

원인

장요근의 염좌는 고강도의 운동을 하거나, 미끄러지거나 떨어지고, 준비 운동 없이 급작스럽게 근육을 사용하여 근육에 과도한 힘이 가해졌을 때 발생합니다.

증상 및 진단

보행 시 뒷다리의 파행을 보일 수 있으며, 환자의 상태에 따라 파행의 정도는 다양합니다. 고관절을 밖으로 벌리거나, 뒷다리를 뒤로 당기면서 내측으로 회전시켰을 경우 통증을 호소할 수 있습니다. 또한 장요근을 이루고 있는 근육 및 힘줄을 촉진하였을 경우 통증이나 경련을 확인할 수 있습니다. 초음파 검사를 통해 힘줄의 손상을 확인해볼 수 있으며 다른 연부조직의 손상을 정확히 파악하기 위해서는 MRI가 추천됩니다.

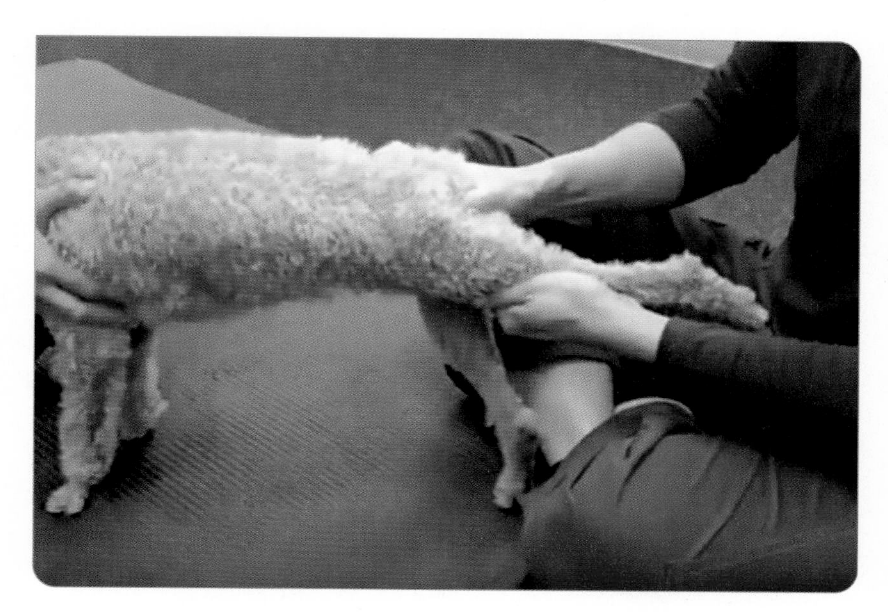

그림 4-9 _ 장요근 염좌 신체검사
뒷다리를 뒤로 당기면서 내측으로 회전시키면 통증이 유발됨. - 1살 중성화한 수컷 푸들 4.8kg 이 지역병원에서 왼쪽 뒷다리 LCPD 수술 후 재활치료를 위해 내원하였음. 왼쪽 뒷다리 간헐적 파행과 근위축 및 통증을 호소함

치료

장요근 염좌의 경우 근육이완제나 항염증제를 통한 내과적 치료를 하거나 휴식, 운동 재활, 냉각치료, 레이저 치료, 침술 등의 치료가 가능하지만 회복까지 적어도 4~6주 정도의 시간이 필요하게 됩니다. 내과적 처치나 재활치료에 효과가 나타나지 않으면서 근육이나 힘줄에 비가역적인 변화가 생긴 경우 수술적으로 접근해 볼 수도 있습니다.

2절
앞다리 파행 질환

1. 견관절 어깨관절 탈구

정의

견관절 탈구는 해당 관절을 지지하는 구조의 일부가 소실되거나 또는 손상을 받아 상완골 위앞다리뼈과 견갑골 어깨뼈이 분리되는 것을 말하며, 외상에 의해 유발되거나 선천성일 수 있습니다. 견관절은 관절주머니, 인대, 주위 힘줄 등에 의해 지지됩니다. 이두근 두갈래근힘줄과 내외측 관절 오목 위 앞다리 인대가 중요한 구조물이며 이러한 구조물들이 찢어지거나 결손될 때 탈구가 일어나게 됩니다. 탈구는 위앞다리 뼈머리가 탈구되는 방향에 따라 명명되는데, 내측 또는 외측 탈구가 가장 흔하며 앞쪽, 뒤쪽 변위는 드물게 발생합니다.

원인

선천적으로 탈구가 일어나있거나, 외상에 의해 탈구가 발생할 수 있습니다. 선천 탈구와 외상 탈구는 치료법과 예후가 다르기 때문에 감별해야 할 필요가 있습니다. 선천 탈구인 경우에는 외상의 병력 없이 만성적으로 앞다리 파행을 보이며, 외상 탈구인 경우 외상의 병력이나 증거를 가지고 있습니다.

증상 및 진단

탈구된 쪽의 다리에 무게지탱을 하지 못하며 간헐적으로 다리를 굽힌 채 다니게 됩니다. 확실한 진단을 위해서는 어깨의 외측과 전배측의 방사

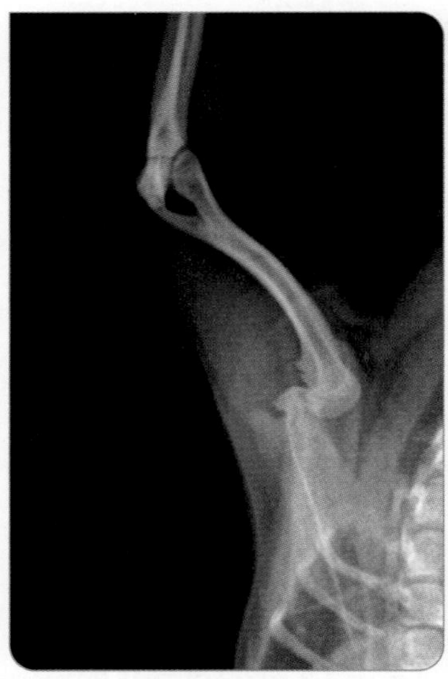

그림 4-10 _ 견관절 탈구 방사선 사진 복측 사진

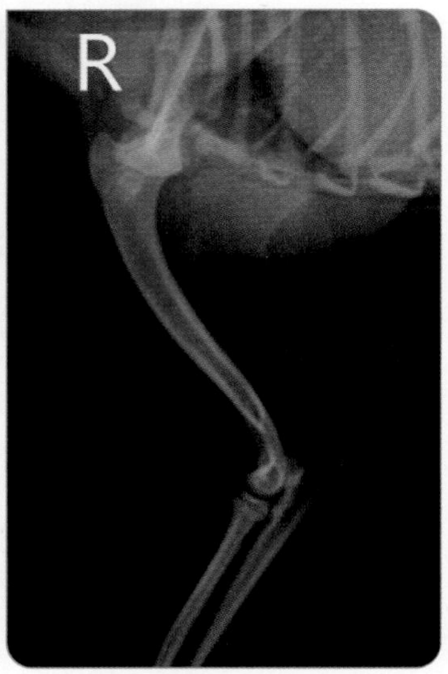

그림 4-11 _ 견관절 탈구 방사선 사진 가측 사진
1살 암컷 포메라니안 1.9kg이 앞다리 파행증상으로 타병원에서 견관절 탈구 진단을 받았음. 본원 내원 시 앞다리 파행과 함께 양측 슬개골 탈구도 확인되었으며, 다발적 관절 이상으로 선천적 연골 이형성이 고려되었음

선 영상 검사가 필요하며, 외상 탈구인 경우에는 견갑골이 부러지거나 가슴 부위의 다른 손상이 있는지도 함께 살펴야 합니다.

치료

운동 제한과 비스테로이드소염제를 투약하면서 관리할 수 있으며, 급성으로 진행되었으며 견관절 주변 골절이 없는 경우에는 폐쇄 정복을 시도해 볼 수 있습니다. 수술적으로 관절주머니봉합술 또는 힘줄을 전위시켜 수복하는 안정화 방법 등을 사용할 수 있습니다.

2. 어깨 불안정 Shoulder instability

정의

견관절이 움직이는 범위가 정상과 비교하여 병적으로 증가하는 것을 의미하며 증가하는 운동범위는 주로 내외 측 방향입니다.

원인

내측 또는 외측에서 어깨 관절을 지지하는 구조들이 찢어지거나 늘어나면서 발생하게 되며 손상받을 수 있는 구조는 내외측 상완관절인대 위앞다리관절인대와 견갑하건 어깨밑힘줄, 이두근건 두갈래근힘줄 등이 있습니다.

증상 및 진단

어깨 불안정이 있는 환자에서 골관절염이 병발할 수 있습니다. 문제가 있는 쪽의 다리에 체중을 완전하게 싣지 않는 파행이 관찰되며 근육 위축이 있을 수 있습니다. 앞다리를 바깥으로 벌렸을 때 정상보다 더 많이 벌어지는 것이 관찰되며 대부분 어깨 촉진 시 통증을 보이게 됩니다. 방사선 영상 검사에서는 대부분 정상으로 확인되며, 일부에서 골관절염 소견이 있습니다. 확진을 위해서는 관절경 검사가 필요합니다.

그림 4-12 _ 어깨불안정 환자의 앞다리 파행 모습
중성화한 1살 수컷 포메라니안 2.5kg이 2주 전부터 앞다리 파행을 보임. 왼쪽 견관절 이완 시와 요추 주변 촉진 시에도 통증을 보임

치료

증상이 심각하지 않은 환자는 휴식과 물리치료가 적용될 수 있으며 재활 프로그램은 관절 가동범위를 정상범위로 유지하고 견관절 주변 근력을 키워 불안정을 최소화하는데 목적이 있습니다. 비만인 동물에서 체중관리는 관절에 걸리는 체중 부하를 줄이고 뼈관절염의 증상을 줄여줄 수 있습니다. 수술적으로는 관절경을 이용한 방법과 개방 수술이 있을 수 있으며, 숙련된 외과의의 기술이 필요합니다.

3절
신경계 질환

1. 경추 디스크 탈출증 목 척추원반 질환 Cervical IVDD

정의

경추 목뼈 척추체 척추뼈몸통 사이에 척추원반 물질을 구성하는 수핵 속질핵과 섬유륜 섬유테 성분이 있으며 이러한 성분에 변성이 생기거나 이러한 변성에 의해 발생하는 임상적인 결과를 의미합니다. 추간판 척추원반의 변성은 두 가지로 구분할 수 있으며 제1형 변성은 연골모양 변성이라고 불리고, 제2형 변성은 섬유변성이라고 불립니다. 제1형 추간판 변성은 척주관 내로 변성된 수핵 물질이 급성 대량으로 탈출하는 것이 특징적이며, 제2형 추간판 변성은 척주관 내로, 변성된 등쪽 섬유륜이 천천히 만성으로 돌출되는 것이 특징적입니다.

그림 4-13 _ 추간판 탈출증 구분

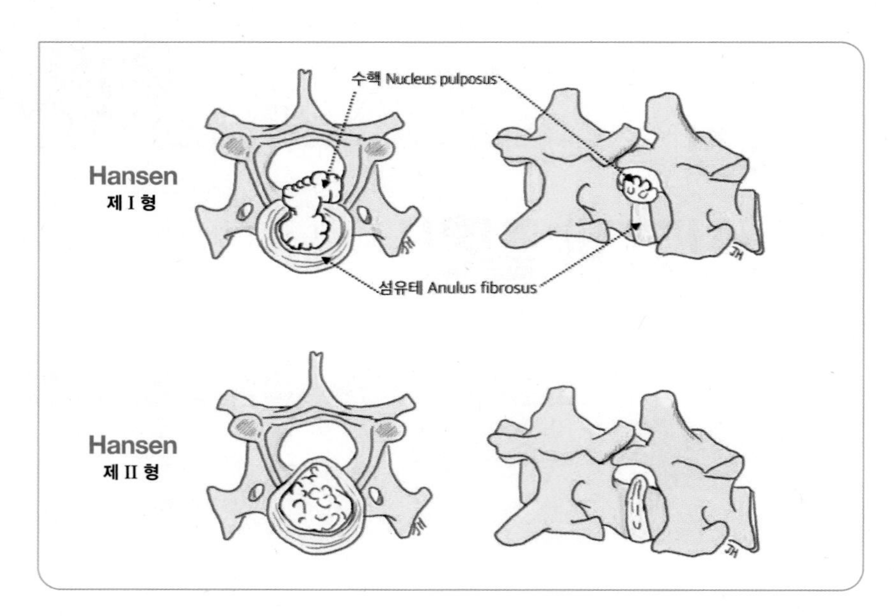

원인

과도한 척추관절의 움직임이나 외상에 의해 발생할 수 있습니다. 대부분 급성으로 병발하여 내원한 환자들의 경우 소파나 침대에서 떨어지거나 뛰어놀다가 넘어지거나 기둥에 부딪히는 등 외상의 병력이 있습니다.

증상 및 진단

일차적으로 목 부위를 만졌을 때 통증을 느끼며 네 발 모두에서 비정상적인 보행이 확인될 수 있습니다. 제1형 척추원반 탈출은 일반적으로 임상증상을 빠르게 발달시키는데 반해, 제2형 척추원반 돌출은 임상증상을 만성적으로 발달시킵니다. 목 통증은 뒤쪽보다는 앞쪽에서 훨씬 심한 경향이 있으며, 등을 굽히고 코를 내린 자세를 취하게 됩니다. 추간판 질환이 의심되는 환자에서 방사선 촬영 검사와 이후 척수조영을 실시해 볼 수 있으나, MRI가 부작용도 적으며 우수한 해부학적 정보 및 다른 임상특성과 구분할 수 있는 정보를 제공해줄 수 있습니다. 경추 추간판 질환의 잠정 진단은 특징적인 발생 양상, 실제 호소증상, 임상적인 특징에 기초하게 됩니다. 확정 진단은 척수 영상 뿐만 아니라, 탈출된 추간판 물질을 수술적으로 직접 확인해 볼 필요도 있습니다.

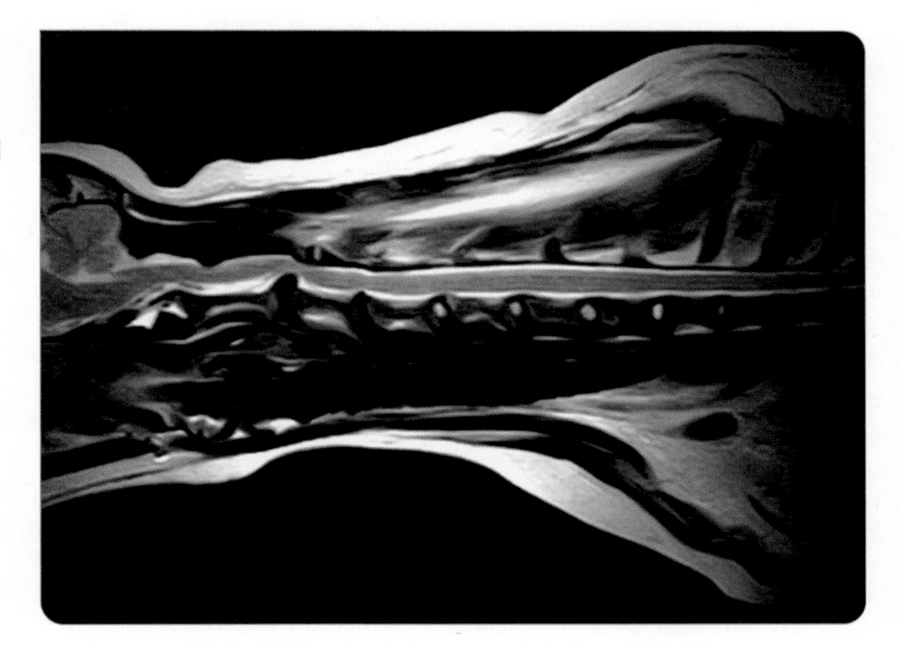

그림 4-14 _ 경추 추간판 탈출증 MRI 사진
13살 중성화한 수컷 시츄 8.1kg가 4주 전부터 목 쪽의 통증을 호소하였음

치료

임상증상이 미약한 경우에는 운동을 제한시키거나 약물치료를 병행해 볼 수 있으며, 수술적 개입이 지시되는 경우는 통증의 반복 발생, 적절한 내과 치료법에 반응하지 않는 통증, 신경 결손 사지 불완전마비 또는 사지 완전마비 등이 있는 경우입니다.

2. 흉요추 디스크 탈출증 흉요추 척추원반 질환 Thoraco-lumbar IVDD

정의

경추의 추간판 탈출증과 마찬가지로 흉추와 요추 사이의 추간판 물질이 척주관 내로 변성되어 증상을 나타냅니다. 제1형 추간판 변성이 발생했을 때 경추와 비교하여 흉요추 척주관 내 공간이 좁아져 급성으로 뒷다리의 마비를 더 많이 초래하게 됩니다.

원인

흉요추 추간판 질환의 원인은 앞서 설명한 경추 추간판 질환의 원인과 유사합니다.

증상 및 진단

흉요추 주위로 심한 통증과 함께 뒷다리의 쇠약이 확인되며, 주로 응급상황으로 추간판이 갑작스럽게 탈출하여 보행이 불가능한 뒷다리의 마비가 관찰됩니다. 진단 역시 경추의 추간판 질환과 동일하며 CT, MRI 등이 유용할 수 있습니다.

치료

치료 또한 경추 추간판 질환의 방법과 동일합니다. 마비가 발생하여 뒷다리의 보행이 불가능했던 환자의 경우 약물치료 또는 수술적 치료 이후 원래 정상 뒷다리의 근육양 혹은 기능의 회복을 위해 적극적인 재활치료의 병행이 추천됩니다.

3. 퇴행성 척수병증 Degenerative Myelopathy, DM

정의

퇴행성 척수병증은 주로 흉요추 부위에서 척수의 모든 섬유단에 있는 축삭과 수초가 선천, 진행성으로 퇴행하는 것을 의미하며, 중추신경계와 말초신경계에서 모두 보고되어 왔습니다. 주로 나이가 많고 대형견에서 나타나며 저먼 셰퍼드에서 다발하지만 다른 품종의 개나 고양이에서도 나타난 것으로 보고되고 있습니다.

원인

퇴행성 척수병증이 있는 개에서 SOD1 이라고 하는 효소의 유전자에 돌연변이가 확인되었으며, 유전자 돌연변이가 동종접합인 개에서 발병할 위험성이 높은 것으로 알려져 있습니다.

증상 및 진단

특징적인 병력은 수개월 동안의 점진적이고 통증이 없는 뒷다리 쇠약과 조화 운동 불능입니다. 임상증상으로는 뒷다리의 발바닥을 비비거나 질질 끄는 것으로 시작하여 조화 운동 불능과 불완전마비가 뒤에 생길 수 있습니다.

CT, MRI 등 척수영상을 촬영해도 정상으로 나올 경우가 많으며, 정상과 비교했을 때 척추 공간 협착, 변형된 척수, 작은 척수, 거미공간의 국소 약화, 척추 옆 근육 위축 등의 이상소견이 확인될 수 있습니다. 유전학적 검사를 통해 SOD1 돌연변이를 가졌는지 확인해볼 수 있으며 최종진단은 부검을 하여 조직병변을 검사 해보아야지만 가능하기 때문에, 제2형 추간판돌출과 척수종양이 배제될 경우 진단내려질 수 있습니다.

치료

내과적, 외과적으로도 퇴행척수병증에 대한 효과적인 치료법은 밝혀져 있지 않으며 매일 집중적인 물리치료로 생존 기간을 연장시킬 수 있습니다. 6~12개월 넘게 점진적으로 진행되며 뒷다리 보행기능상실 이후 악화되면 앞다리와 뇌간 뇌줄기까지 질환이 진행될 수 있습니다.

4. 섬유연골색전척수병증 Fibrocartilaginous embolism, FCE

정의

척수 영역으로 가는 동맥 또는 정맥에 추간판의 수핵으로부터 유래된 것으로 여겨지는 섬유 연골 물질에 의해 혈류의 방해가 생겨 색전증이 일어나는 것을 의미합니다. 이로 인해 척수 손상이나 신경세포 괴사 등의 2차적인 문제가 발생하게 됩니다. 개는 흔하지만 고양이는 아주 드물게 나타나는 것으로 알려져 있습니다.

원인

혈관 내로 수핵 유래의 물질이 옮겨가는 것에 대한 원인은 명확하게 알려진 바가 없으며 여러 가설들이 존재합니다. 수핵 물질이 혈관 내로 바로 침투된다는 것과 수핵 내에 혈관이 잔존한다는 것, 수핵의 일부가 척추체의 골수 안으로 이주되어 섬유연골이 혈관으로 밀려나는 것, 퇴행성의 추간판에 혈관이 새로 생겨나는 것 등이 있습니다.

증상 및 진단

대부분의 증상은 외상이나 격렬한 운동 후 급성으로 나타나는 경향이 있으며 증상이 시작되고 나서 24시간 후에는 거의 진행되지 않습니다. 증상이 생긴 직후에는 통증 반응을 보일 수 있지만 대부분의 환자에서는 통증반응을 관찰하기 힘듭니다. 보통 증상은 마비와 같은 신경 기능의 이상으로 나타나고 중추신경계의 손상 위치에 따라 달라지며 주로 발생하는 위치는 흉요추 부근입니다. 척수 조영, CT, MRI를 통해 진단할 수 있으며, 신경과 혈관의 미세한 병변을 확인해야 하므로 MRI 검사가 추천되어집니다.

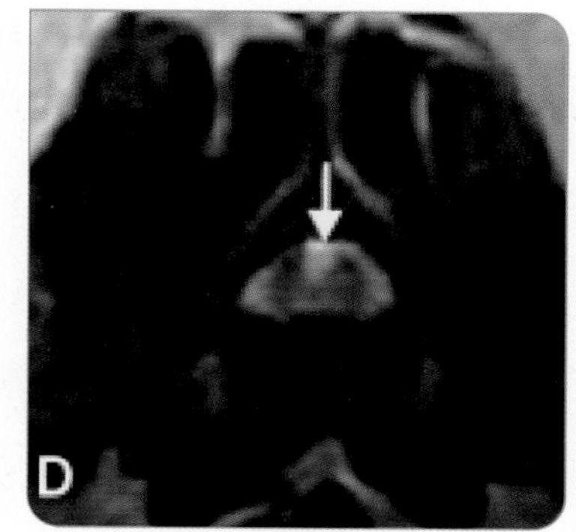

그림 4-15A _ FCE 환자의 MRI 사진 가로 단면

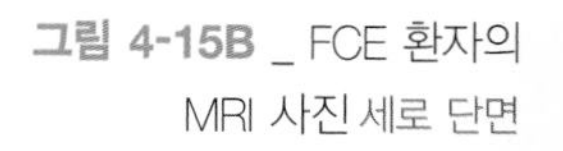

그림 4-15B _ FCE 환자의 MRI 사진 세로 단면

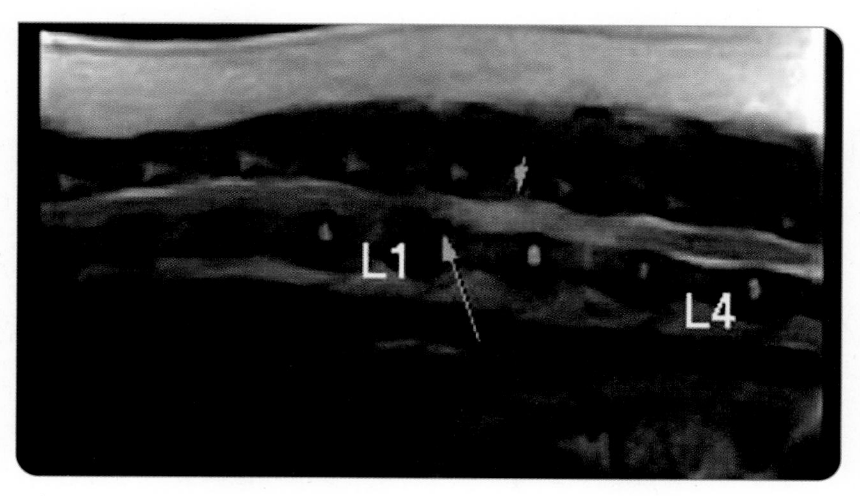

치료

내/외과적으로 특별한 치료방안이 없으며 대증치료 및 질병의 악화를 지연시키는 방향으로 치료가 진행됩니다. 손상된 척추 부위의 움직임을 최소화하고, 경추에 병변이 생긴 경우 호흡기 이상을 모니터링 해야하며, 손상된 척수 부위에 관류가 유지될 수 있도록 수액 처치가 필요합니다. 필요에 따라서 회복 시간을 단축시키고 사용하지 않는 근육의 위축을 방지하고 신경 가소성을 자극하기 위해 운동 치료가 행해질 수 있으며 침이나 레이저 치료도 효과적이라고 알려져 있습니다.

4절
관절염

1. 퇴행성 관절병 Degenerative arthritis

정의

원인에 따라 원발성과 속발성으로 분류될 수 있습니다. 원발성 퇴행성 관절병은 원인을 알 수 없이 일어나는 연골 퇴행으로 연령에 따른 이상이며, 속발성 퇴행성 관절병은 관절의 불안정성 또는 관절연골에 비정상적으로 부하가 가해져 원인이 되는 이상들에 대한 반응을 의미합니다. 개와 고양이에서 원발성보다 속발성 퇴행성 관절병이 더 일반적입니다. 관절연골의 병적인 변화는 관절표면을 거칠게하고 결과적으로 관절 부위의 염증반응을 일으킬 수 있다.

원인

앞다리에서는 갈고리돌기조각 Fragmented Medial Coronoid Process, FMCP, 주돌

기 유합부전 Ununited Anconeal Process, UAP, 각기형 등이 원인이 되며, 뒷다리에서는 고관절 이형성, 대퇴골두 무균괴사, 슬개골 탈구, 전십자인대 파열 등이 퇴행성 관절병의 원인이 됩니다.

증상 및 진단

다리의 파행, 관절촉진 시 통증 유발, 운동 범위의 감소, 운동 시 관절 부위의 소리 등이 관찰됩니다. 급작스럽게 영향을 받은 관절은 관절의 부종 때문에 부어오르고, 만성적으로 진행되었을 때는 관절주위 조직이 섬유화되어 비대해져 있습니다. 대부분 방사선 영상 검사상의 변화는 만성 관절질환과 연관이 있기 때문에, 뼈관절염 및 현저한 연골 손상은 방사선상의 변화가 나타나기 오래전부터 존재했을 가능성이 있습니다. 정형외과 문제에 속발되어 나타난 퇴행관절염의 경우 그 원인을 교정해 주어야 합니다. 진단은 방사선 영상 검사 평가에 기초하나 치료는 임상증상에 기초합니다. 방사선 검사에서 퇴행관절병이 확인되어도 증상이 없다면 치료는 필요하지 않습니다.

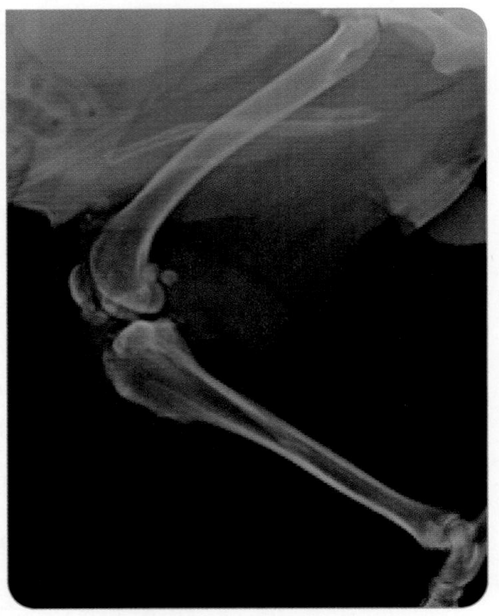

그림 4-16 _ 퇴행성 관절염 환자의 무릎 방사선 사진

10살 수컷 코커스패니얼 11.5kg이 4년 전부터 뒷다리를 불편해 하여 관절염에 준하여 현재 재활 및 약물치료로 관리 중

치료

물리 재활치료는 관절 주위조직의 강화, 손상된 관절을 지지하기 위한 근육의 강화, 기능적인 운동 범위 증가 등에 중요한 역할을 합니다. 비만은 퇴행성 관절병이 발달하는데 있어서 원인이 되거나 촉진시키는 요소가 될 수 있습니다. 염증 상태가 조절된다면 적당하고 규칙적인 운동은 관절의 운동성, 근육의 강도, 관절의 지지력을 유지하는데 매우 중요하며, 수영은 관절에 부하를 증가시키지 않고 근육의 강도를 유지하는데 아주 유용한 재활치료법입니다.

5장
운동 치료 기본

1절
몸 상태 평가

운동 전에 반려견의 몸상태를 평가하여 운동에 있어 주의해야 될 것과 적정한 운동 방법을 선택할 수 있습니다.

1. ROM Range Of Motion 관절 가동 범위

정상 관절 가동범위는 정상적인 기능을 위해 필요합니다. 사지의 각 관절의 가동범위를 확인하여 정상과 비정상 유무를 확인해야 합니다. 앞다리의 관절은 완관절/주관절/견관절이 있고, 뒷다리는 족관절/슬관절/고관절이 있습니다. 관절의 최대 굴곡/신전 각을 측정하기 위해 관절각도계 Goniometer를 사용합니다. 만약 관절 가동범위가 감소한다면, 몸은 보상작용으로 다른 관절의 운동을 증가시키게 됩니다. 그러므로 한 관절의 운동 저하는 근처 다른 관절의 과한 운동을 유발합니다. 과한 운동범위는 비정상적인 스트레스로 이어지고, 통증을 일으키며, 결국 파행이 나타나게 됩니다. 따라서 관절 가동범위를 철저하게 평가하고, 관절과 연부조직 물렁조직의 정상적인 운동을 위한 치료를 하는 것이 중요합니다. 정상 관절 가동 범위는 품종에 따라 상당히 다양성을 가지고 있으며, 나이와 기타 요소들에 영향을 받습니다. 반려견을 위한 모든 관절의 정상 가동 범위의 표준은 정확히 설립된 적이 없기 때문에 반대쪽과의 비교가 필요합니다.

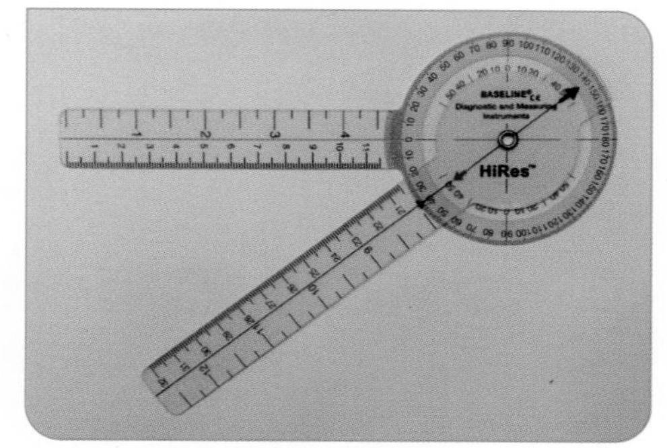

그림 5-1 _ 관절각도계 Goniometer

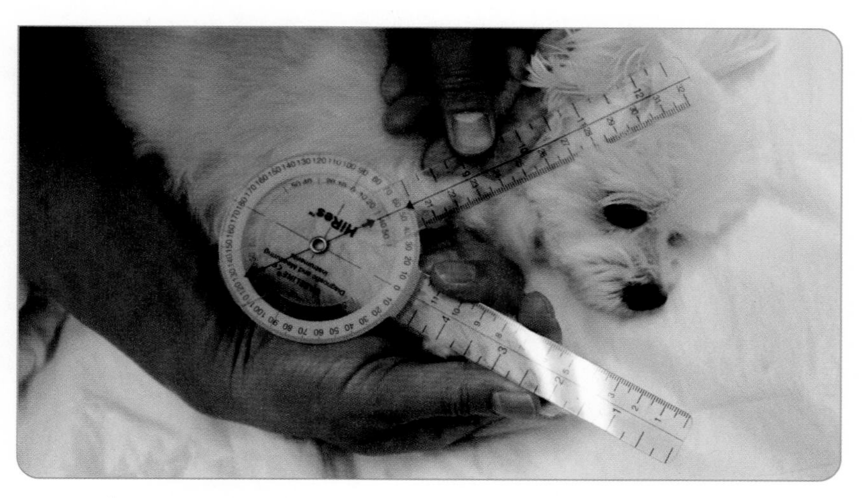

그림 5-2 _ 관절각도계 측정

2. 다리둘레 측정 Girthometry

일반적으로 사지의 근육량을 측정하기 위한 방법으로 해부학적으로 일정한 부위를 정해진 기구를 이용하여 측정합니다. 옆으로 누운 상태에서 양측 다리를 일정한 부위에서 측정하여 근육 위축이나 연부조직의 부종 등을 알 수 있습니다. 또한 운동을 통해 변화된 사지의 근육량을 모니터링하기 위해 반복적으로 측정할 수 있습니다. 측정하는 사람에 따라 측정값이 변화할 수 있어, 항상 일정한 사람이 일정한 부위를 측정하도록 해야 합니다. 2장 참고

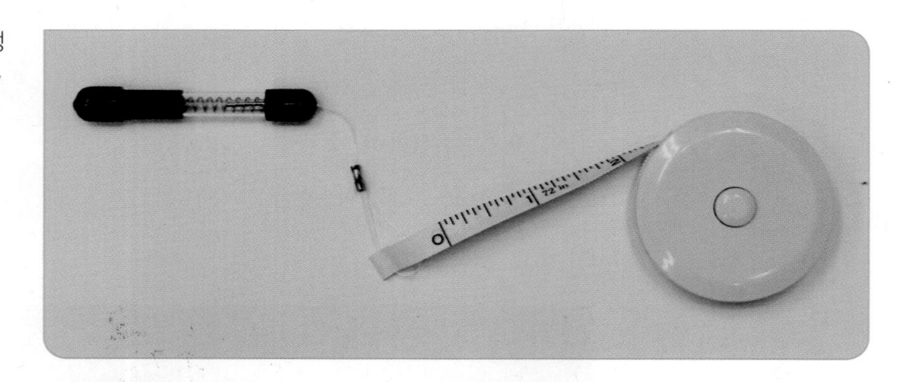

그림 5-3 _ 다리둘레측정 기구 Girthometry

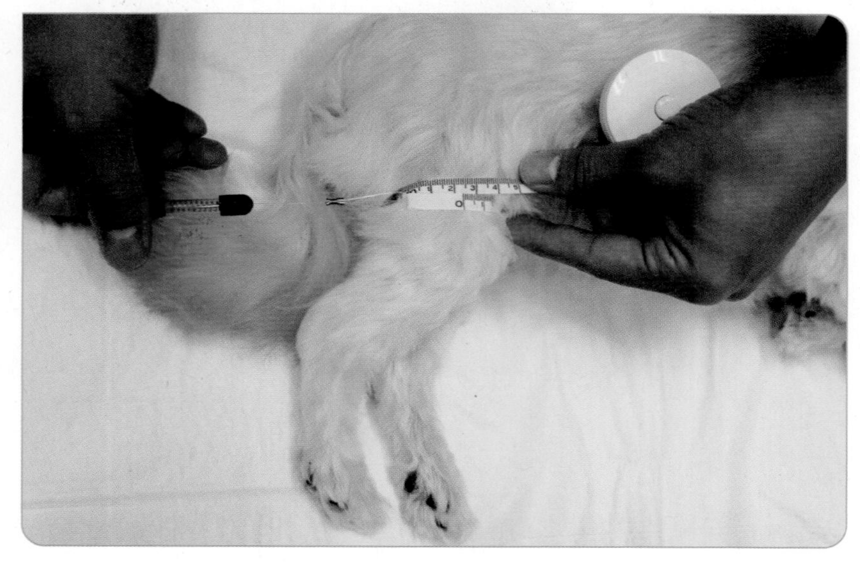

그림 5-4 _ 다리둘레 측정

3. 연부조직 평가 Soft tissue assessment

연부조직평가는 피부, 근육, 건, 인대, 관절 등을 평가하는 것입니다. 연부조직평가는 부어있는지, 통증이 있는지, 혹은 위축되어 있는지를 확인하는 것입니다. 보행이나 자세에서 이상이 확인되는 부위에 손으로 만져 보며 평가할 수 있습니다. 반려견의 몸은 대칭적이어서 아픈 부위와 정상부위를 비교하며 평가할 수 있습니다. 비정상적인 연부조직은 두껍고, 부드럽거나, 단단하거나, 물렁하거나, 팽팽하거나, 만지면 아프거나, 근육에 경련이 느껴지거나, 따뜻하거나, 차갑거나, 또는 마찰음이 있는지로 확인할 수 있습니다.

4. 자세평가 Stance assessment

반려동물의 질환 부위를 확인하기 위해 휴식할 때와 보행할 때 주의 깊게 관찰이 필요합니다. 또한 앉은 자세나, 옆으로 누워 있는 자세에서 몸 상태를 평가해야 합니다. 때로는 휴식상태 앉아 있거나, 누워 있는 경우에서 일어서 걸을 때 파행 다리절음을 나타내는 것을 확인할 수 있습니다. 사지의 질환이 있는 경우 근육의 위축, 다리의 떨림, 머리와 목의 비대칭, 사지 위치의 비대칭 등이 나타납니다. 파행이 있는 다리는 체중을 덜 싣고, 발바닥 전체가 바닥에 닿지 않게 됩니다. 뒷다리의 경우 서 있을때 파행이 있는 다리가 정상다리보다 체중을 덜 싣기 위해 앞쪽으로 향해 있고, 앉을 경우 다리를 잘 굽히지 못하여 다리를 펴고 앉게 됩니다.

그림 5-5 _ 정상 기립 자세

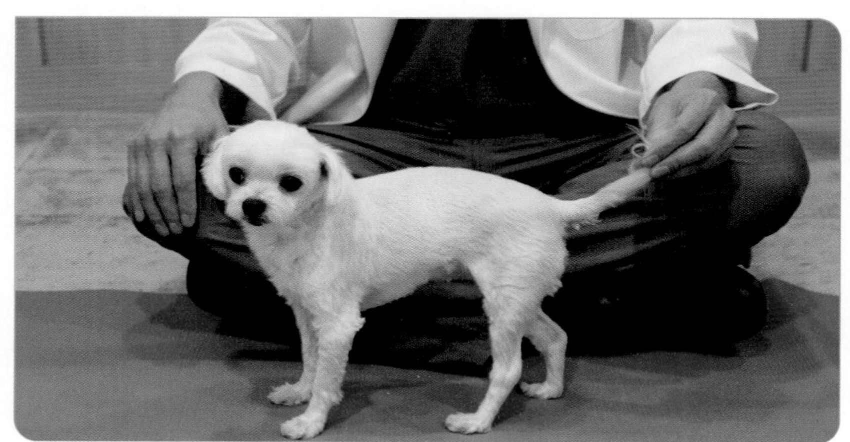

그림 5-6 _ 기립 자세, 왼쪽 뒷다리 불편 자세

그림 5-7 _ 허리 굽은 자세

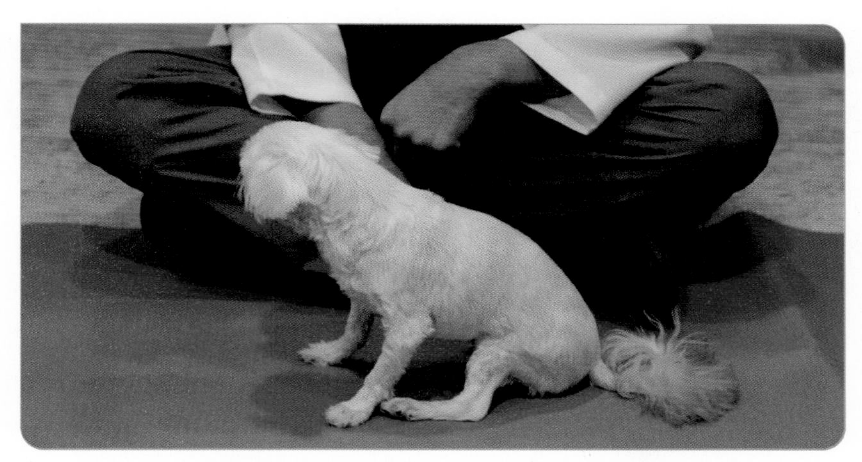

그림 5-8 _ 앉은 자세, 왼쪽 뒷다리 불편 자세, 옆모습

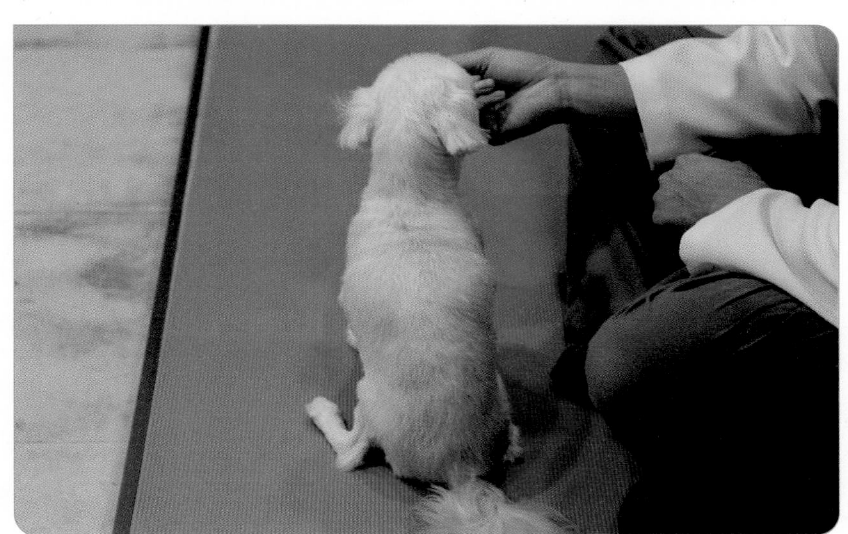

그림 5-9 _ 앉은 자세, 왼쪽 뒷다리 불편 자세, 뒷모습

2절
운동의 구성

반려견 기본 운동 프로그램은 일반적으로 균형, 지구력 운동, 근력운동, 유연성 운동의 4가지로 구성됩니다. 반려견 운동 프로그램은 위 4가지의 운동을 반려견의 신체조건과 연령 등에 맞춰 구성하고 일생동안 실행하면 완벽한 건강을 달성하는 가장 빠르고 효과적인 방법이 될 것입니다. 위 4가지의 운동을 통해 어린 강아지들은 신체 인식 즉, 감각을 발달시키고, 성견 스포츠견등은 운동능력, 활동력, 경쟁력을 높일 것이며, 노령견은 활동성을 유지할 수 있습니다.

균형운동은 신경반응을 최적화하여 몸이 빠른 속도로 환경의 변화에 반응하도록 합니다. 지구력 운동은 심폐 효율을 증가시켜 달리기 때 에너지를 공급하며, 신진대사를 원활히 합니다. 근력운동은 근육의 힘을 향상시켜주고, 몸을 움직이는 힘을 저장하는 능력을 향상시킵니다.

유연성 스트레칭 운동은 앞서 언급한 운동을 시작하기 전이나 운동 사이에 실시하여 근육 섬유의 탄력성을 향상시키고 유지하게 합니다. 4가지의 운동을 적절히 반복하면 신체의 운동 시스템이 개선되고, 부상의 위험이 감소하며, 전반적인 삶의 질이 향상 됩니다. 이러한 운동은 처음 시작할 때는 보호자의 도움이 필요하고, 점차 적응이 되면 스스로할 수 있도록 해야 효과적입니다.

스스로 운동을 하도록 유도하기 위해서는 적절한 보상이 요구되는데, 일반적으로 보상은 가장 선호하는 간식, 장난감, 보호자의 칭찬이 될 수 있습니다. 본격적인 운동 전에 "이리와", "앉아", "기다려" 등이 교육되어 있으면 좀 더 쉽게 운동에 적응할 수 있습니다. 또한 중요한 것은 보호자의 인내심입니다. 성급한 마음에 반려견에게 운동을 강요하게 되면 실패할 가능성이 높습니다. 그리고 운동은 정확한 자세로 꾸준하게 하는게 무엇보다 중요합니다.

1. 균형 운동 Balance

균형은 신체가 환경에서 어디에 있는지 알고 그에 따라 반응하는 신체의 능력입니다. 균형은 시각, 전정계, 촉각의 통합적으로 반응하는 것입니다. 노령견에서 시각 장애나, 전정계 장애가 있으면 뛰어내리거나 빨리 움직이는 것을 주저할 수 있습니다. 균형 운동의 목적은 부상과 공격으로부터 신체를 민감하게 반응시켜 보호하고, 동시에 신체가 움직임을 미세 조정 하는데 도움을 주는 방어적인 것입니다.

균형 운동은 사지 반응 시간의 속도를 빠르게 하고, 빠른 반응 시간은 반려견이 장애물이 많은 지형을 걷거나, 달리는 도중 방향을 빠르게 전환할 수 있도록 함으로써, 정확한 이동 변화를 가능하게 합니다.

균형 운동은 자세를 바르게 하는 중심 근육의 힘을 향상시킵니다. 이것은 노령견이 쉽게 넘어지거나, 호기심 많은 자견이 넘어지는 것을 줄이는데 도움이 됩니다. 균형 운동은 코어근육 복부, 등, 엉덩이, 허벅지근육과 전신근육의 감각을 위한 운동으로 구성됩니다. 균형 운동은 48시간 간격으로 하는게 적절하며 반려견의 신체능력에 따라 조절이 가능합니다.

2. 근력 운동

근력운동은 근육에 힘을 불어 넣어 신체가 움직일 수 있게 합니다. 근육은 일련의 과정을 통해 신체를 이동시킵니다. 특정한 행동은 특정한 근육의 힘을 필요로 합니다. 근력 강화의 이점은 움직임의 질을 향상시킬 수 있고 또한 신체가 강하고, 급격한 외부의 물리적 힘을 극복하는데 도움을 줄 수 있습니다.

예를 들어 반려견이 미끄러운 표면을 달리다 회전하는 경우, 앞다리가 바깥쪽으로 미끄러지는데 이 때 바깥쪽으로 벌어지는 힘에 대항하기 위해 어깨 안쪽에 있는 근육이 수축합니다.

근육이 충분히 강하면 앞다리가 더 미끄러지는 것을 막을 수 있어 부상을 입지 않게 됩니다. 이와 같이 근력이 부족하면 신체가 부상의 위험이 높아집니다. 근력 운동은 앞다리와 뒷다리의 근력을 강화시키는 것을 목표로 합니다. 근력 운동 이전에 코어근육의 균형운동이 잘 이루어져야 사지의 근육이 균형 있게 강화됩니다. 근력 운동은 48시간 간격으로 하는게 적절하며 반려견의 신체능력에 따라 조절이 가능합니다.

3. 지구력 운동

지구력은 몸이 움직이는 필요한 에너지를 제공합니다. 지구력 운동은 달리기를 통해 할 수 있습니다. 지구력 운동의 구성은 단거리 30초 이내, 중거리 30~90초, 장거리 90초 이상 수시간로 나누어할 수 있습니다. 단거리 달리기의 경우는 몸이 혐기성 상태의 에너지를 쓰는 과정으로 최대한 빨리 달리는 것을 목표로 하는 민첩성 운동입니다.

중거리 달리기의 경우 초기에는 혐기성 대사 에너지를 활용하고 이후 호기성 대사 에너지를 활용합니다. 중거리 달리기는 보통 어질리티 Agility등의 스포츠 운동을 위해 하는 운동입니다. 장거리 달리기의 경우 초기에 혐기성 대사 에너지를 활용하고 이후 대부분은 호기성 에너지를 활용합니다.

장거리 달리기의 경우 유산소 운동을 하는 것으로 신체의 에너지를 늘리고 심폐기능을 향상, 기초대사를 원활하게 하는 등의 건강을 위해 꼭 필요한 운동입니다. 따라서 일반적으로 지구력 향상을 위해서는 장거리 달리기 운동이 적합 합니다. 지구력 향상의 목표에 맡게 단/중/장거리 운동을 선택해야 합니다. 단거리 운동은 장거리 운동이 가능할 만큼 목표하는 지구력을 향상시키지는 못합니다. 또한 평지의 달리기 운동은 균형, 근력, 유연성을 향상시키지는 못합니다. 지구력 운동은 코어근육의 강화와 나이에 맞는 운동 시간/간격, 적절한 에너지 공급이 꼭 필요합니다.

지구력 운동은 사지를 반복적인 움직임이 필요하기 때문에 척추의 추가적인 힘이 가해져야 합니다. 따라서 약한 코어 근육은 시간이 지남에 따라 퇴행성 질환이 발생할 수 있습니다. 노령견의 근육량의 부족, 여러 질환이 있을 수 있어 과도한 운동은 위험에 처하게 할 수 있습니다.

어린 자견의 경우 성장을 위해 많은 에너지가 필요합니다. 그런데 어린 자견에게 과도한 운동을 하는 경우 성장 장애를 유발할 수 있습니다. 이와 같이 노령견이나 어린 성장견은 공원에서 느긋하게 뛰어 다니거나 다른 반려견과 놀며 운동 하는게 나이에 맞는 지구력 운동입니다.

4. 유연성 스트레칭 운동

유연성 운동은 수동적으로 행해질 수 있고, 아니면 특정 운동을 통해 능동적으로 할 수 있습니다. 스트레칭은 각각의 근육이 수축하는 반대 방향으로 이완시키는 동작입니다. 스트레칭은 적당히 근 긴장이 손으로 느껴지는 정도 행해져야 하며, 환자가 편안하게 느끼는 범위 안에서 해야 합니다. 스트레칭은 효과적이어야 하지만 고통스러워서는 안됩니다. 만약 통증을 느낀다면 근육이 통증에 반응하여 불수의적으로 뻣뻣하게 긴장될 것이고, 근섬유들이 짧아지는 역효과가 나타납니다.

스트레칭 운동을 통해 연부조직과 뼈 사이의 유착 방지, 관절 주위 섬유화, 근육 및 기타 연부조직의 유연성을 개선하여 추가 부상을 예방하는데 도움이 됩니다. 유연성 운동은 항상 약간의 저항을 느낄 때까지 10~30초 동안을 버티게 해야 합니다. 유연성 운동은 다른 운동, 즉 밸런스, 근력 Strength, 지구력 운동 전후로 실시 하는게 좋으며, 긴 시간 운동 시에는 중간중간에 스트레칭을 해주는게 좋습니다. 왕성한 활동 이후에는 반드시 스트레칭을 해서 근육의 부상을 방지해야 합니다.

5. 수동적 관절가동운동 / PROM
Passive Range Of Motion

PROM 운동이란 각 관절의 정상 관절가동범위 ROM에 문제가 발생하였을 때 정상 굽힘각 혹은 펴짐각 이하로 감소 보호자가 직접 관절 가동 운동을 해주는 것을 말합니다. PROM운동은 사용을 잘 하지 못하는 다리를 위해 반드시 필요한 운동입니다. PROM운동을 위해서는 반려견은 조용하고 편안하게 해주어야 합니다. 운동 전에 아픈 다리를 부드럽게 2~3분 동안 마사지를 해주는게 도움이 됩니다. PROM을 위해 반려견은 옆으로 누워 사지가 중립자세 반려견이 서있는 것처럼 위치를 유지해야 합니다. 반려견이 사지를 움직이거나, 머리를 보호자쪽으로 바라보는 등의 불편한 징후를 보일 때까지 관절을 펴거나 굽혀줍니다. 운동 후 5분 동안 천천히 마사지를 해주는게 도움이 됩니다. PROM 운동은 급성 부상이나 수술 후 또는 만성 질환이 있는 관절 질환의 상태를 평가하고 관절 움직임을 개선하는데 매우 중요 합니다. PROM이란 사지 각각의 관절을 굽히거나 펴는 동작을 최대한 움직이는 것을 말합니다. 운동은 10~20초를 유지하여 3~5회를 하고 반려견의 상태에 따라 조절할 수 있습니다.

6. 능동적 관절가동운동 / AROM
Active Range Of Motion

AROM 운동이란 PROM과 같은 관절 가동성 향상을 위한 운동이나, 보호자의 도움 없이 스스로 하는 운동입니다. PROM에 비해 반려견이 스스로 걸을 수 있어야 하고 관절의 움직임이 스스로 가능한 상태여야 합니다.

운동기구 카발레티등, 모래 위 걷기, 잔디밭 걷기, 계단 오르기등을 통해 운동을 할 수 있습니다. 반려견의 상태에 따라 운동 방법을 결정할 수 있습니다.

7. 고유수용감각 Proprioception

고유수용감각은 몸의 움직임과 자세를 감지하는 능력입니다. 고유수용감각은 관절 조직, 인대, 힘줄, 근막과 피부층에 존재하는 수용체에서 발생하는 구심성 경로를 통해 이루어집니다. 이 수용체들은 지속적인 움직임과 자세 등의 위치를 제공하여, 근육 수축 시 중추신경계가 원심성 반응을 하게 합니다. 이런 수축들은 공간을 통한 안전하고 효율적인 이동을 돕거나 정적인 자세를 유지하기 위한 올바르고 균형된 반응을 이끌어냅니다. 고유수용 감각은 부상과 통증, 부종이 있으면 방해 받고, 운동 등을 통해 개선될 수 있습니다.

3절

운동기구

각각의 운동기구의 용도에 맞춰 필요한 운동을 선택할 수 있습니다.

1. **도넛볼** Donut ball : 다양한 운동
2. **피넛볼** Peanut ball : 다양한 운동
3. **짐볼** Gym ball : 다양한 운동
4. **워블보드** Wobble board : 고유수용감각 Proprioception, 균형 Balance, 코어 Core, 근력운동 Strength
5. **틸트 보드** Tilt board : 고유수용감각 Proprioception, 균형 Balance, 코어 Core, 근력운동 Strength
6. **밸런스 디스크** Balance disc : 고유수용감각 Proprioception, 근력운동 Strength
7. **카발레티** Cavaletti : 고유수용감각 Proprioception, 근력운동 Strength, 관절 가동 운동 ROM
8. **계단** Stairs : 관절 가동 운동 ROM, 근력운동 Strength

9. 고깔 Cones/위브폴 Weave poles : 고유수용감각 Proprioception, 근력운동 Strength, 균형 Balance

그림 10 _ 도넛볼 Donut ball

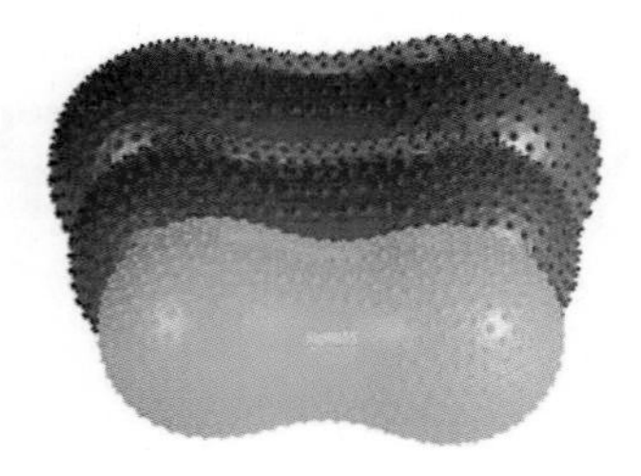

그림 11 _ 피넛볼 Peanut ball

그림 12 _ 워블보드 Wobble board

그림 13 _ 틸트 보드 Tilt board

그림 14 _ 밸런스 디스크 Balance disc

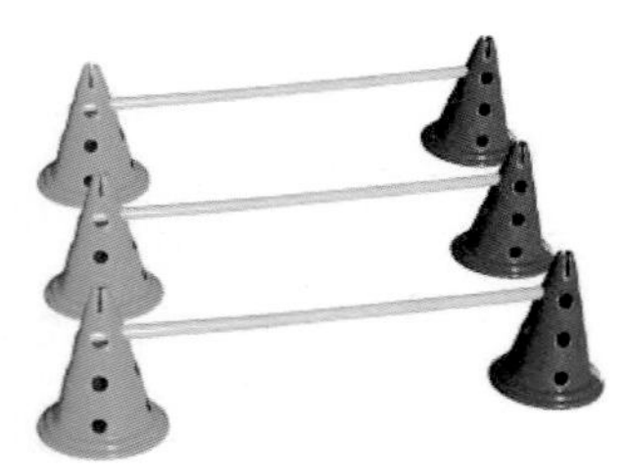

그림 15 _ 카발레티 Cavaletti

그림 16 _ 계단 Stairs

그림 17 _ 고깔 Cones/위브폴 Weave poles

운동 치료 시 고려사항

모든 운동조건 중 그 중에서도 특히 고강도의 운동을 할 때 약한 환자는 미끄러지지 않는 바닥을 선택하는 것이 매우 중요합니다. 그리고 병원과 같은 공간에서는 다른 동물들이 환자의 주의를 산만하게 하지 않을 정도의 충분히 넓은 공간이 필요합니다. 환자의 피로도를 파악하고 있는 것도 운동 프로그램을 설정하는데 중요한 요소입니다. 특정 행동을 거부하고, 작업을 제대로 수행하지 않거나, 짖거나 낑낑거리는 등의 소리를 내며, 팔다리 떨림 및 파행이 나타나게 되면 피로하거나 통증을 느끼는 반응이므로 운동을 종료해야 합니다. 피로는 불충분한 에너지나 고체온으로 인해 발생할 수 있으므로, 수중 트레드밀이나 조깅과 같이 고강도의 운동을 할 때에는 호흡에 특히 주의를 기울여야 하며 특히, 장기간 활동하지 않았거나 비만 등으로 인해 체력이 떨어져 있는 환자의 경우 호흡은 종종 피로도의 정도를 확인할 수 있는 가장 빠른 지표입니다. 음식이나 장난감과 같은 동기가 있는 환자에서는 훈련하기가 좀 더 수월하지만, 새롭고 특이한 물체나 상황을 만났을 때 동기를 부여하기 어려울 수 있으므로 모든 운동 과정에서 환자가 즐겁고 능동적으로 움직일 수 있게 해주어야 합니다. 운동을 하는 순간에 잡고 있던 목줄을 풀어주거나 부드럽게 쓰다듬어주며 칭찬을 해주는 것이 가장 효과적인 훈련방법이 될 수 있습니다. 일반적으로 운동 프로그램의 수정은 환자가 적응하고 수행하는 것에 따라 집에서 하는 경우 일주일에 한두 번, 외래 환자의 경우 1~3회 마다 보완 및 수정되어야 합니다.

6장 홈트레이닝

이제 본격적인 홈트레이닝에 대해 알아보겠습니다. 홈트레이닝은 스트레칭, 매뉴얼 치료, 기구 운동, 신경계 환자를 위한 운동, 수중 러닝머신과 기타 운동에 대해 사진을 보면서 따라 할 수 있도록 정리되었습니다. 홈트레이닝에 설명된 운동은 실내와 실외에서 모두 할 수 있는 운동 방법으로 정확한 동작을 익힌다며 반려견과 즐겁고 재미있게 운동할 수 있습니다. 또한, 꾸준히 운동한다면 균형감, 관절의 기능개선, 근력 강화 등의 효과를 볼 수 있습니다. 운동의 효과와 방법 주의사항 등은 각각의 운동 방법에 설명되어 있습니다. 운동치료의 한 세트는 기본적인 시간과 반복 횟수가 설명되어 있지만, 환자의 상태에 따라 시간과 횟수를 조절해야 합니다.

1절 스트레칭

1. 견관절 어깨관절 - 이두근 두갈래근, 삼두근 세갈래근

견관절 유연성 개선, 관절 가동 개선

반려견을 한쪽으로 눕히거나 서 있는 상태에서 어깨 관절 부위를 스트레칭 하는 운동입니다.

그림 1 _ 스트레칭을 하려는 방향을 위로 향하게 옆으로 눕히고, 어깨와 팔꿈치, 완관절을 중립자세 일자로를 **취합니다.**

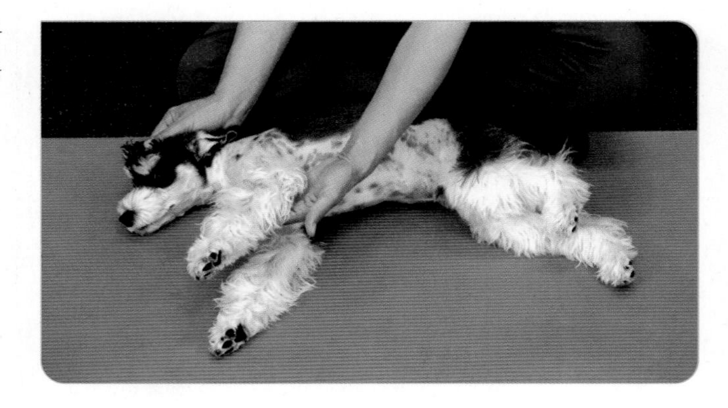

그림 2 _ 견관절 앞으로 코 방향으로 앞발목을 부드럽게 올려줍니다. 이때 견관절의 통증이 느끼거나 견관절의 움직임에 이상이 있다면 중지해야 합니다. 통증이 없거나 불편해하지 않는다면 동작은 최대한 늘린 상태에서 15~20초간 유지합니다.

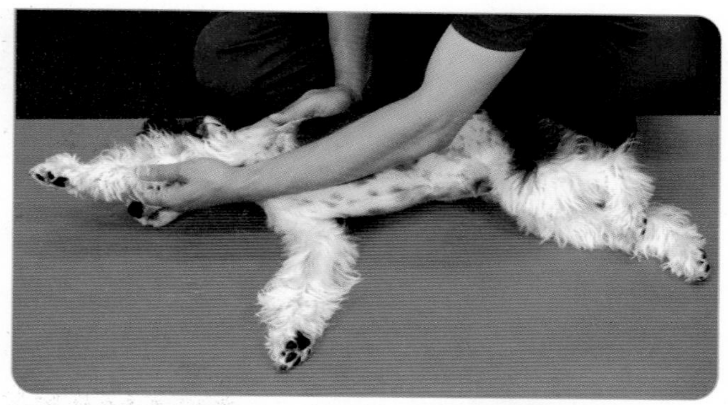

그림 3 _ 견관절을 앞쪽으로 늘린 후에 다리를 몸통으로 내려서 중립자세를 잠시 취한 후 뒤로 당겨서 굽히는 자세를 취하게 됩니다. 이 동작도 15~20초간 유지하고 3~5회 반복을 해줍니다.

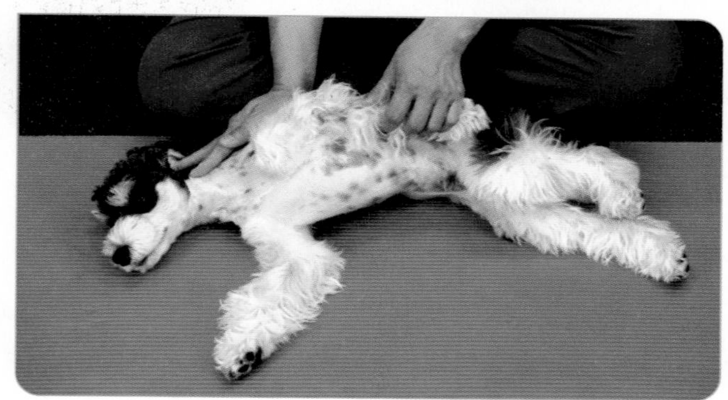

2. 고관절 엉덩관절 - 오금줄 넙다리뒤인대, 대퇴사두근 넙다리네갈래근

고관절 가동성 개선, 대퇴근육의 유연성 개선

반려견을 한쪽으로 눕히거나 서 있는 상태에서 고관절과 주변근육 인대를 스트레칭 하는 운동입니다.

그림 1 _ 스트레칭 하려는 방향을 위로 향하게 옆으로 눕히고, 뒷다리를 발목을 잡고 중립자세를 취합니다. 발목을 잡을 때는 손가락에 힘을 풀고 편안하게 유지시켜야 합니다.

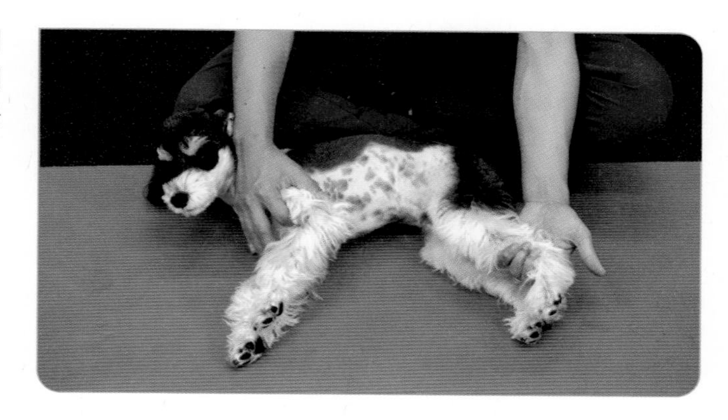

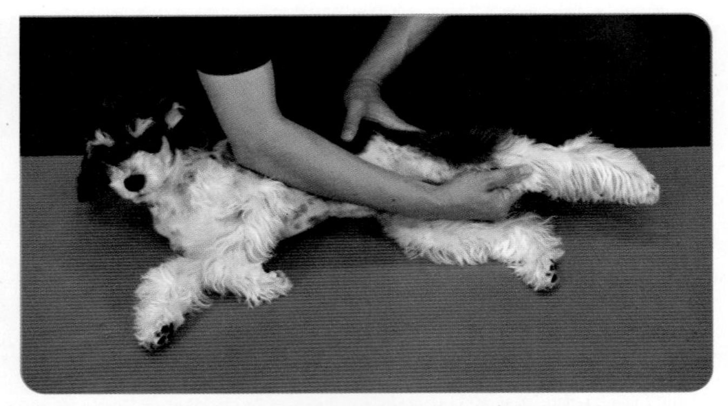

그림 2 _ 중립자세에서 뒷다리를 뒤쪽으로 최대한 펴줍니다. 이 자세를 15~20초 정도 유지하며, 스트레칭의 효과는 고관절 가동성을 개선시켜주고 대퇴사두근의 유연성을 증가시켜 줍니다.

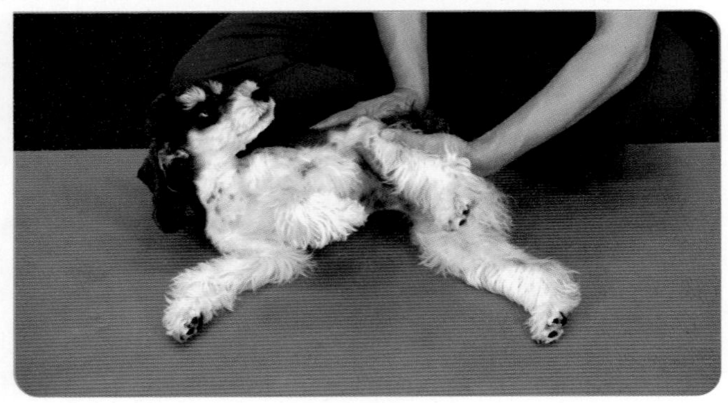

그림 3 _ 고관절을 굽히는 동작으로 중립자세에서 무릎을 곧게 편 상태에서 부드럽게 배 쪽으로 당겨줍니다. 이 자세는 고관절의 가동성개선과 오금줄 근육의 유연성을 개선시켜줍니다.

3. 스트레칭 - 장요근

3-스트레칭-장요근

엉덩이관절 주변근육, 허리근육의 유연성 개선

엉덩이 관절 주변의 중요근육인 장요근을 위한 스트레칭 운동으로 눕거나 서 있는 상태에서 실시합니다.

그림 1 _ 스트레칭을 하고자 하는 방향을 위로 향하게 눕히고 뒷발목을 곧게 편 상태에서 중립 자세를 취합니다.

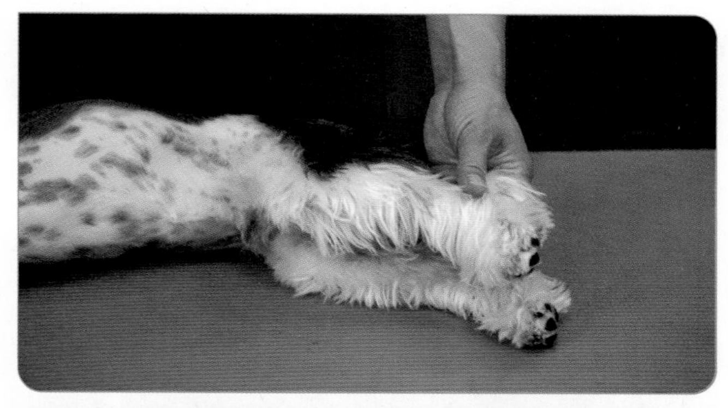

그림 2 _ 슬관절 무릎관절과 족관절 발목관절을 핀 상태로 유지하고 뒷다리를 최대한 뒤로 펴 줍니다.

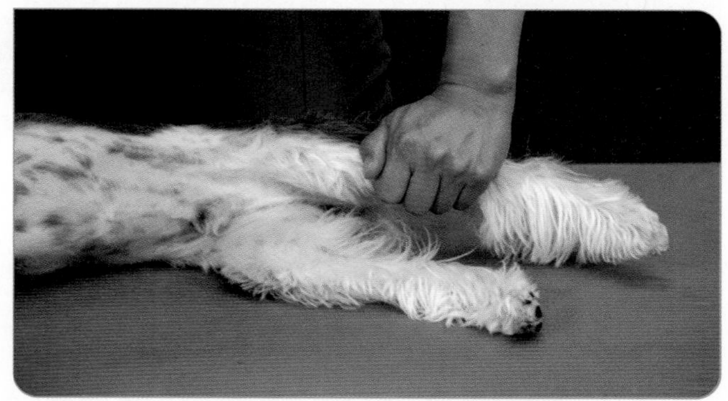

그림 3 _ 뒷다리를 최대한 편 상태에서 엉덩관절을 중심점에 두고 뒷다리를 안쪽으로 돌려줍니다. 뒤로 편 상태에서 안쪽으로 돌려줄 때 근육의 긴장도는 유지되어야 합니다. 만약 장요근 손상이 있는 환자라면 안쪽으로 돌려줄 때 통증이 나타날 수 있습니다.

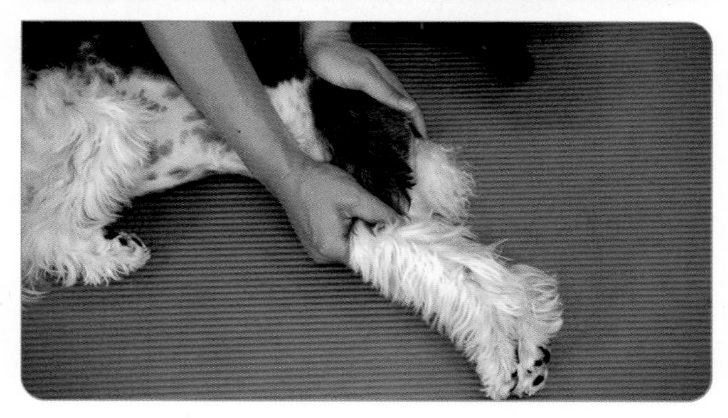

4. 쿠키 스트레칭 어깨부터 뒷발목까지

체중부하, 근육 의 유연성 개선, 척추 관절 가동 개선

쿠키 스트레칭은 반려견이 좋아하는 간식을 이용한 운동방법입니다.

한 세트는 어깨, 갈비뼈, 엉덩이, 뒷발목까지 4단계로 각 단계별로 5~10초정도 유지하면서 한번에 진행을 합니다.

그림 1 _ 어깨

한 손으로 배 아래를 가볍게 받쳐주고 치료하고자 하는 어깨쪽 방향을 향해 쿠키로 유인합니다. 이때 사지의 다리는 그대로 유지한 채로 스트레칭을 하는 게 좋습니다.

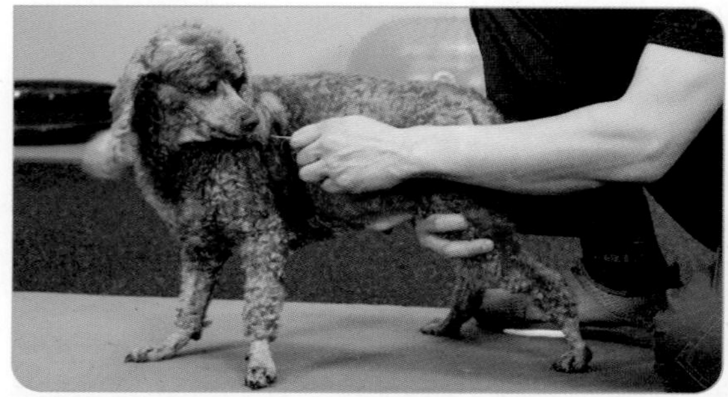

그림 2 _ 갈비뼈

어깨에서 쿠키를 먹게 되면 바로 갈비뼈 쪽으로 더 내려오게 됩니다.

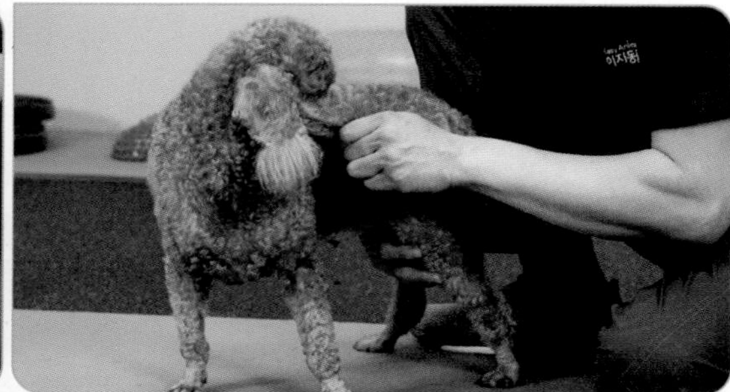

그림 3 _ 엉덩이 관절

이번에는 갈비뼈보다 더 뒤쪽인 고관절쪽으로 유도합니다.

그림 4 _ 발목관절

마지막으로 엉덩이관절 아래쪽 방향으로 슬관절을 지나 족관절 쪽으로 유인하여 5~10초 정도 스트레칭 자세를 유지합니다.

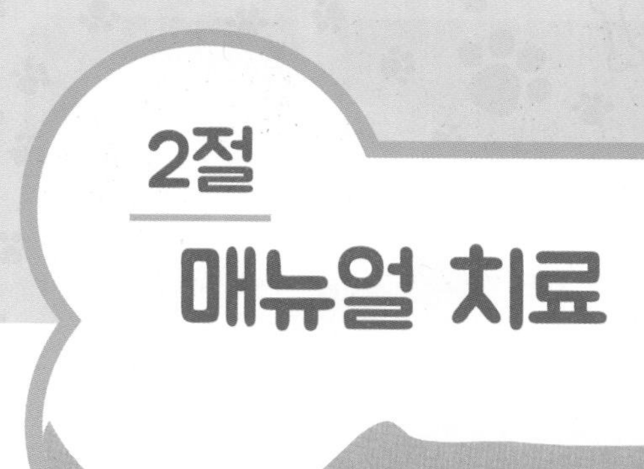

2절 매뉴얼 치료

1. 고관절압박

고관절 영양, 체중부하

반려견의 아픈 다리를 위로 오게 옆으로 눕힌 후 골반을 고정해서 잡고, 뒷다리 무릎을 잡아 골반쪽으로 압박하여 운동합니다.

한 세트는 5~10회 리드미컬하게 고관절을 압박합니다.

그림 1 _ 운동하려는 뒷다리를 위로 향하게 하여 옆으로 눕히고, 중립자세로 위치합니다.

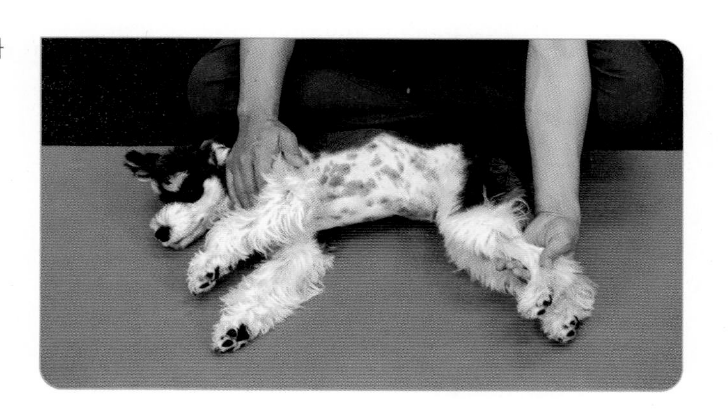

그림 2 _ 한 손으로 다리의 무릎을 잡고, 다른 한 손으로 엉덩이를 고정합니다.

그림 3 _ 엉덩이를 잡은 손은 고정하고, 뒷다리를 잡은 손으로 엉덩이 쪽으로 압박해 줍니다.

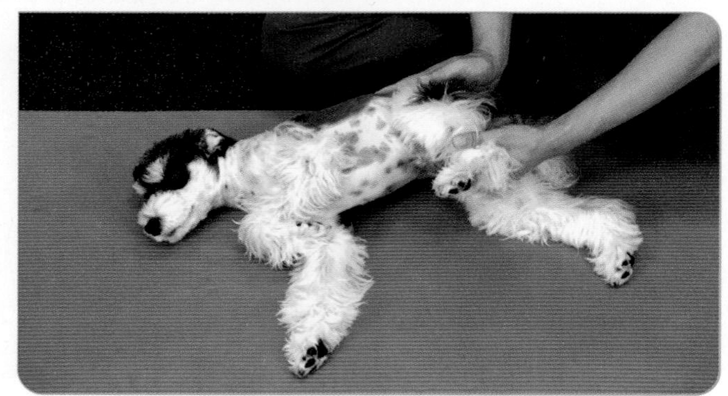

2. 뒷다리 체중이동

뒷다리 체중 부하, 균형감각

반려견이 서 있는 자세에서 앞다리는 고정하고 뒷다리를 보호자가 좌우로 밀어주어 움직이게 하여 체중 부하를 하는 운동입니다.

한 세트는 뒷다리를 좌우로 움직이는 것을 1회로 하여 총 5~10회 반복합니다.

그림 1 _ 체중 이동 준비를 위해 사지로 지탱하여 서있게 합니다.

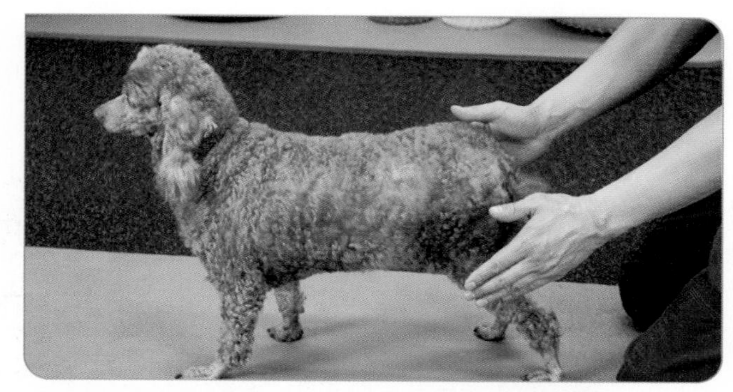

그림 2 _ 좌에서 우로 뒷다리를 움직이도록 좌측을 밀거나 자극을 줍니다.

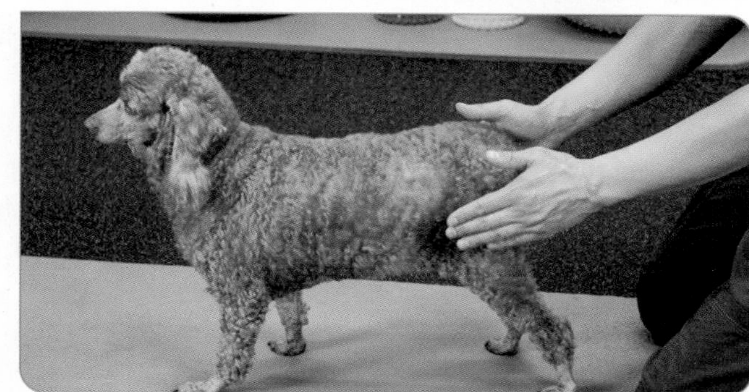

그림 3 _ 뒷다리의 좌측을 자극해 주면 우측으로 움직이게 되고 이때 앞다리는 고정되어야 합니다.

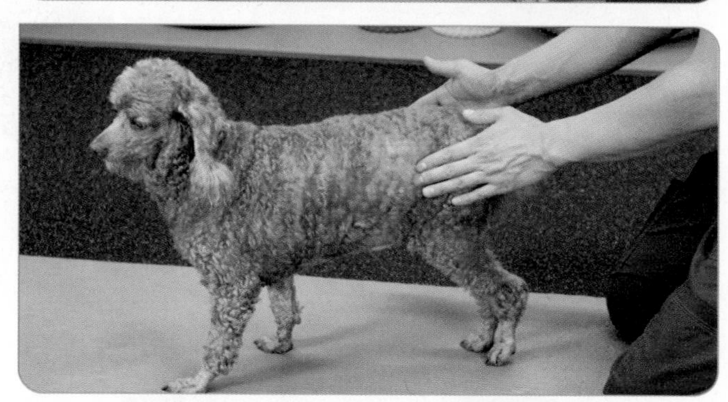

그림 4 _ 뒷다리가 우측으로 움직이면 다음에 좌측으로 움직이도록 해서 반복해 줍니다.

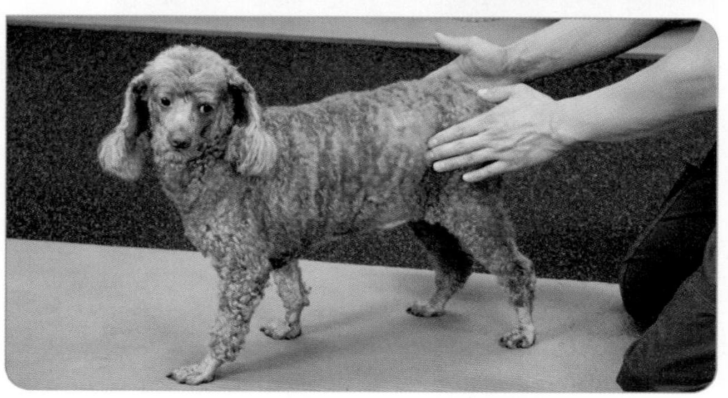

3. 세다리 서있기

세다리 서있기

체중 부하 및 힘의 개선

반려견이 서있는 자세에서 정상적인 다리를 들어올려 반대편 다리에 체중을 부하하는 운동입니다.

한 세트는 자세를 취하고 10~20초간 유지하는 것을 1회로 총 3~5회 반복합니다.

그림 1 _ 세다리 서있기 운동을 위해 사지로 지탱하여 서 있게 합니다.

그림 2 _ 우측 뒷다리가 아픈 경우 좌측 뒷다리를 들어 올려주고, 이때 반려견이 들어 올린 뒷다리에 체중을 지탱하지 않도록 뒤쪽으로 살짝 잡아줍니다.

그림 3 _ 좌측 뒷다리를 뒤쪽으로 좀 더 당겨 주면 우측에 좀 더 힘이 실리게 됩니다.

4. 원형돌기

원형돌기

체중 부하, 척추 ROM, 균형 Balance/신경근 조절능력 Coordination 운동

아픈 다리를 안쪽으로 가게 하여 회전운동을 합니다. 반려견의 상태에 따라 속도를 조절합니다. 느림/중간/빠름

한 세트는 한 바퀴돌기를 1회로 하여 총 5~10회 반복합니다.

그림 1 _ 반려견이 작은 원을 돌 수 있도록 중심에 콘과 같은 물건을 위치시킵니다.

그림 2 _ 아픈 다리 쪽을 안쪽으로 위치하게 하여 운동 준비를 합니다.

그림 3 _ 콘을 중심으로 돌 수 있도록 유도합니다.

그림 4 _ 원형돌기 운동을 할 때 중심에서 멀어지지 않도록 합니다.

5. 제자리 회전

체중부하, 척추 ROM, 균형 Balance/신경근 조절 능력 Coordination

회전은 간식으로 유도하여 시계방향과 반시계방향의 작은 원을 그리게 합니다. 반려견의 상태에 따라 속도를 조절합니다. 느림/중간/빠름

한 세트는 한번 도는 것을 1회로 하여 총 5~10회 반복합니다.

그림 1 _ 간식으로 유도하여 사지로 지탱하게 하여 운동을 준비합니다.

그림 2 _ 반시계방향으로 회전하도록 유도합니다.

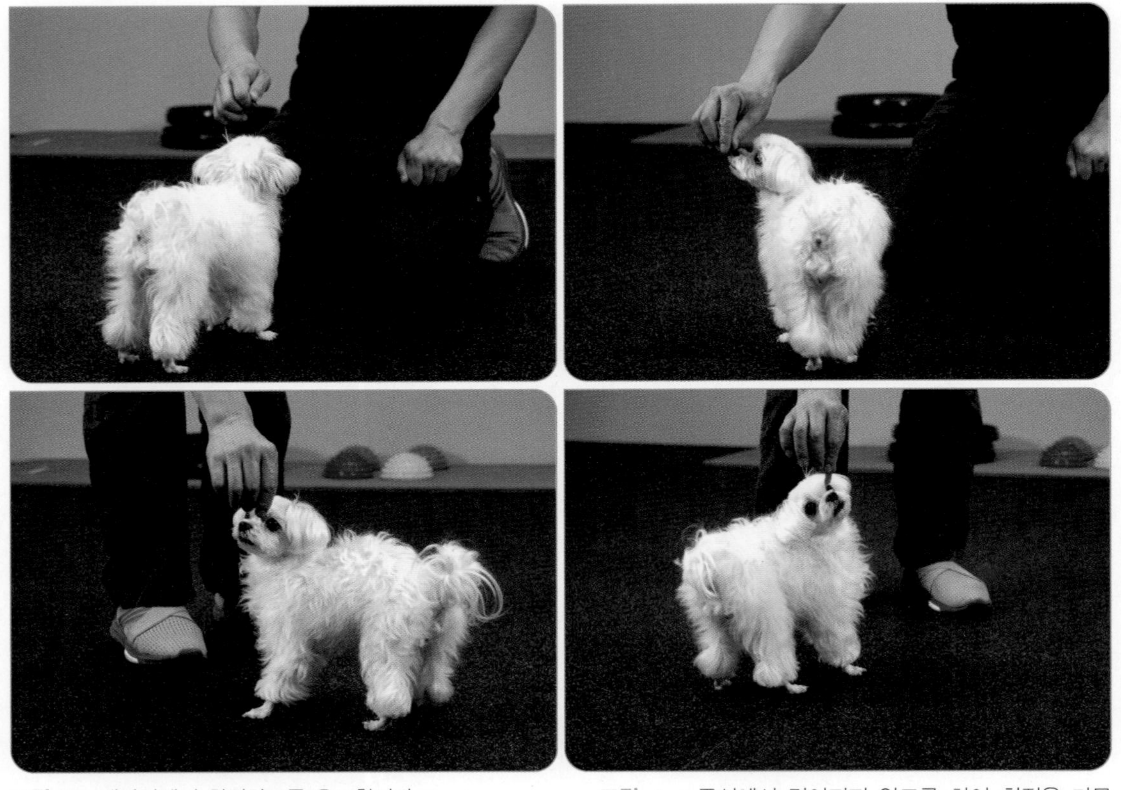

그림 3 _ 제자리에서 회전하도록 유도합니다.

그림 4 _ 중심에서 멀어지지 않도록 하여 회전을 마무리 합니다.

6. 편측서기운동

편측서기운동

체중 부하, 사지 강화운동

반려견을 서있게 하여 같은 쪽의 정상 다리를 들어 올려 아픈 다리에 체중을 부하하는 운동입니다. 한 세트는 다리를 들어올려 10~20초 유지를 1회로 하여 총 3~5회 반복합니다.

그림 1 _ 아픈 다리우측를 운동하기 위해 정상 다리 쪽 좌측에서 준비합니다.

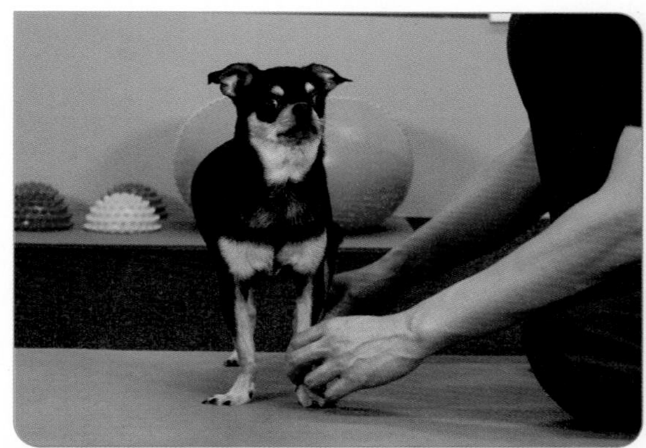

그림 2 _ 정상 다리좌측의 앞/뒤 다리를 동시에 들어 올립니다.

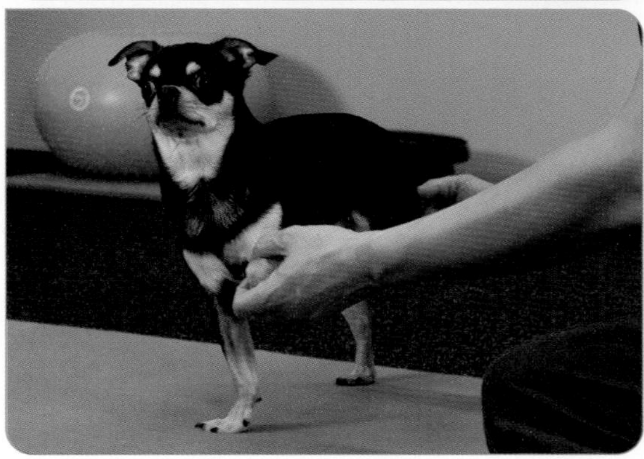

그림 3 _ 들어 올린 다리에 체중을 지탱하지 않도록 앞/뒤로 살짝 당겨서 가볍게 잡아줍니다.

7. 편측걷기운동

사지강화운동, 균형, 신경근 조절 능력

정상 다리를 들어 올려 아픈 다리를 지탱하게 한 후 걷게 하여 근력을 강화하는 운동입니다.

한 세트는 2~3걸음을 1회로 하여 총 5~10회 반복합니다.

그림 1 _ 아픈 다리우측를 운동하기 위해 정상 다리 쪽 좌측에서 준비합니다.

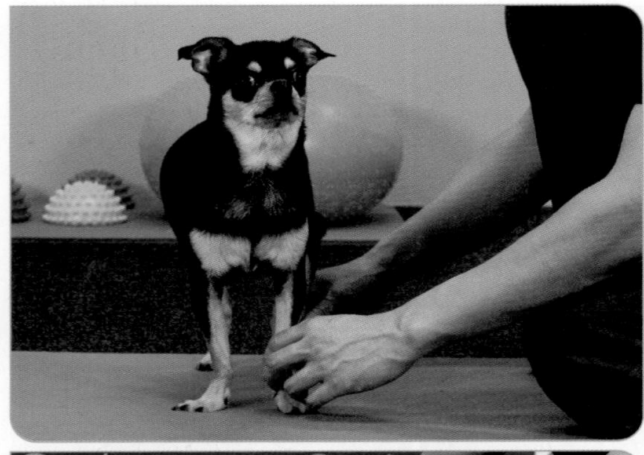

그림 2 _ 정상 다리좌측의 앞/뒤 다리를 동시에 들어 올립니다.

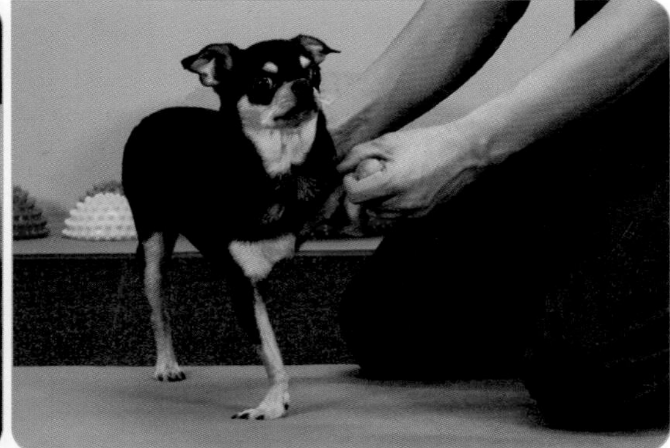

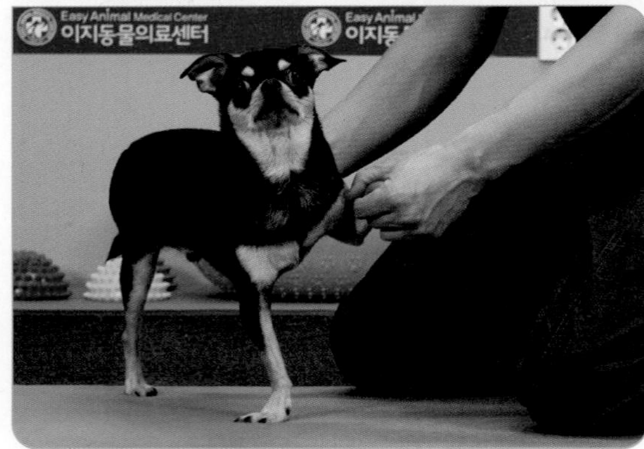

그림 3 _ 아픈 다리 쪽으로 천천히 밀어서 이동시킵니다.

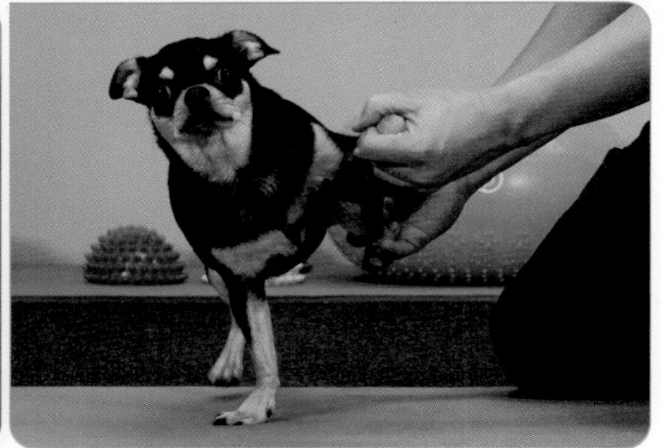

그림 4 _ 2~3걸음 이동 후 운동을 마무리합니다.

8. 목 굽히기

목 굽히기

경추 목뼈 관절 ROM

앉은 자세에서 간식으로 유도하여 천천히 머리를 가슴쪽까지 굽히도록 하여 경추 관절운동을 합니다.

한 세트는 목을 굽힌 상태에서 10~20초 유지를 1회로 하여 총 3~5회 반복합니다.

그림 1 _ 반려견을 앉힌 자세에서 보호자는 옆이나 뒤에 위치합니다.

그림 2 _ 반려견이 뒤로 물러서거나 엎드리지 않도록 주의하고 간식으로 유도하여 고개를 숙이도록 합니다.

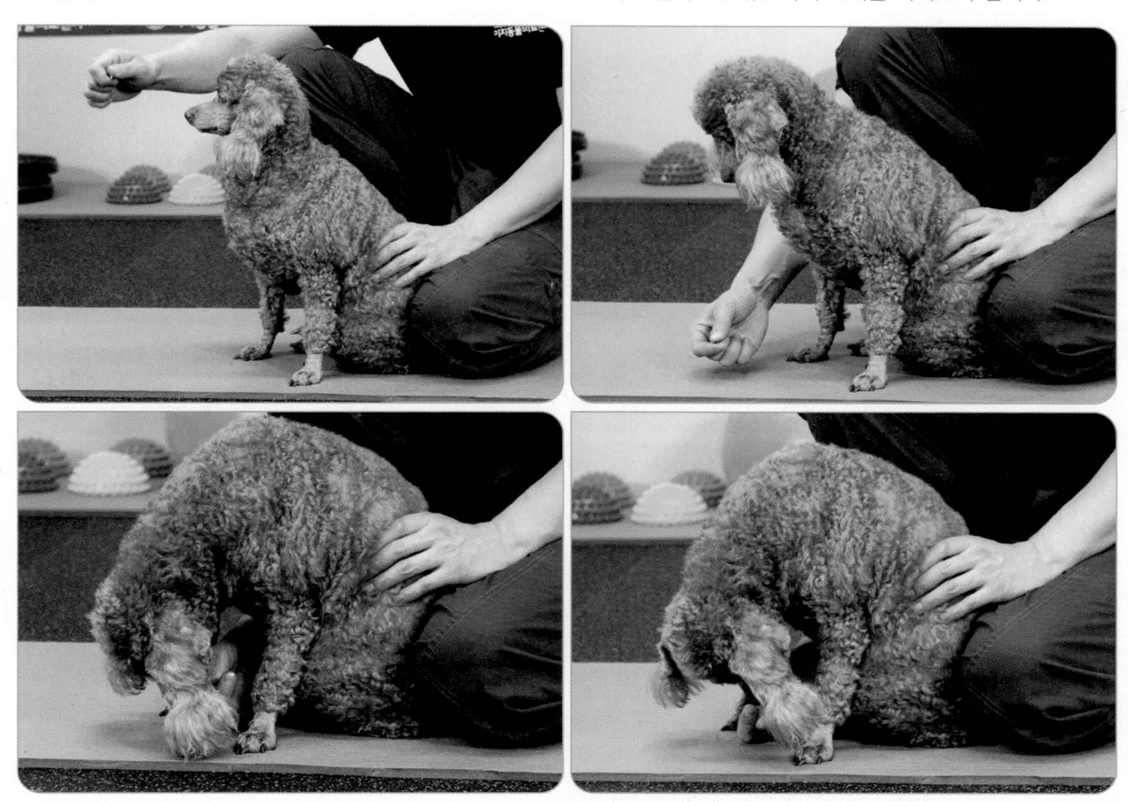

그림 3 _ 가슴 쪽까지 고개를 숙이도록 간식으로 유도합니다. 이때 앞다리가 움직이지 않도록 주의합니다.

그림 4 _ 가슴 쪽까지 고개를 숙이고 10~20초간 유지하도록 간식으로 계속 유도합니다.

9. 목펴기

요추 늘리기

경추 관절 ROM

앉은 자세에서 간식을 코 위에서 유도하여 머리를 들어 올리는 동작을 통해 경추 관절운동을 합니다.

한 세트는 목을 편 상태에서 10~20초 유지를 1회로 하여 총 3~5회 반복합니다.

그림 1 _ 반려견을 앉힌 자세에서 보호자는 옆이나 뒤에 위치합니다.

그림 2 _ 코 앞에서 간식으로 유도하여 천천히 머리를 들어 올리도록 합니다. 이때 간식을 너무 멀리 두어 뛰어오르지 않도록 주의합니다.

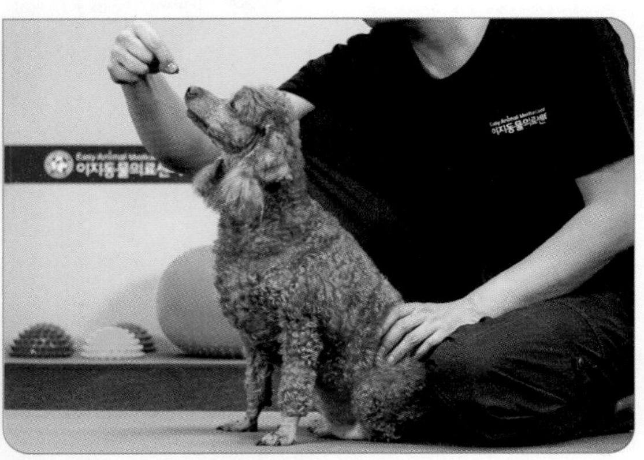

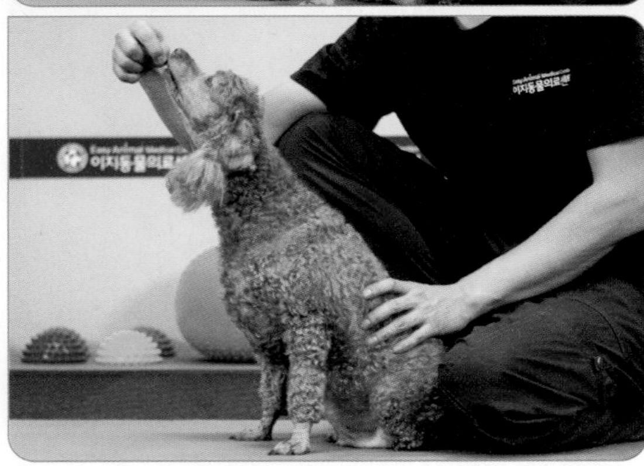

그림 3 _ 머리를 들어올린 상태에서 10~20초간 유지 하도록 간식으로 유도합니다. 이때 간식을 너무 등쪽으로 주어 목이 과도하게 펴지지 않도록 주의합니다.

10. 흉부 늘리기 운동

어깨관절 굽히기-펴기

흉추 등뼈 관절 ROM, 앞다리 근력 강화

반려견이 서있는 자세에서 간식을 앞발 사이에 주어 가슴이 바닥에 가깝게 하여 흉추를 늘리는 운동입니다.

한 세트는 자세를 10~20초간 유지를 1회로 하여 총 3~5회 반복합니다.

그림 1 _ 반려견이 서있는 자세에서 보호자는 앞쪽에 위치하여 운동을 준비합니다.

그림 2 _ 뒷다리는 세우고 앞다리만 구부리도록 유도합니다.

그림 3 _ 앞다리 팔꿈치가 바닥에 닿도록 하여 가슴이 최대한 바닥에 가깝게 유도한 후 10~20초간 유지합니다.

11. 요추 허리뼈 늘리기

요추관절 ROM, 뒷다리 근력 강화, 코어근력 강화

반려견이 서있는 자세에서 키에 맞게 앞발을 보호자의 다리/허리/가슴/어깨에 올려두게 하여 요추를 늘리는 운동입니다.

한 세트는 자세를 10~20초간 유지를 1회로 하여 총 3~5회 반복합니다.

그림 1 _ 반려견의 키에 맞춰 보호자의 몸에 올라 올 수 있도록 준비합니다.

그림 2 _ 반려견의 앞다리를 보호자의 몸에 스스로 올라오도록 하거나 힘든 경우 앞다리 올리는 것을 도와 줄 수 있습니다.

그림 3 _ 앞다리를 올리고 10~20초간 자세를 유지하도록 합니다.

12. 견관절 굽히기 - 펴기

견관절운동 ROM

반려견을 아픈 다리가 위로 오게 하여 눕힌 후 어깨를 굽히고 펴서 견관절의 가동성을 향상하는 운동입니다.

한 세트는 굽히기 10~20초와 펴기 10~20초 유지를 1회로 하여 총 3~5회 반복합니다.

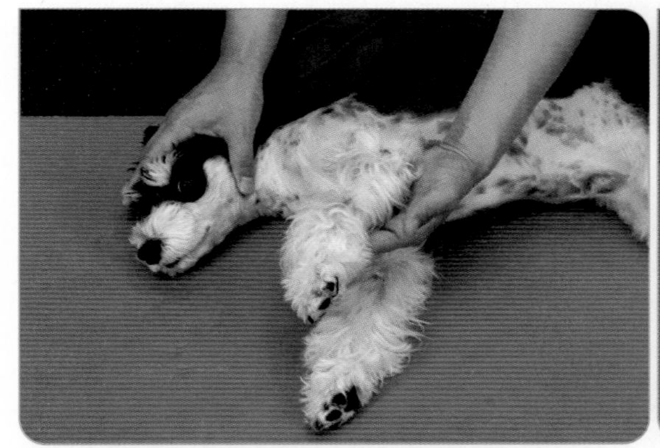

그림 1 _ 반려견을 보호자의 앞에 아픈 다리가 위로 오게 하여 편하게 눕혀 줍니다.

그림 2 _ 한손으로 반려견의 어깨를 고정하고 다른 손으로 앞다리를 잡고 견관절을 굽혀 줍니다. 이때 반려견이 살짝 거부감이 있을 때까지 굽혀서 10~20초 유지합니다.

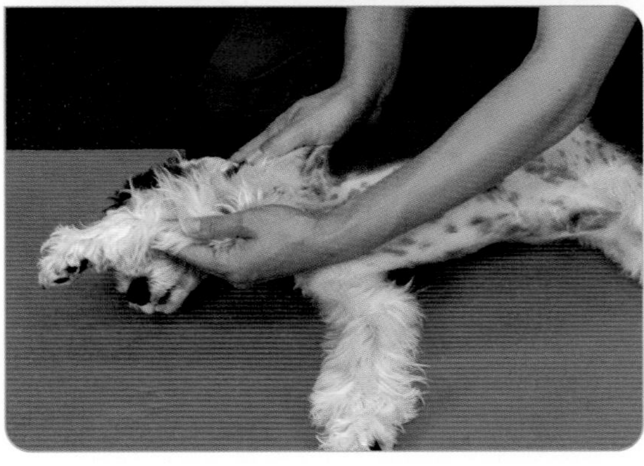

그림 3 _ 굽히기에 이어서 한손으로 어깨를 고정하고 다른 손으로 앞다리를 잡고 머리쪽으로 당겨서 견관절 펴기를 합니다. 이때 반려견이 살짝 거부감이 있을 때까지 견관절을 펴서 10~20초 유지합니다.

13. 견관절 외전 벌림 - 내전 모음

견관절운동 ROM

반려견의 앞다리를 외측 방향과 내측 방향으로 운동시켜 관절의 가동 범위를 향상시킵니다.

한 세트는 외전 후 10~20초와 내전 후 10~20초 유지를 1회로 하여 총 3~5회 반복합니다.

그림 1 _ 반려견을 보호자의 앞에 아픈 다리가 위로 오게 하여 편하게 눕혀 줍니다.

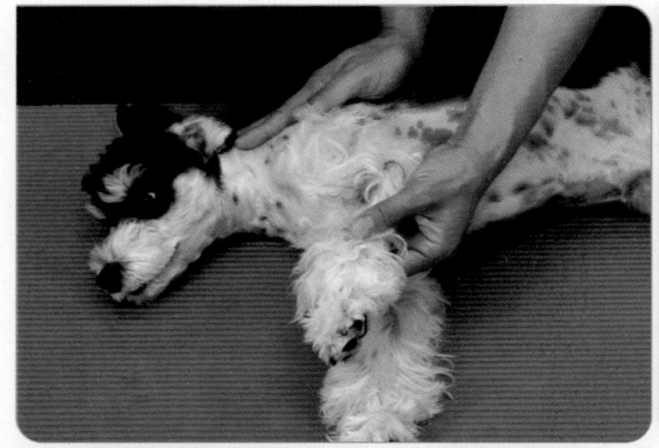

그림 2 _ 견관절 외전을 위해 한 손으로 어깨를 고정하고, 다른 손으로 앞다리를 잡고 위쪽으로 들어 올려 외전시킵니다. 이때 반려견이 살짝 거부감을 느낄 때까지 외전 후 10~20초 유지합니다.

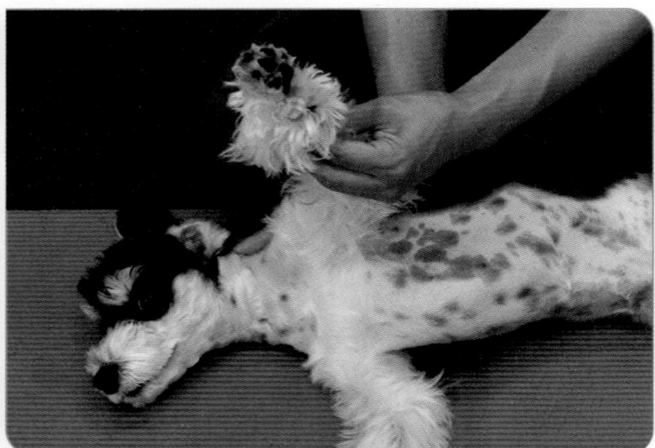

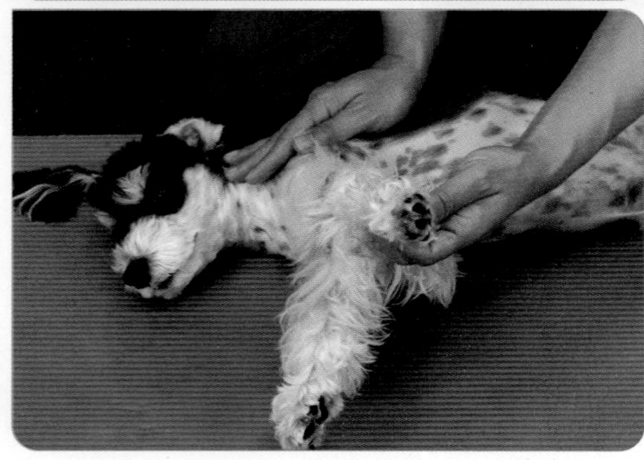

그림 3 _ 견관절 내전을 위해 아픈 다리가 아래에 위치시킨 후 한손으로 어깨를 고정시키고 다른 손으로 앞다리를 잡고 바닥에서 위로 들어 올려줍니다. 이때 반려견이 살짝 거부감을 느낄 때까지 내전 후 10~20초 유지합니다.

14. 견관절 내측 회전 - 외측 회전

견관절운동 ROM

반려견의 앞다리를 내측 방향과 외측 방향으로 회전시켜 관절의 가동 범위를 향상시킵니다.

한 세트는 외측 회전 후 10~20초와 내측 회전 후 10~20초 유지를 1회로 하여 총 3~5회 반복합니다.

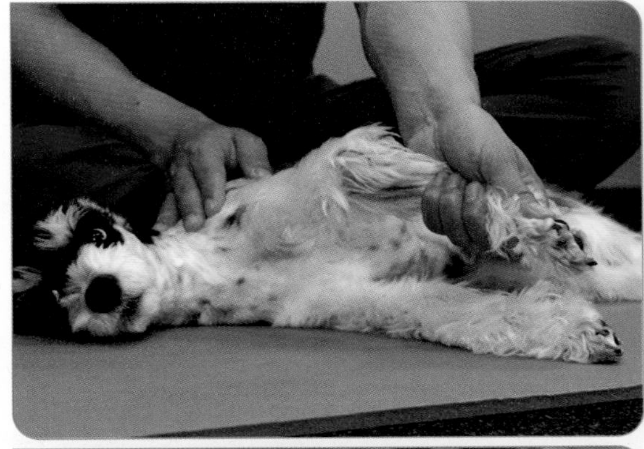

그림 1 _ 반려견을 보호자의 앞에 아픈 다리가 위로 오게 하여 편하게 눕혀 줍니다.

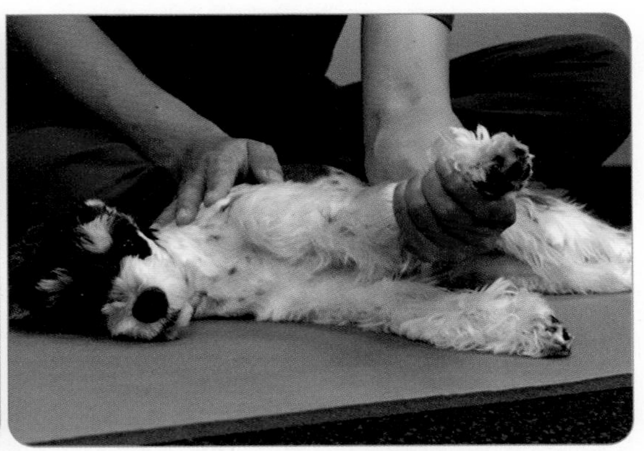

그림 2 _ 견관절 내측회전을 위해 한 손으로 어깨를 고정하고, 다른 손으로 앞다리를 잡고 뒤쪽에서 앞쪽으로 회전시킵니다. 이때 반려견이 살짝 거부감을 느낄 때까지 내측 회전 후 10~20초 유지합니다.

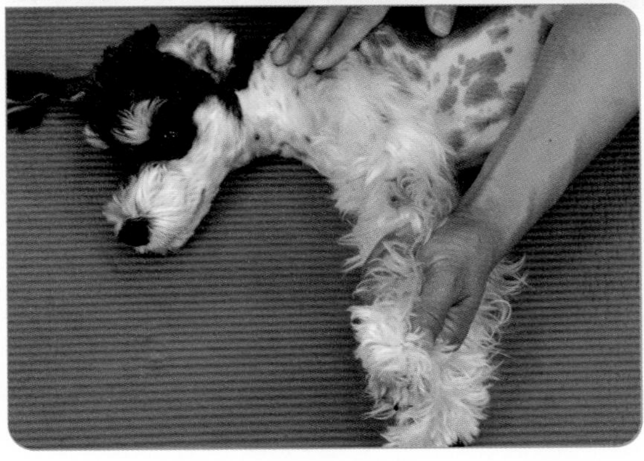

그림 3 _ 내측 회전에 이어서 외측 회전을 위해 한 손으로 어깨를 고정하고, 다른 손으로 앞다리를 잡고 앞쪽에서 뒤쪽으로 회전시킵니다. 이때 반려견이 살짝 거부감을 느낄 때까지 외측 회전 후 10~20초 유지합니다.

15. 주관절 앞다리굽이 관절 굽히기 - 펴기

주관절운동 ROM

반려견을 편하게 눕힌 상태에서 주관절을 굽히고 펴기 운동을 통해 주관절의 가동 범위를 향상시킵니다.

한 세트는 관절을 굽히고 10~20초와 펴고 10~20초 유지를 1회로 하여 총 3~5회 반복합니다.

그림 1 _ 반려견을 보호자의 앞에 아픈 다리가 위로 오게 하여 편하게 눕혀 줍니다.

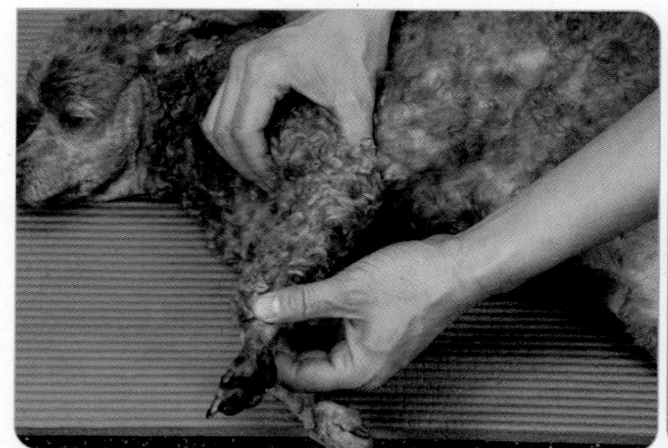

그림 2 _ 굽힘 운동을 위해 한 손으로는 앞다리의 윗부분을 잡아 고정해주고, 다른 손으로 아래 부위를 잡고 최대한 굽힌 후 10~20초 유지합니다.

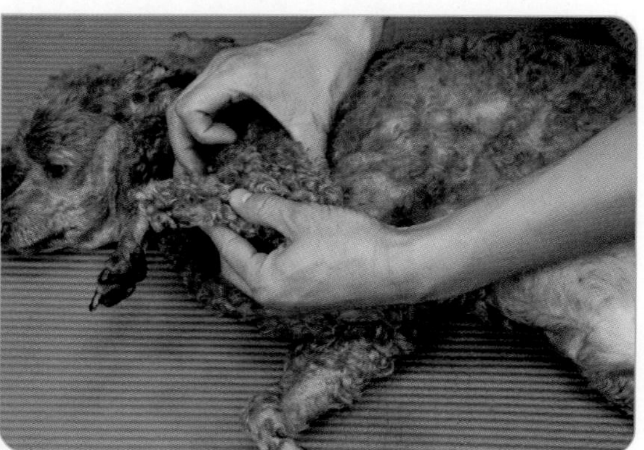

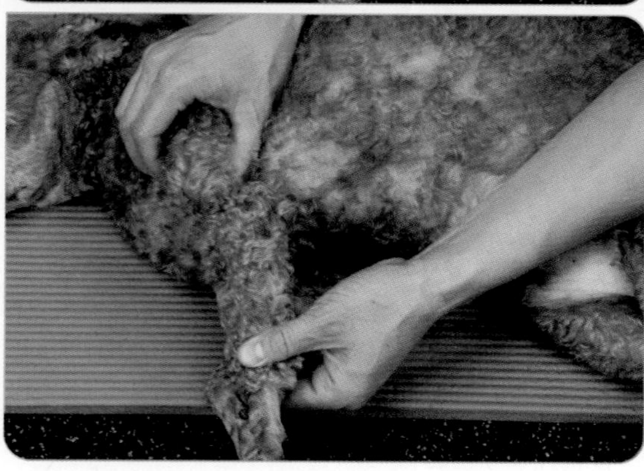

그림 3 _ 굽힘 운동에 이어서 주관절 펴기 운동을 위해 한 손으로 앞다리의 위쪽을 잡아 고정하고, 다른 손으로 아래쪽을 잡아 관절을 최대한 펴줍니다. 이때 반려견이 살짝 거부감을 느낄 때까지 펴서 10~20초 유지합니다.

16. 완관절 앞발목관절 좌 - 우 비틀기

완관절운동 ROM

반려견을 편하게 엎드린 자세에서 아픈 다리의 앞다리 족관절을 좌/우로 비틀어 관절의 가동 범위를 향상시킵니다.

한 세트는 완관절을 좌로 비틀어 10~20초와 우로 비틀어 10~20초 유지를 1회로 총 3~5회 반복합니다.

그림 1 _ 반려견을 편하게 엎드린 자세로 운동을 준비합니다.

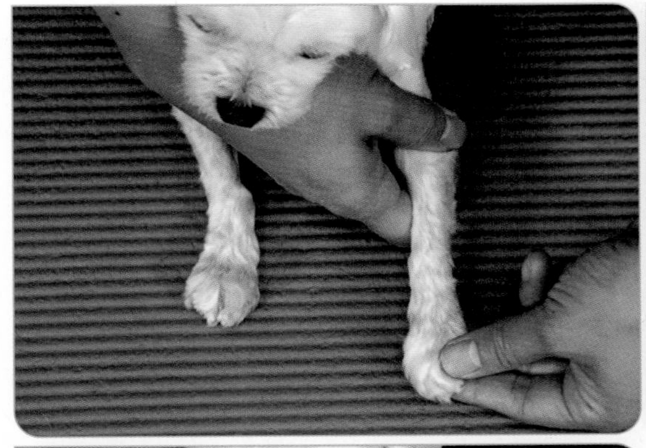

그림 2 _ 한 손으로 앞 발목의 위쪽을 잡아 고정하고 다른 손으로 발을 잡고 중앙에서 좌 외측으로 비틀어주고 10~20초 유지합니다.

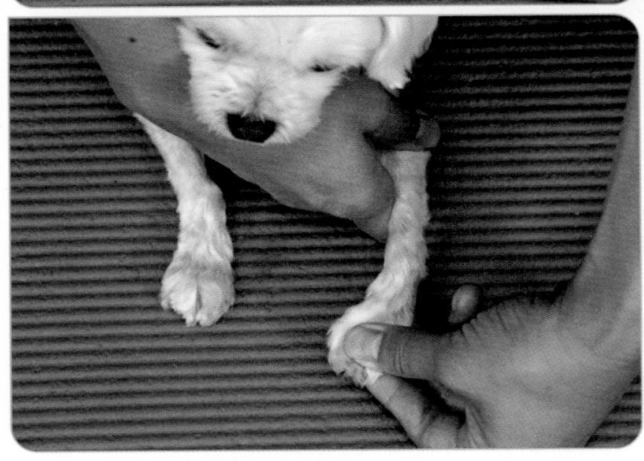

그림 3 _ 좌로 비틀기 운동 후 이어서 우로 비틀기 운동을 위해 한 손으로 앞 발목의 위쪽을 잡아 고정하고 다른 손으로 발을 잡고 중앙에서 우측 내측으로 비틀어주고 10~20초 유지합니다.

17. 완관절 굽히기 - 펴기

완관절운동 ROM

반려견을 편하게 옆으로 눕힌 후 아픈 다리를 위로 향하게 하고 중립자세에서 발목을 최대한 굽히고 펴서 앞발목의 관절 가동 범위를 향상시킵니다.

한 세트는 완관절을 굽히고 10~20초와 펴기 10~20초를 1회로 하여 총 3~5회 반복합니다.

그림 1 _ 반려견을 보호자의 앞에 아픈 다리가 위로 오게 하여 편하게 눕히고 앞다리를 중립자세로 위치합니다.

그림 2 _ 한 손으로 앞발목 위쪽을 잡아 고정하고 다른 손으로 발을 잡아 발바닥이 앞다리의 뒤쪽에 닿을 정도로 굽혀 10~20초 유지합니다.

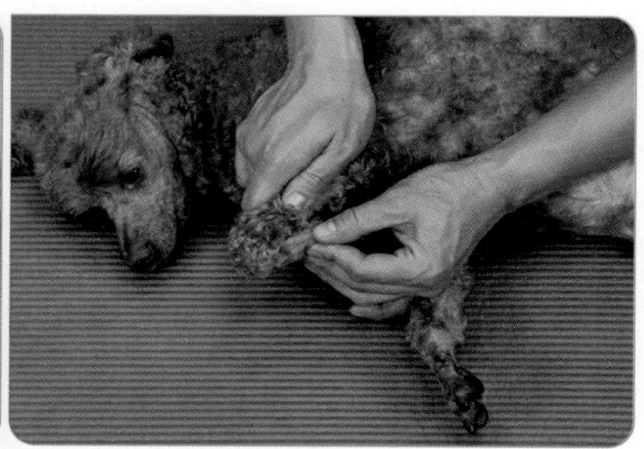

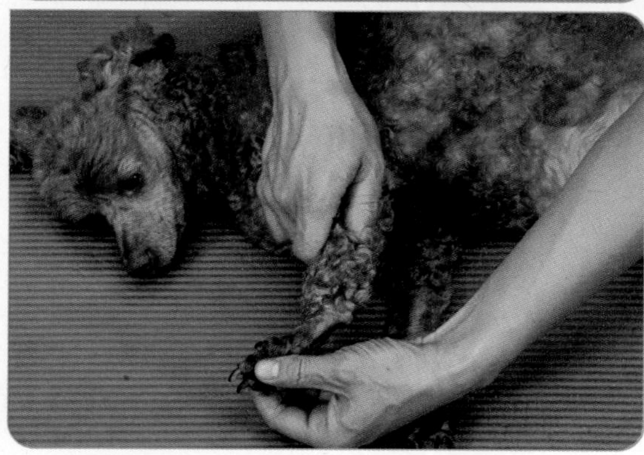

그림 3 _ 굽히기 운동 후 이어서 펴기 운동을 위해 한 손으로 앞발목 위쪽을 잡아 고정하고 다른 손으로 발을 잡아 앞발목을 최대한 펴줍니다. 이때 반려견이 살짝 거부감을 느낄 때까지 펴서 10~20초 유지합니다.

18. 발가락 굽히기 - 펴기

발가락 관절운동 ROM

반려견을 편하게 옆으로 눕힌 후 아픈 다리를 위로 향하게 하고 중립자세에서 발가락을 하나씩 최대한 굽히고 펴서 발가락 관절 가동 범위를 향상시킵니다.

한 세트는 발가락을 하나씩 굽혀주고 이후 펴기를 1회로 하여 총 5회 반복합니다.

그림 1 _ 반려견을 보호자의 앞에 아픈 다리가 위로 향하게 하여 편하게 눕히고 앞다리를 중립자세로 위치합니다.

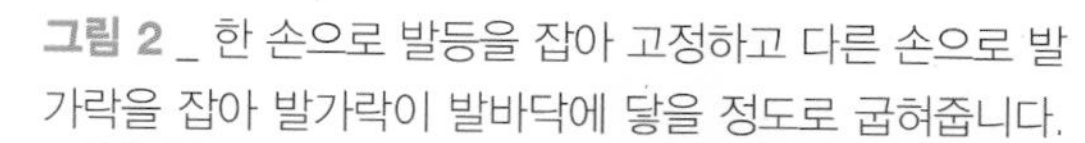

그림 2 _ 한 손으로 발등을 잡아 고정하고 다른 손으로 발가락을 잡아 발가락이 발바닥에 닿을 정도로 굽혀줍니다.

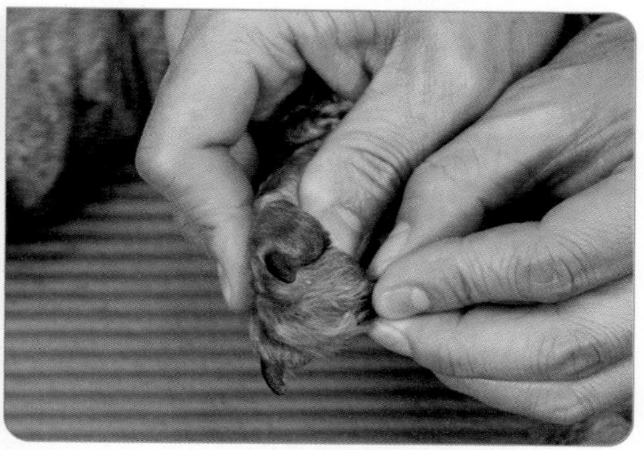

그림 3 _ 굽히기 운동 후 이어서 펴기 운동을 위해 한 손으로 발등을 잡아 고정하고 다른 손으로 발가락을 잡고 하나씩 최대한 펴줍니다.

19. 고관절 굽히기 - 펴기

고관절운동 ROM

반려견을 편하게 옆으로 눕힌 후 아픈 다리를 위로 향하게 하고 중립자세에서 고관절을 최대한 굽히고 펴서 관절 가동 범위를 향상시킵니다.

한 세트는 관절을 굽히고 10~20초와 펴고 10~20초 유지를 1회로 하여 총 3~5회 반복합니다.

그림 1 _ 반려견을 보호자의 앞에 아픈 다리가 위로 향하게 하여 편하게 눕혀 줍니다.

그림 2 _ 굽히기 운동을 위해 한 손으로는 골반의 등 쪽을 잡아 고정해주고, 다른 손으로 뒷다리를 잡고 무릎이 갈비뼈/척추 부위 쪽으로 향하도록 합니다. 이때 부드럽게 천천히 진행하여 반려견이 약간의 거부감을 느낄 때까지 굽힌 후 10~20초 유지합니다.

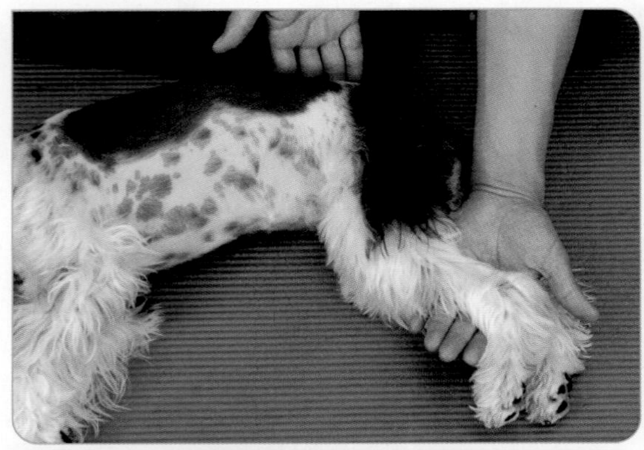

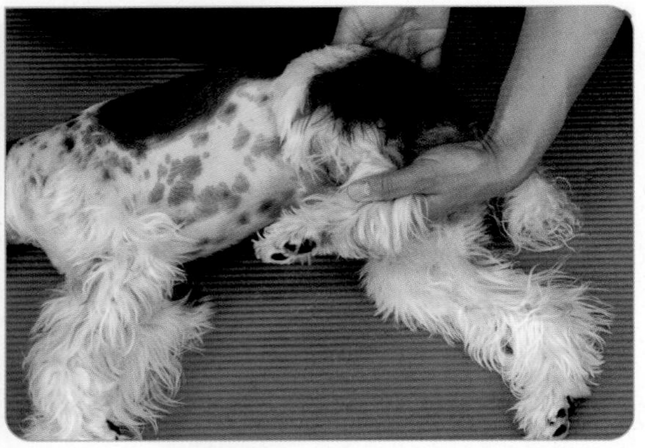

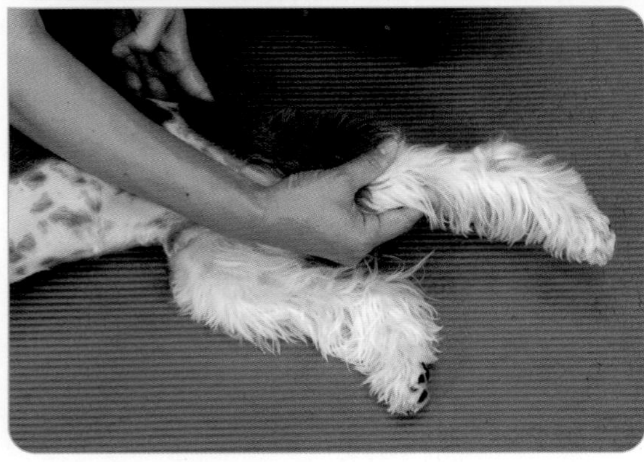

그림 3 _ 굽히기 운동에 이어서 고관절 펴기 운동을 위해 한 손으로 골반의 등 쪽을 잡아 고정하고, 다른 손으로 뒷다리의 무릎을 잡고 관절을 최대한 펴줍니다. 이때 반려견이 약간의 거부감을 느낄 때까지 펴서 10~20초 유지합니다.

20. 고관절 외전 벌림- 내전 모음

고관절운동 ROM

반려견을 편하게 옆으로 눕힌 후 아픈 다리를 위로 향하게 하고 중립자세에서 고관절을 최대한 내전-외전을 통해 관절 가동범위를 향상시킵니다.

한 세트는 관절을 내전 10~20초와 외전 10~20초 유지를 1회로 하여 총 3~5회 반복합니다.

그림 1 _ 반려견을 보호자의 앞에 아픈 다리가 위로 향하게 하여 편하게 눕혀 줍니다.

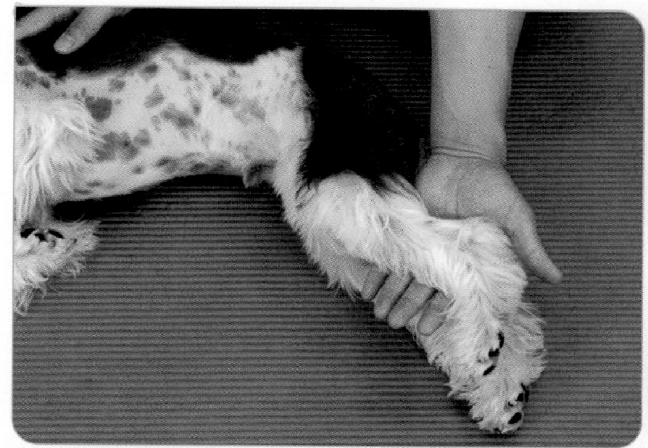

그림 2 _ 고관절 외전을 위해 한 손으로 골반을 고정하고, 다른 손으로 뒷다리 무릎을 잡고 위쪽으로 들어 올려 외전 시킵니다. 이때 반려견이 살짝 거부감을 느낄 때까지 외전후 10~20초 유지합니다. 반려견이 긴장이 풀리면, 조금 더 많이 올려질 것입니다. 부드럽게 천천히 진행합니다.

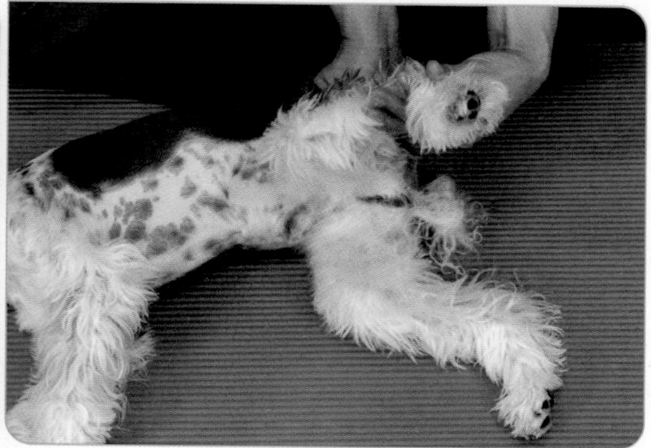

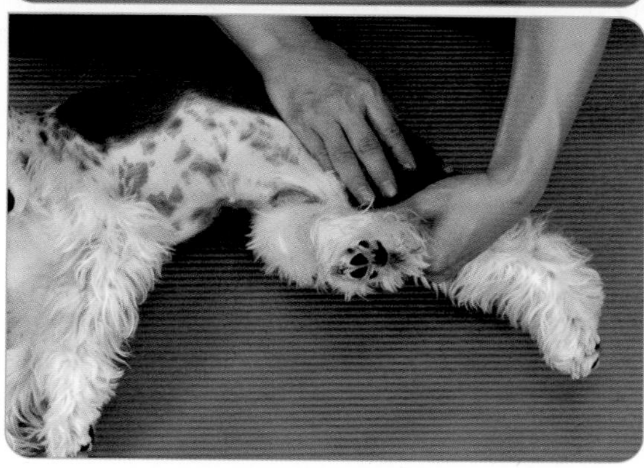

그림 3 _ 고관절 내전을 위해 아픈 다리가 아래에 위치 시킨 후 한 손으로 골반을 고정시키고 다른 손으로 뒷다리 무릎을 잡고 바닥에서 위로 들어 올려줍니다. 이때 반려견이 살짝 거부감을 느낄 때까지 내전 후 10~20초 유지합니다.

21. 고관절 내측 - 외측 회전

고관절운동 ROM

반려견을 편하게 옆으로 눕힌 후 아픈 다리를 위로 향하게 하고 중립자세에서 고관절을 최대한 내측-외측 회전을 통해 관절 가동 범위를 향상시킵니다.

한 세트는 관절을 내측 회전 10~20초와 외측 회전 10~20초 유지를 1회로 하여 총 3~5회 반복합니다.

그림 1 _ 반려견을 보호자의 앞에 아픈 다리가 위로 향하게 하여 편하게 눕혀 줍니다.

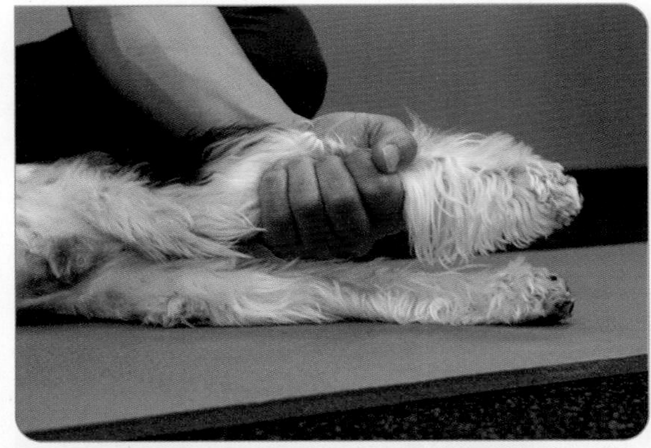

그림 2 _ 고관절 내측 회전을 위해 한 손으로 허벅지를 잡고, 다른 손으로 뒷다리를 잡고 다리를 약간 구부린 자세에서 무릎을 바닥 쪽으로 내려 회전시킵니다. 내측 회전 후 10~20초 유지합니다. 부드럽게 천천히 진행합니다.

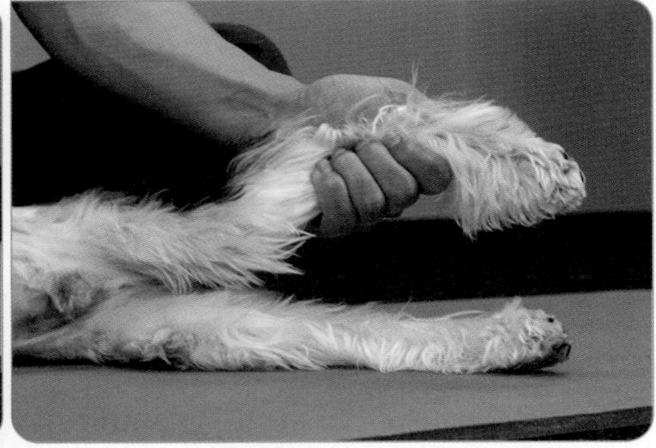

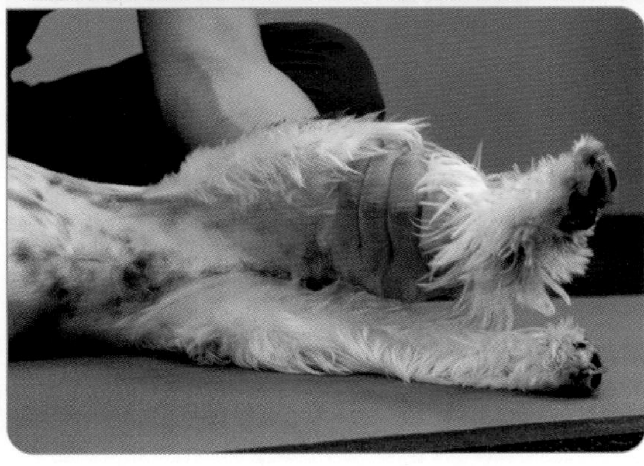

그림 3 _ 고관절 외측 회전을 위해 한 손으로 허벅지를 잡고 다른 손으로 발을 잡고 허벅지는 당기고 발은 바닥 쪽으로 밀어서 외측 회전 시킵니다. 외측 회전 후 10~20초 유지합니다.

22. 슬관절 굽히기 - 펴기

슬관절운동 ROM

반려견을 편하게 옆으로 눕힌 후 아픈 다리를 위로 향하게 하고 중립자세에서 고관절을 최대한 굽히기-펴기를 통해 관절 가동 범위를 향상시킵니다.

한 세트는 관절 굽히기 10~20초와 펴기 10~20초 유지를 1회로 하여 총 3~5회 반복합니다.

그림 1 _ 보호자는 반려견의 엉덩이 쪽에 위치하고 아픈 다리가 위로 향하게 하여 편하게 눕혀 줍니다.

그림 2 _ 슬관절 굽히기를 위해 한 손으로 허벅지를 잡고, 다른 손으로 발목을 잡아 다리를 최대한 굽혀줍니다. 무릎 굽히기 후 10~20초 유지합니다. 부드럽게 천천히 진행합니다.

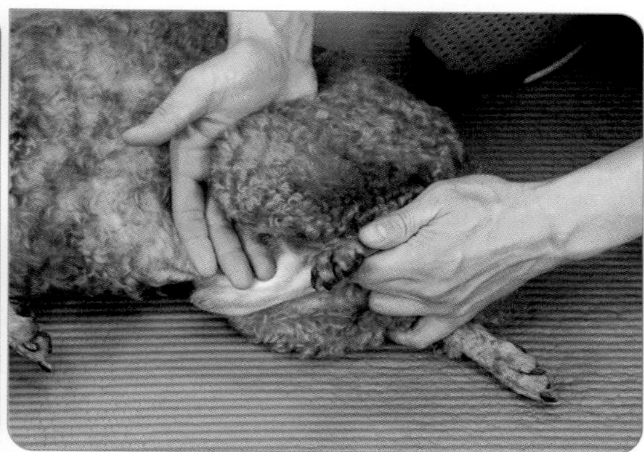

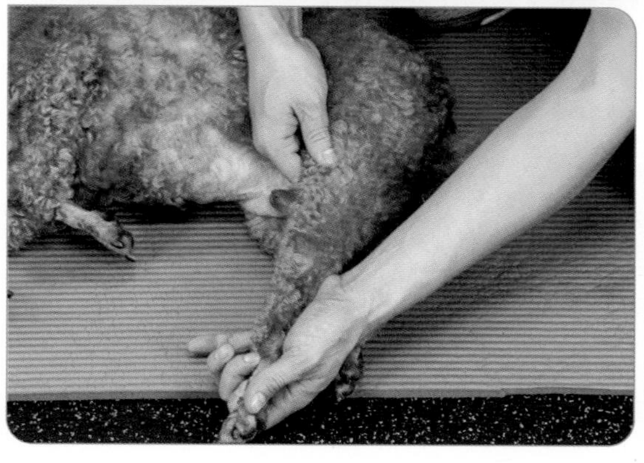

그림 3 _ 굽히기에 이어서 무릎 관절 펴기를 위해 한 손으로 허벅지를 잡고 다른 손으로 발목을 잡아 무릎을 최대한 펴줍니다. 이때 반려견이 약간의 거부감을 느낄 때까지 펴주어 10~20초 유지합니다.

23. 족관절 굽히기 - 펴기

무릎관절 굽히기 펴기

족관절운동 ROM

반려견을 편하게 옆으로 눕힌 후 아픈 다리를 위로 향하게 하고 중립자세에서 족관절을 최대한 굽히기-펴기를 통해 관절 가동 범위를 향상시킵니다.

한 세트는 관절 굽히기 10~20초와 펴기 10~20초 유지를 1회로 하여 총 3~5회 반복합니다.

그림 1 _ 보호자는 반려견의 엉덩이 쪽에 위치하고 아픈 다리가 위로 향하게 하여 편하게 눕혀 줍니다.

그림 2 _ 족관절 굽히기를 위해 한 손으로 무릎 위쪽을 잡고, 다른 손으로 발바닥을 잡아 발등을 무릎쪽으로 향하게 최대한 굽혀줍니다.이때 반려견이 약간의 거부감을 느낄 때까지 발목 굽히기 후 10~20초 유지합니다. 부드럽게 천천히 진행합니다.

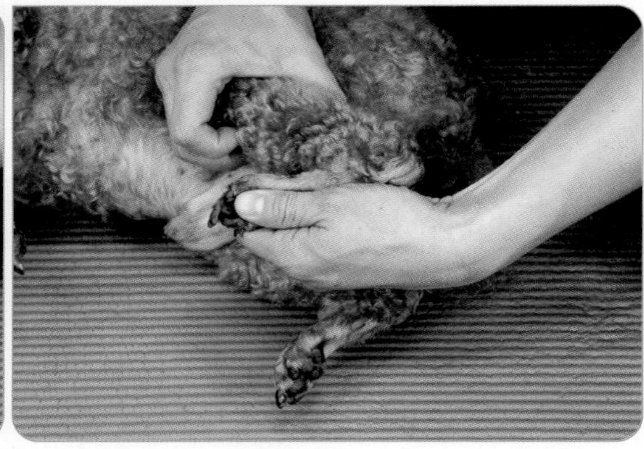

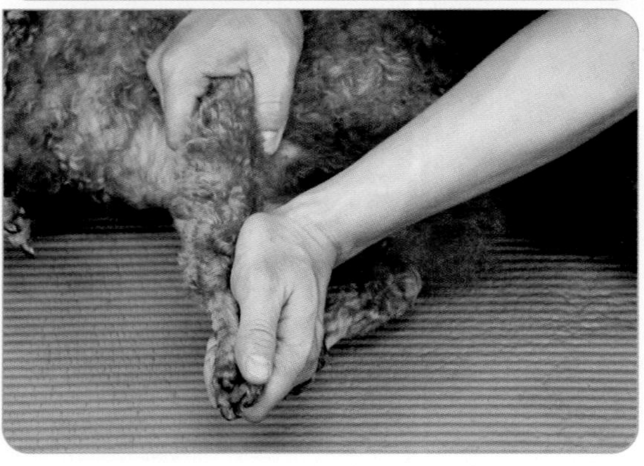

그림 3 _ 굽히기에 이어서 발목 관절 펴기를 위해 한 손으로 무릎 위쪽을 잡고 다른 손으로 발바닥을 잡아 발목을 최대한 펴줍니다. 이때 반려견이 약간의 거부감을 느낄 때까지 펴주어 10~20초 유지합니다.

24. 휠배로우 Wheelbarrow

휠배로우

앞다리 체중부하/근력 강화

뒷다리를 바닥에서 떨어지도록 들어올려 앞다리에 체중을 부하한 후 앞뒤로 움직이게 하여 근력을 강화하는 운동입니다.

한 세트는 앞뒤로 2~3걸음씩 반복하며 10~20초간 움직이는 것을 1회로 하여 총 3~5회 반복합니다.

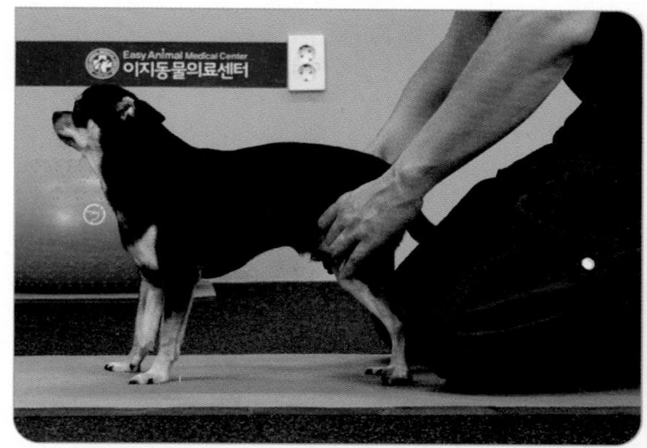

그림 1 _ 보호자는 반려견을 서 있게 하여 엉덩이 쪽에 위치하고 복부아래를 잡고 운동 준비를 합니다.

그림 2 _ 반려견이 복부 아래를 잡고 뒷다리를 천천히 들어올립니다.

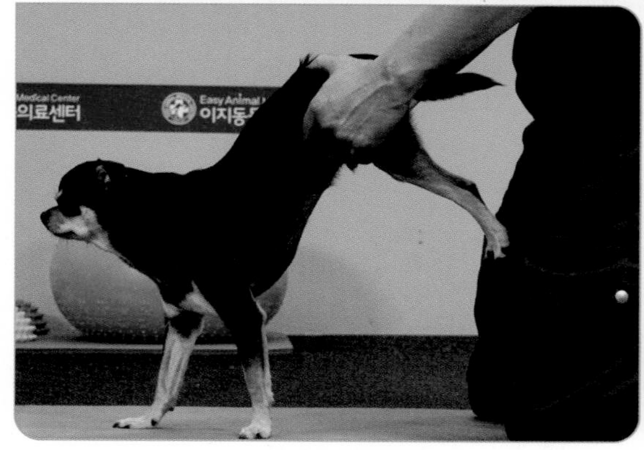

그림 3 _ 반려견을 앞으로 2~3걸음을 걷도록 밀어줍니다.

그림 4 _ 반려견을 앞으로 간 후 다시 2~3걸음 뒤로 걷도록 당겨줍니다. 앞뒤로 걸음을 10~20초간 반복합니다.

25. 스텝 오프 Step off - 뒷다리 올리기

앞다리 체중부하, 근력 강화, 관절운동 ROM

반려견이 계단이나 쿠션 등 위에서 준비하여, 뒷다리는 쿠션 위에 두고, 앞다리만 하나씩 순차적으로 내려 앞다리에 체중을 부하하고 근력을 강화하는 운동입니다.

한 세트는 앞다리를 내리고 10~20초를 유지하는 것을 1회로 하여 총 3~5회 반복합니다.

그림 1 _ 쿠션 위에서 반려견은 앉거나 서 있는 자세를 유지하고, 보호자는 간식을 준비 후 반려견 앞에 위치합니다.

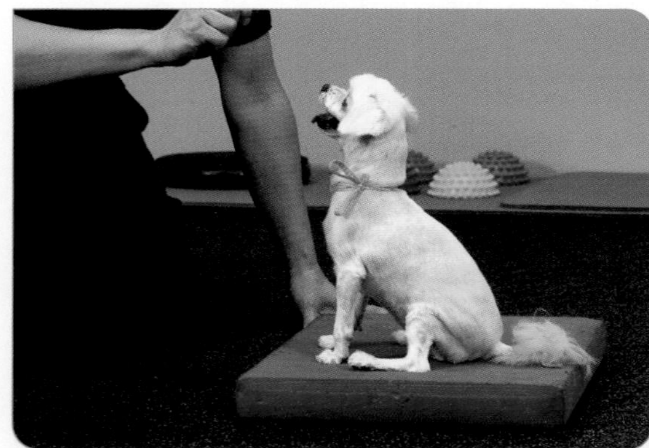

그림 2 _ 간식으로 유도하여 앞다리만 하나씩 바닥으로 내려오도록 합니다.

그림 3 _ 체중부하를 더 강화하기 위해 간식으로 유도하여 앞다리가 쿠션에서 멀어지도록 하고 머리를 바닥으로 향하게 합니다.

26. 옆으로 걷기

옆으로 걷기

고유자세 반응개선, 사지 근력 강화, 균형 감각 개선

반려견을 사지로 지탱하여 세우고 보호자는 옆에 위치하여 옆으로 움직일 수 있도록 밀어주어 사지의 내/외측 근력을 강화하는 운동입니다.

한 세트는 좌/우로 2~3걸음씩 반복하여 10~20초간 움직이는 것을 1회로 하여 총 3~5회 반복합니다.

그림 1 _ 반려견을 세우고 보호자는 옆에 위치하여 운동을 준비합니다.

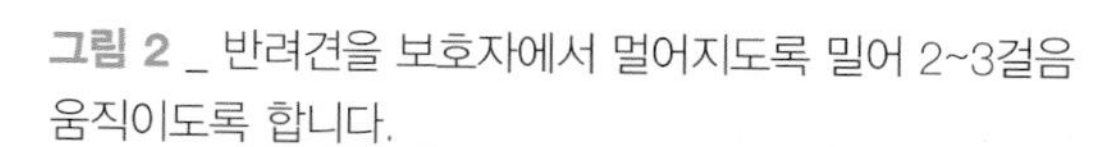

그림 2 _ 반려견을 보호자에서 멀어지도록 밀어 2~3걸음 움직이도록 합니다.

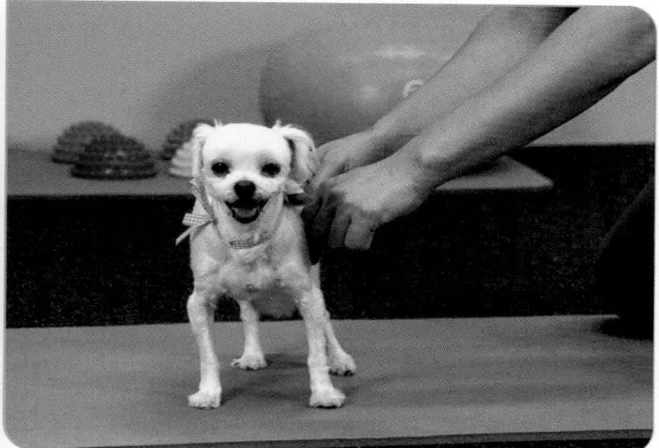

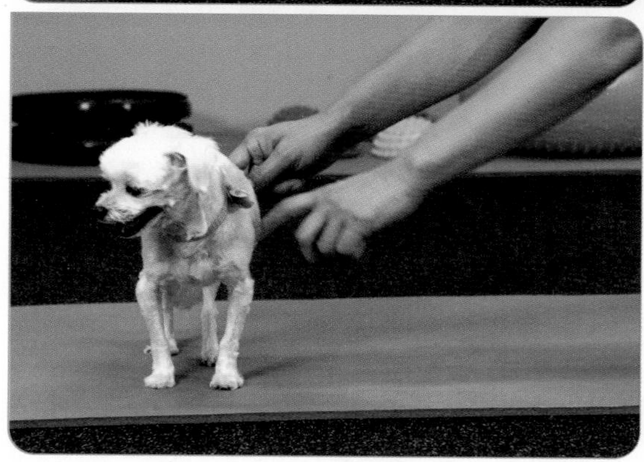

그림 3 _ 반려견이 좌에서 우로 움직인 후 보호자는 반대 측면으로 이동하여 우에서 좌로 2~3걸음 움직이도록 합니다. 좌/우 걸음을 반복하여 10~20초간 운동합니다.

27. 팔굽혀 펴기

팔굽혀 펴기

앞다리 근력 강화, 목주변 근육강화

반려견을 사지로 지탱하여 세우고 보호자는 앞에 위치합니다. 간식으로 유도하여 머리를 바닥으로 숙이고 팔꿈치를 굽히도록 하여 앞다리의 근력을 강화 하는 운동입니다.

한 세트는 자세를 취하고 10~20초간 유지를 1회로 하여 총 3~5회 반복합니다.

그림 1 _ 반려견을 세우고 보호자는 앞에 위치하여 운동을 준비합니다.

그림 2 _ 간식으로 주관절을 굽혀 바닥에 닿고, 머리가 최대한 바닥을 향하도록 합니다. 이때 뒷다리는 구부리지 않고 서 있는 자세를 유지하여 10~20초간 운동을 합니다.

28. 엎드렸다 앉기 Down to sit

엎드렸다 앉기

앞다리 근력 강화, 몸통근력 강화

반려견이 스핑크스 자세로 엎드려 있다가 간식으로 유도하여 앉은 자세를 취하도록 하여 앞다리의 근력을 강화하는 운동입니다.

한 세트는 엎드린 후 앉기를 10~20초간 반복을 1회로 하여 총 3~5회 반복합니다.

그림 1 _ 반려견은 스핑크스 자세로 엎드려 준비하고 보호자는 반려견 앞쪽에서 위치합니다.

그림 2 _ 보호자는 간식으로 유도하여 엎드린 자세에서 앉은 자세를 취하게 합니다. 이때 뒷다리는 서지 않도록 합니다.

29. 서있다 엎드리기 Stand to down

앞다리/뒷다리 근력 강화

반려견이 서 있는 자세에서 간식으로 유도하여 천천히 엎드리도록 하여 앞다리와 뒷다리 근력을 강화하는 운동입니다.

한 세트는 서 있다 엎드리기를 10~20초간 반복을 1회로 하여 총 3~5회 반복합니다.

그림 1 _ 반려견은 서 있는 자세에서 보호자는 반려견 앞쪽에서 위치합니다.

그림 2 _ 간식을 반려견의 코앞에서 앞다리 가슴쪽으로 천천히 유도하여 엎드릴 수 있게 합니다.

30-1. 스텝온 Step on - 밸런스 패드

뒷다리 체중 부하, 근력 강화, 관절운동 ROM, 고관절 펴기 운동

낮은 높이의 밸런스 패드를 준비하고 간식으로 유도하여 반려견이 바닥에서 패드에 앞다리만 올려 뒷다리 체중부하, 근력 강화와 고관절의 가동 범위를 향상하는 운동입니다.

한 세트는 앞다리를 패드에 올리고 10~20초간 유지를 1회로 하여 총 3~5회 반복합니다.

그림 1 _ 밸런스 패드를 앞에 두고 반려견은 바닥에서 서 있거나 앉은 자세로 준비합니다. 보호자는 패드를 중심으로 반려견의 반대쪽 앞에 위치합니다.

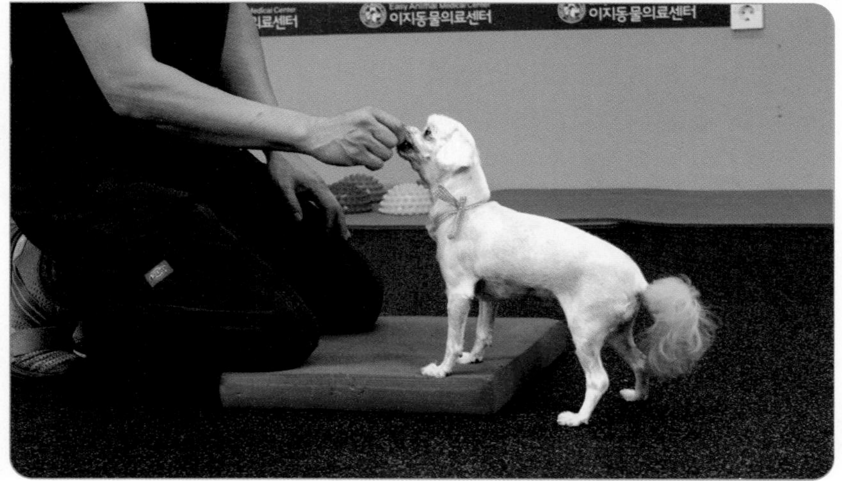

그림 2 _ 간식으로 유도하여 천천히 앞다리를 패드에 올리도록 하고 뒷다리는 바닥에 위치시킵니다. 간식으로 머리를 들어 올리도록 유도하여 뒷다리에 체중부하를 강화합니다. 이때 뛰어오르지 않도록 합니다.

30-2. 스텝온 Step on - 계단

뒷다리 체중 부하, 근력 강화, 관절운동 ROM, 고관절 펴기 운동

중간 높이의 계단을 준비하고 간식으로 유도하여 반려견이 바닥에서 계단에 앞다리만 올려 뒷다리 체중부하, 근력 강화와 고관절의 가동 범위를 향상하는 운동입니다.

한 세트는 앞다리를 계단에 올리고 10~20초간 유지를 1회로 하여 총 3~5회 반복합니다.

그림 1 _ 계단을 앞에 두고 반려견은 바닥에서 서 있거나 앉은 자세로 준비합니다. 보호자는 계단 옆에서 위치합니다.

그림 2 _ 간식으로 유도하여 천천히 앞다리를 계단에 올리도록 하고 뒷다리는 바닥에 위치시킵니다. 간식으로 머리를 들어 올리도록 유도하여 뒷다리에 체중부하를 강화합니다. 이때 뛰어오르지 않도록 합니다.

30-3. 스텝온 Step on - 도넛볼

스텝온 도넛볼

뒷다리 체중 부하, 근력 강화, 관절운동 ROM, 고관절 펴기 운동

짐볼 자체의 움직임이 있는 도넛볼을 준비하고 간식으로 유도하여 반려견이 바닥에서 도넛볼에 앞다리만 올려 뒷다리 체중부하, 근력 강화와 고관절의 가동 범위를 향상하는 운동입니다.

한 세트는 앞다리를 도넛볼에 올리고 10~20초간 유지를 1회로 하여 총 3~5회 반복합니다.

그림 1 _ 반려견은 바닥에 앉은 자세로 기다리게 하고 도넛볼을 중심에 두고 반려견의 반대쪽에 보호자는 위치합니다. 처음 하는 경우 도넛볼의 흔들림이 심하여 운동이 어려울 수 있어 무릎으로 도넛볼을 눌러서 움직임을 최소화한 후 운동을 하면 쉽게 시작할 수 있습니다.

그림 2 _ 간식으로 유도하여 천천히 앞다리를 도넛볼에 올리도록 하고 뒷다리는 바닥에 위치시킵니다.

그림 3 _ 흔들리는 짐볼에서 균형을 잡으며 뒷다리에 근육이 강화될 수 있습니다.

그림 4 _ 간식으로 유도하여 머리를 들어 올리도록 하고 허리를 더욱 곧게 펴고, 몸과 뒷다리가 일직선이 되도록 하면, 더욱 강화된 운동을 할 수 있습니다. 이때 점프하지 않도록 하고 머리 뒤쪽으로 너무 과하게 유도하지 않도록 합니다.

31. 댄스

뒷다리 체중 부하, 근력 강화, 균형 감각 개선

반려견의 앞다리를 들어서 부드럽게 당기거나 먼쪽으로 밀어 댄스 하듯이 움직여주며 뒷다리 체중 부하, 근력을 강화하는 운동입니다.

한 세트는 댄스 운동을 10~20초 유지를 1회로 하여 총 3~5회 반복합니다.

그림 1 _ 반려견과 보호자가 마주 보고 앞다리를 잡아 천천히 들어 올립니다. 이후 부드럽게 당기거나 밀어서 10~20초간 운동합니다.

32. 뒷걸음질

뒷다리 강화, 균형, 신경근 조절능력 Coordination, 고유수용 감각 Proprioception

보호자와 반려견이 마주 보고 간식이나 장난감을 이용하여 보호자가 앞으로 다가가며 “뒤로”라고 말합니다. 이때 1~2걸음 뒷걸음질을 하면 간식 등을 주며 칭찬합니다.

한 세트는 3~5걸음을 1회로 하여 3~5회 반복합니다.

그림 1 _ 반려견을 서 있게 하고 보호자는 마주 보고 위치하여 운동을 준비합니다.

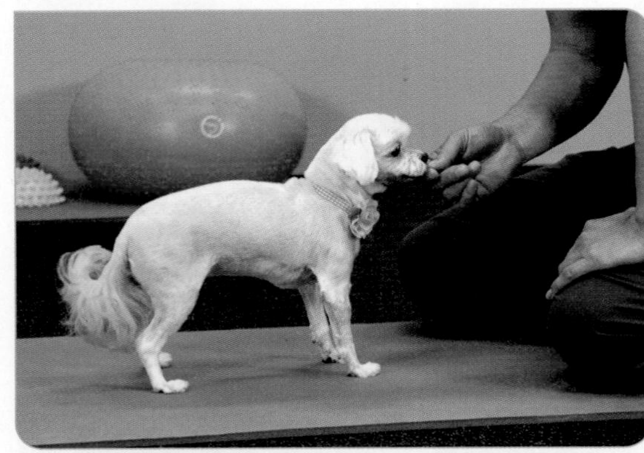

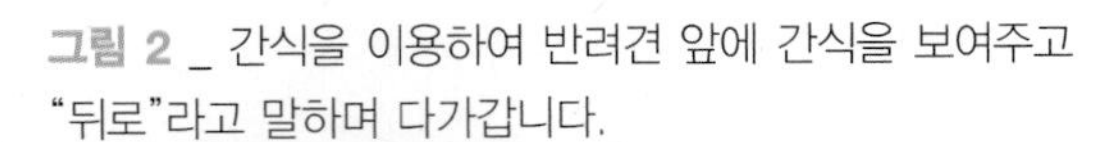

그림 2 _ 간식을 이용하여 반려견 앞에 간식을 보여주고 “뒤로”라고 말하며 다가갑니다.

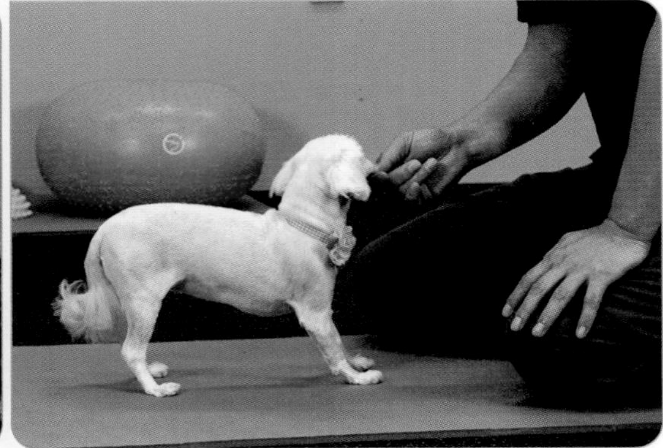

그림 3 _ 반려견이 3~5걸음을 움직이면 칭찬해주며 반복합니다.

33. 앉았다 일어서기

뒷다리 강화, 관절운동 ROM

반려견이 아픈 다리를 정상과 같이 굽히고 앉도록 자세를 잡아줍니다. 필요에 따라 아픈 다리를 벽 쪽에 두어 바깥쪽으로 빼며 앉지 못하게 합니다. 간식으로 유도하여 천천히 일어서도록 하며 운동을 하면 뒷다리 강화와 관절의 가동성을 향상시킵니다.

한 세트는 앉았다 일어서기를 1회로 하여 총 5~10회 반복합니다.

그림 1 _ 반려견은 앉은 자세에서 기다리고 보호자는 마주 보고 위치하여 운동을 준비합니다. 이때 아픈 다리가 정확히 굽혀 앉는지 확인하고 바깥쪽으로 빼며 앉는 경우 보호자가 손으로 굽힐 수 있도록 도와줍니다.

그림 2 _ 간식을 이용하여 반려견이 천천히 일어서도록 합니다. 이때 아픈 다리에 체중을 부하하며 일어나야 됩니다.

34. 크로스 두 발 서기

체중부하, 다리/코어 강화, 균형, 감각 개선

반려견의 아픈 다리를 바닥에 딛게 하고, 정상인 다리를 앞/뒤 대각선으로 들어 올려 균형을 잡으며 근력 강화를 하는 운동입니다.

한 세트는 두발을 들어올려 균형을 잡고 10~20초간 서있는 것을 1회로 총 3~5회 반복합니다.

그림 1 _ 반려견을 서있게 준비하고 보호자는 옆에서 위치합니다. 정상의 앞/뒤 다리를 잡고 운동을 준비합니다.

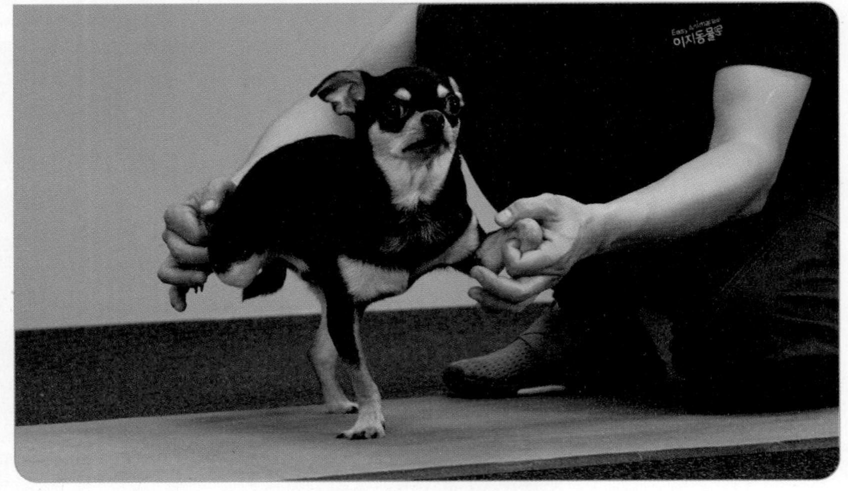

그림 2 _ 정상인 앞/뒤 대각선 다리의 발목을 잡고 천천히 들어 올려줍니다. 이때 반려견이 보호자의 손에 체중을 싣지 않도록 앞과 뒤로 뻗어 주듯이 들어올려 10~20초간 유지하여 운동합니다.

35. 두 발 일어서기

두발 일어서기

코어 강화, 뒷다리 근력 강화, 균형 감각 개선

반려견이 서있는 자세에서 앞다리를 스스로 들어올려 뒷다리만으로 지탱하게 하여 코어 근육과 뒷다리 근력을 강화하는 운동입니다.

한 세트는 두발 일어서기 후 10~20초간 유지하는 것을 1회로 하여 총 3~5회 반복합니다.

그림 1 _ 반려견을 서 있게 준비하고 보호자는 마주보고 위치하여 운동을 준비합니다.

그림 2 _ 간식으로 유도하여 앞다리를 들어올려 10~20초간 유지하게 하여 운동합니다.

36. 브러싱

브러싱

신경계/고유 감각 자극

브러쉬를 이용해서 아픈 다리를 길고 느리게 빗어줍니다. 브러쉬를 사용해 다양한 방식으로 자극을 줘서 신경계/고유 감각을 자극하는 운동입니다

브러쉬를 이용해 총 3~5분 정도를 자극해줍니다.

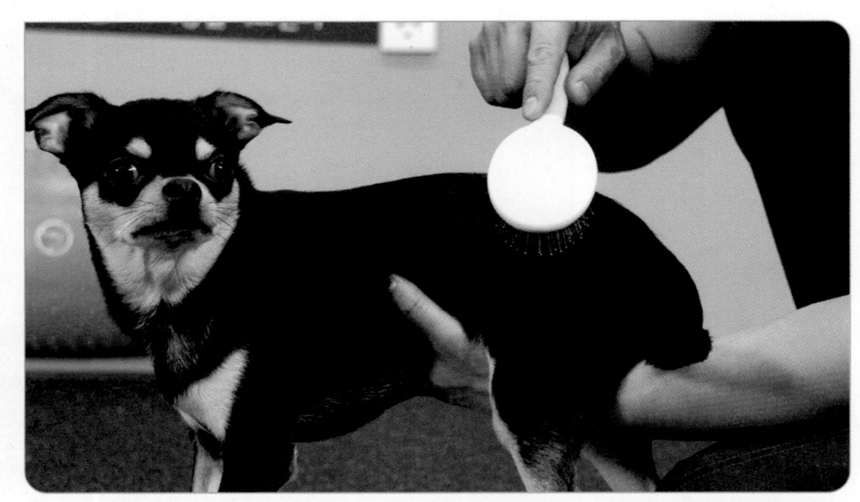

그림 1 _ 반려견의 아픈 부위를 브러쉬를 이용해 두드려서 자극합니다.

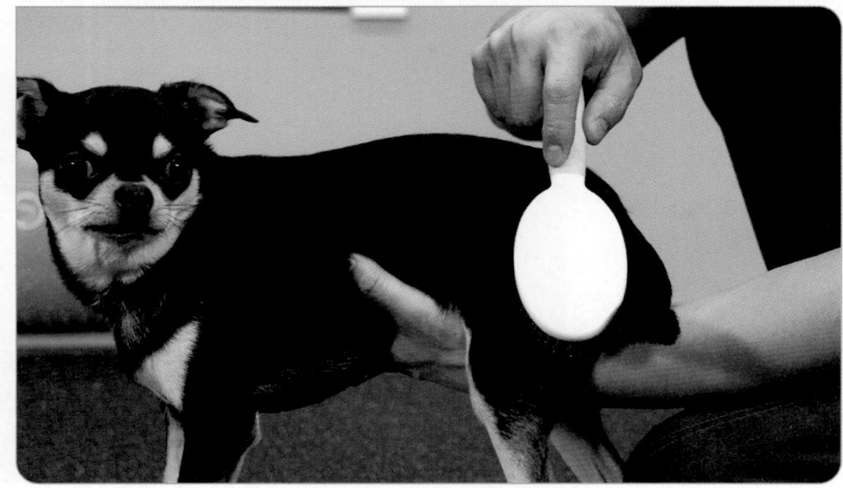

그림 2 _ 반려견의 아픈 부위를 브러쉬를 이용해 위에서 아래로 길게 빗어주어 자극합니다.

3절 기구운동

1. 스톤볼 - 다리 올리기

균형감각, 사지근력, 척추유연성, 허리근육 강화

스톤볼은 사지의 다리를 하나부터 전부를 올려놓는 운동으로 발목 높이의 미끄럽지 않은 기구가 필요합니다. 가정에서는 적당한 높이의 책에 고무판을 깔고 사용해도 됩니다.

한 세트는 정지 동작을 1회 15~20초간 유지 후 3~5회 반복 운동합니다.

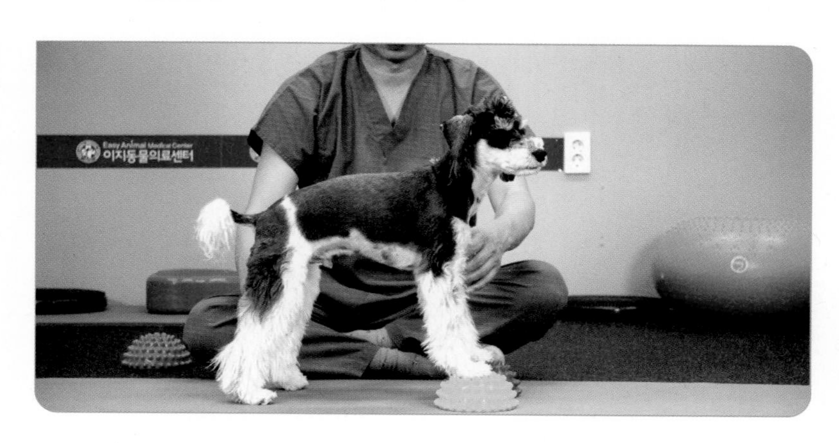

그림 1 _ 스톤볼 앞다리 올리기는 준비되어 있는 스톤볼에 양쪽 앞다리를 올리는 자세를 유지합니다. 이때 시선은 정면을 쳐다보게 해야 합니다. 이 자세는 뒷다리쪽에 체중부하가 증가합니다.

그림 2 _ 스톤볼 뒷다리 올리기는 앞다리 올리기와 마찬가지 방법으로 뒷다리를 스톤볼에 올리고 자세를 유지합니다. 이 자세는 앞다리쪽에 체중부하가 증가합니다.

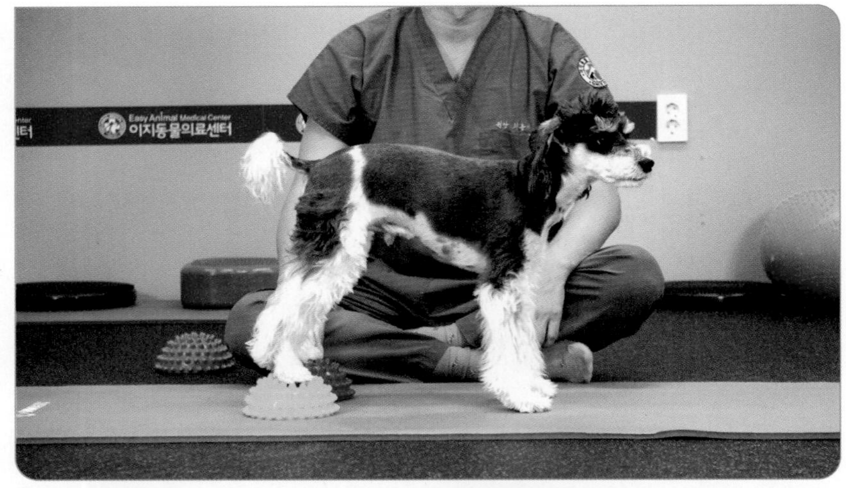

그림 3 _ 스톤볼 네다리 올리기는 난이도 높은 운동으로 반려견은 사지의 균형감과 사지의 근육강화 허리근육 강화에 도움이 됩니다. 네다리를 올려놓은 상태에서 넘어지거나 다리를 내려놓지 않고 자세를 유지할 수 있도록 도와줘야 합니다.

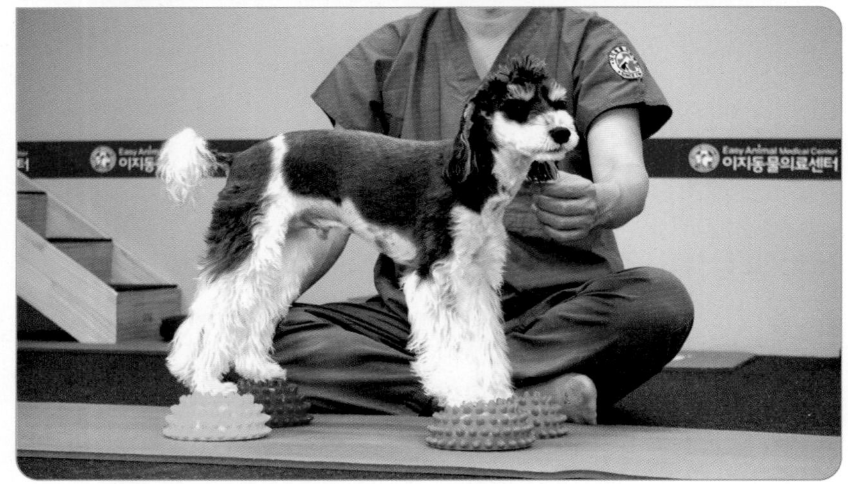

2-1. 도넛볼 오르기

짐볼(도넛볼)오르기

뒷다리근력, 허리근육, 척추유연성, 엉덩이관절 가동 범위

짐볼은 도넛볼, 피넛볼등을 이용할수 있으며 높이가 높을수록 난이도는 증가합니다.

한 세트는 정지동작을 1회 15~20초간 유지후 3~5회 반복 운동합니다.

그림 1 _ 처음 시도할 경우 짐볼 도넛볼을 무릎으로 움직이지 않고 고정 후 반려견을 앉는 자세로 유도합니다.

그림 2 _ 간식을 먹기위해 짐볼쪽으로 이동시켜 앞다리를 들게되면 짐볼 중앙쪽으로 앞다리를 올릴 수 있게 유도합니다.

그림 3 _ 짐볼쪽에 앞다리를 올려놓게 되면 뒷다리가 고정된 상태에서 15~20초간 자세를 유지시켜 줍니다.

2-2. 도넛볼 더블스탠드

균형감각, 허리근육, 사지근육

짐볼 더블스탠드는 움직이는 짐볼에서 하는 운동이므로 난이도가 높고 낙상의 우려가 있으므로 디스크환자 등에서는 주의를 해야 합니다.

한 세트는 정지동작을 1회 15~20초간 유지후 3~5회 반복 운동합니다.

그림 1 _ 준비된 두 개의 도넛볼에 네다리를 올려놓습니다. 처음 운동을 할 때 흔들리는 짐볼로 인한 불안감을 줄이기 위해서 무릎으로 짐볼을 살짝 눌러서 고정할 수도 있습니다.

그림 2 _ 자세가 안정화되면 머리를 들어올려 체중부하가 뒷다리로 이동하게 합니다.

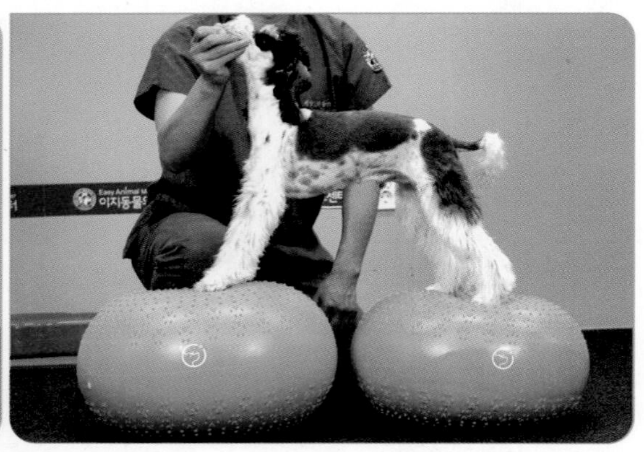

그림 3 _ 들어올린 머리를 다시 아래쪽으로 향하게 하여 체중부하를 앞다리쪽으로 이동시킬 수 있습니다.

3. 짐볼 뒷다리 올리기

앞다리근력, 견관절가동범위, 척추유연성

한 세트는 정지동작을 1회 15~20초간 유지후 3~5회 반복 운동합니다.

그림 1 _ 짐볼에 올라간 상태에서 앞다리만 내려놓을 수 있도록 유도합니다. 이때 뒷다리가 함께 내려오지 않도록 주의해야 합니다.

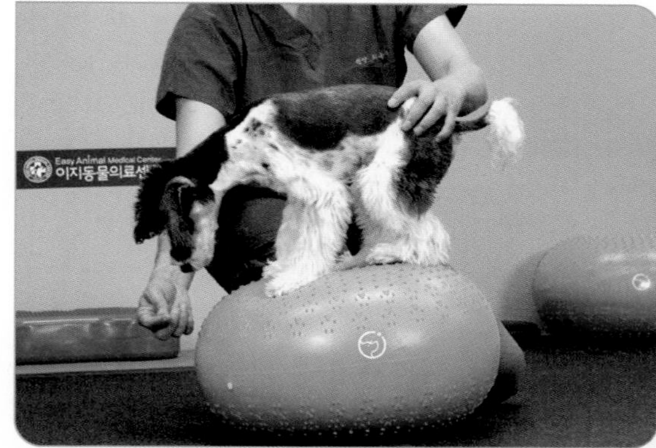

그림 2 _ 앞다리가 자연스럽게 바닥에 닿을수 있도록 유도하고 뒷다리를 짐볼 위에 고정하기 위해 반대 손으로 엉덩이를 잡아줍니다.

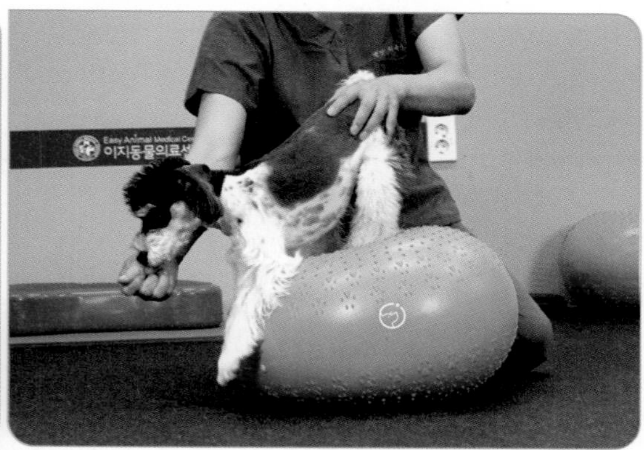

그림 3 _ 양쪽 앞다리가 안전하게 내려오게 되면 허리를 쭉 곧게 편 상태로 유지할수 있도록 하고 이때 뒷다리가 내려오지 않도록 반대 손으로 잡아주면 좋습니다.

4. 카발레티 장애물 넘기

신경고유감각, 신경근조절능력, 척추 유연성, 관절가동범위, 다리강화

카발레티 운동은 복합적인 운동으로 특히 신경계, 보행장애 환자들에게 유용한 운동이며 가정에서는 바닥에 스티로폼 봉을 사용해도 됩니다.

한 세트는 1단높이 발목에서 3~5개의 장애물을 왕복 3~5회 정도 실시하게 됩니다.

그림 1 _ 준비된 카발레티 장애물 앞쪽에서 출발할 수 있도록 준비합니다. 이때 장애물을 의식하지 않고 넘어올 수 있도록 간식을 장애물 앞쪽에서 뒤쪽으로 유도합니다.

그림 2 _ 첫 번째 카발레티 장애물을 넘고나면 두 번째 장애물까지 간식으로 유도합니다. 카발레티 장애물을 넘는 동안 동기부여를 잃지 않도록 적절한 타이밍에 간식을 주어야 합니다.

그림 3 _ 마지막 카발레티 장애물을 넘고 다시 첫 번째 장애물로 돌아올 수 있도록 합니다. 장애물 운동을 하는 동안 반려견은 간식에 대한 집중이 계속될 수 있도록 적절한 타이밍에 간식을 주어야 합니다.

5-1. 탄력밴드 운동 뒷다리 운동

뒷다리 근력, 균형감각

밴드운동 내~외

탄력밴드 고무밴드를 이용한 운동으로 저항을 받고자 하는 방향을 고려하여 감아주면 운동의 강도를 높일 수 있습니다. 내측에서 외측으로 탄력밴드를 감아주면 외측에서 당겨주기 때문에 내측으로 더 많은 저항이 발생하게 됩니다.

탄력밴드를 감아준 후 3~5분정도 보행을 시켜주고 2분 휴식 후 3~5회 반복 운동합니다.

그림 1 _ 준비된 탄력밴드를 조이지 않게 목으로 감아줍니다.

그림 2 _ 어깨를 지나 배 아래 쪽에서 교차합니다.

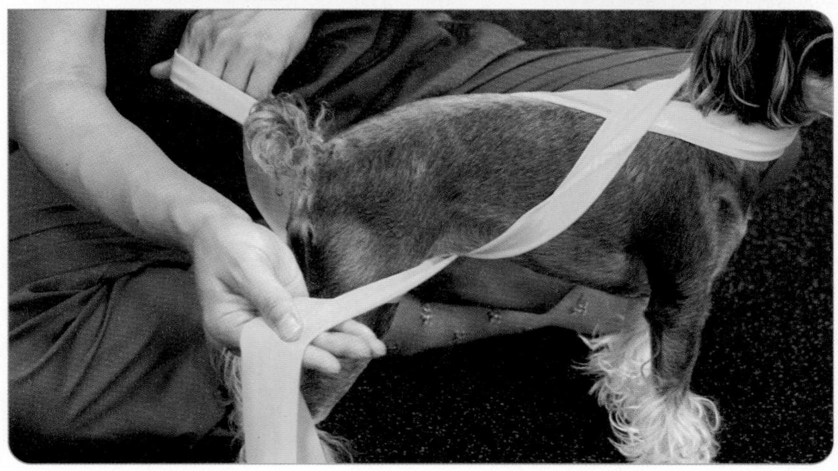

그림 3 _ 교차한 밴드를 뒷다리의 외측에서 내측으로 감아줍니다.

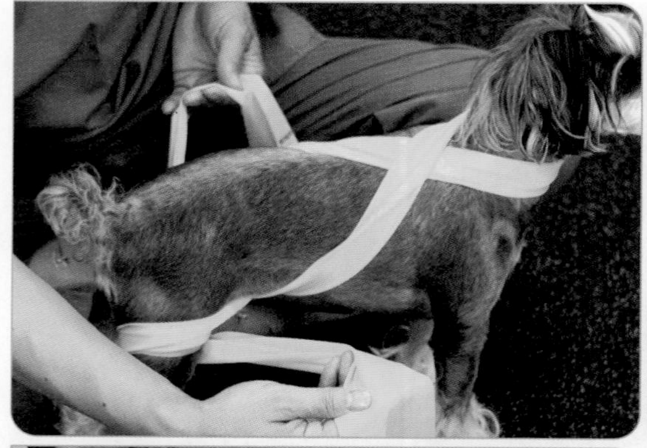

그림 4 _ 뒷다리 내측으로 올라온 탄력밴드는 등에서 묶어줍니다.

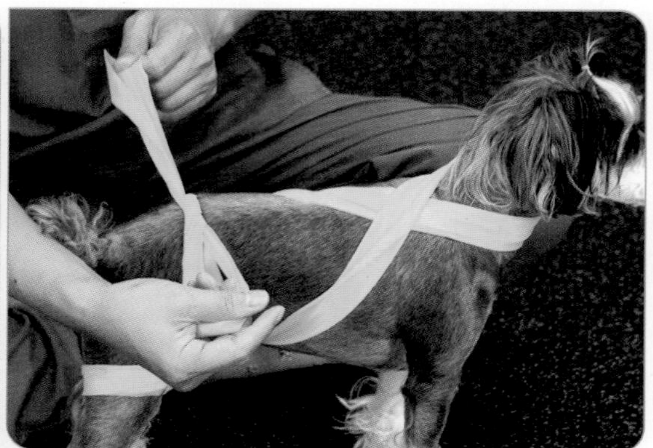

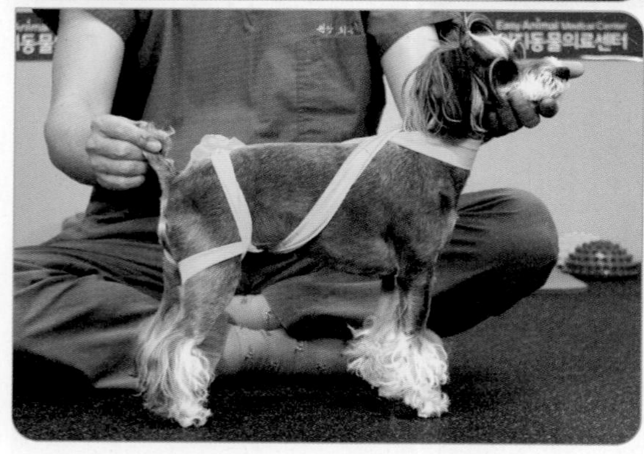

그림 5 _ 뒷다리 근육 강화를 위한 완성된 탄력밴드 감기, 저항을 주려는 다리와 감는 방향에 따라 다양한 방법으로 응용할 수 있습니다.

5-2. 탄력밴드 운동 사지 운동

사지근력, 균형감각

사지의 근력 강화를 위하여 앞다리와 뒷다리 모두 탄력밴드의 저항을 받을 수 있도록 감아줍니다. 사지를 탄력밴드로 묶게 되면 일반보행 시에 더 많은 저항이 발생하여 더 높은 근력을 필요로 하게 됩니다.

탄력밴드를 감아준 후 3~5분 정도 보행을 시켜주고 2분 휴식 후 3~5회 반복 운동합니다.

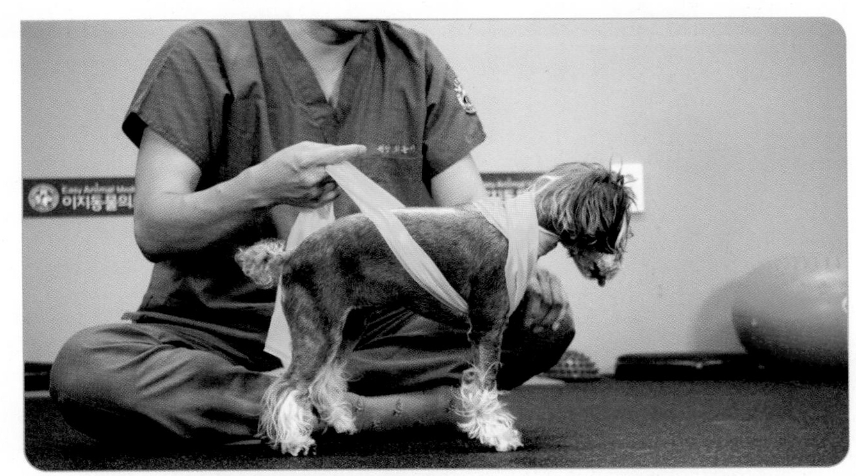

그림 1 _ 탄력밴드를 목에서 교차한 후 앞다리 안쪽을 통과합니다.

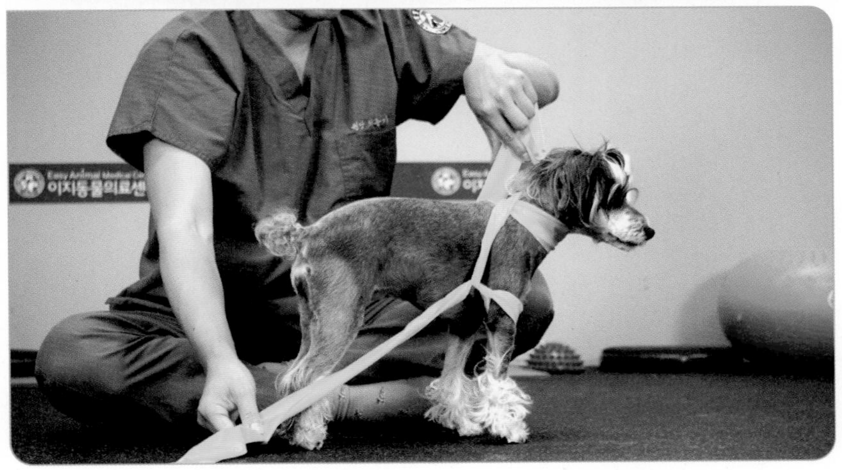

그림 2 _ 앞다리 안쪽에서 내려온 탄력밴드를 교차해서 앞다리에 밀착해줍니다.

그림 3 _ 앞다리에서 교차한 밴드는 뒷다리 외측으로 곧 바로 내려옵니다.

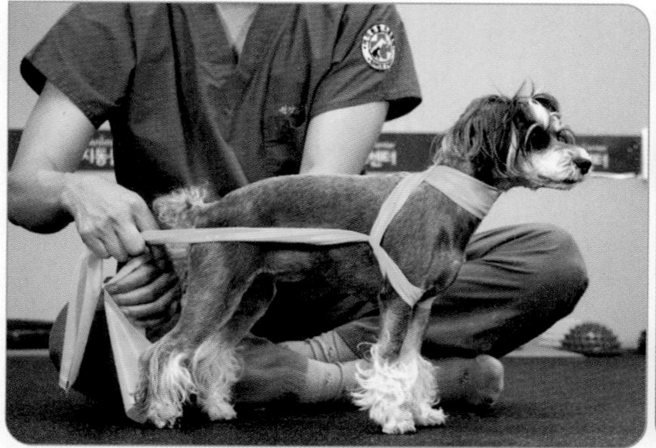

그림 4 _ 뒷다리 외측에서 내측으로 통과한 후 등 쪽에서 묶어줍니다.

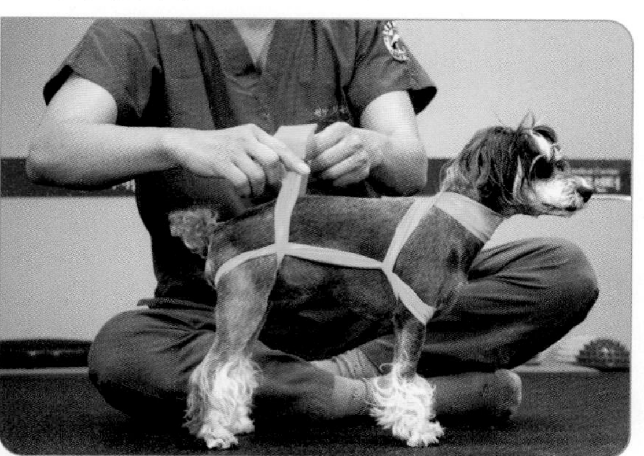

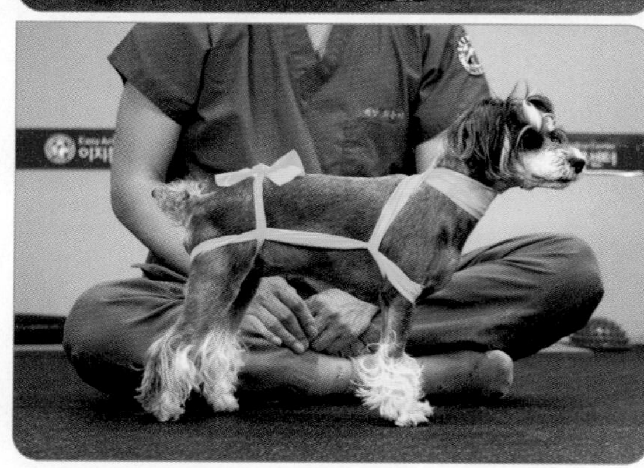

그림 5 _ 완성된 전지와 후지 강화를 위한 탄력밴드

6-1. 물고 당기기 낮은자세

물고당기기-낮게

앞다리 근력 강화

장난감이나 간식을 바닥 가까이에 놓고 반려견과 줄다리기하듯이 놀이합니다.

한 세트는 물고 당기기 자세를 15~20초 3~5회 반복 운동합니다.

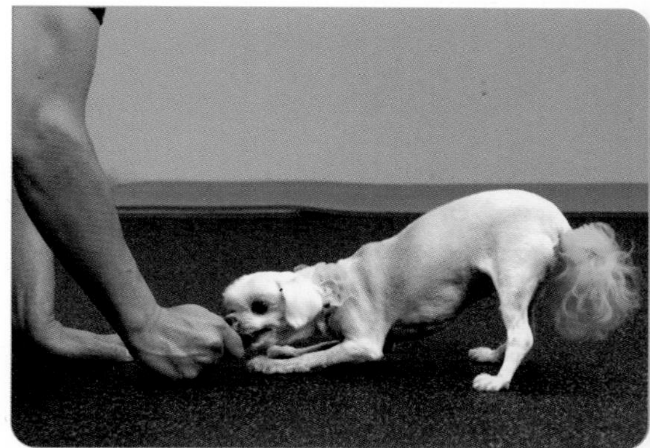

그림 1 _ 반려견을 장난감이나 뜯어 당길 수 있는 간식으로 입을 바닥 방향으로 유도합니다.

그림 2 _ 낮은 자세로 장난감을 물게 되면 앞으로 당겨서 줄다리기를 시작합니다. 이때 뒷다리는 서 있는 상태로 유지해야 하며 간식을 물고 앞다리로 당겨야 합니다.

그림 3 _ 장난감을 더 힘있게 당기게 되면 앞다리는 펴지고 다시 장난감을 당겨서 머리를 바닥에 향하게 합니다. 같은 동작을 3~5회 반복합니다.

6-2. 물고 당기기 높은자세

뒷다리 근력 강화

장난감이나 간식을 이용하여 머리를 들어 올리는 높은 자세에서 줄다리기하듯이 놀이합니다.

한 세트는 물고 당기기 자세를 15~20초 3~5회 반복 운동합니다.

그림 1 _ 반려견을 장난감으로 앉는 자세를 유지시킵니다.

그림 2 _ 장난감을 물게 되면 머리 위쪽에서 뒷다리 쪽으로 당길 수 있도록 유도합니다.

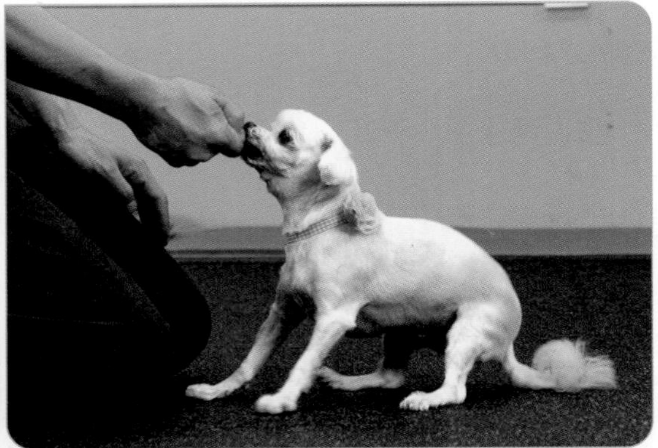

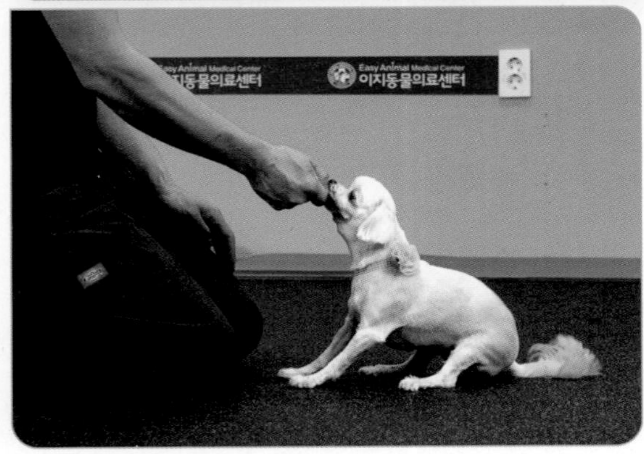

그림 3 _ 장난감을 당기는 힘이 증가할수록 뒷다리에 더 많은 힘이 가해지고 이후 같은 동작을 반복합니다.

7. 기어가기 운동 카발레티 장애물

포복운동 봉이용

척추 운동성, 관절 가동, 다리 근력 강화, 허리 근육 강화

카발레티 장애물과 같은 운동기구를 포복 자세로 통과하는 운동입니다.

장애물의 높이가 낮을수록 난이도와 강도는 증가합니다. 가정에서는 의자, 낮은 탁상 등을 활용할 수 있습니다.

한 세트는 장애물을 1회 3~5번 왕복 통과시키고 3~5회 반복 운동합니다.

그림 1 _ 통과하려는 장애물 앞으로 반려견을 대기시킵니다.

그림 2 _ 간식이나 장난감으로 반려견이 장애물을 통과할 수 있도록 유도합니다.

그림 3 _ 완전히 통과한 후 다시 원래 자리로 돌아가도록 유도합니다.

8-1. 카발레티 원형돌기

신경고유감각, 신경근조절능력, 척추 유연성, 관절가동범위, 다리강화

원형으로 돌면서 카발레티 장애물을 넘는 운동입니다. 회전하는 방향으로 체중지지가 증가하게 됩니다.

한 세트는 3~5회 원형돌기를 반복 운동합니다.

그림 1 _ 설치된 원형 카발레티 안쪽으로 반려견을 위치시킵니다.

그림 2 _ 간식이나 장난감으로 카발레티 장애물을 넘도록 유도합니다.

그림 3 _ 회전 방향을 그대로 유지하면서 시작점으로 다시 돌아오고 반복합니다.

8-2. 카발레티 원형돌기 복합장애물

신경고유감각, 신경근조절능력, 척추 유연성, 관절가동범위, 다리강화

카발레티 장애물 원형돌기보다 난이도와 운동강도가 더 높은 운동으로 방법은 일반 원형돌기와 동일합니다. 카발레티의 높이와 장애물의 위치 등은 반려견의 능력에 따라 변형시켜줍니다.

한 세트는 3~5회 원형돌기를 반복 운동합니다.

그림 1 _ 설치된 카발레티 복합장애물 사이에 반려견을 위치시킵니다.

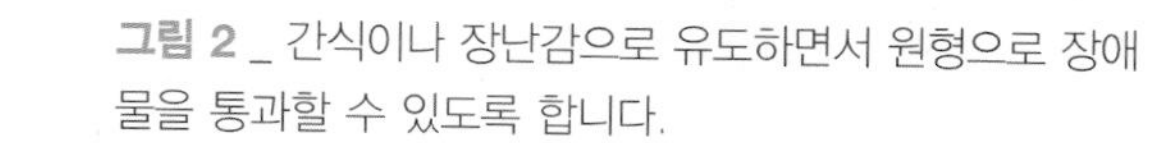

그림 2 _ 간식이나 장난감으로 유도하면서 원형으로 장애물을 통과할 수 있도록 합니다.

그림 3 _ 다양한 장애물을 지나 출발점으로 돌아온 후 운동을 반복합니다.

8-3. 카발레티 복합장애물

신경고유감각, 신경근조절능력, 척추유연성, 관절가동범위, 다리강화

카발레티 장애물 넘기보다 난이도 강도를 높인 운동으로 반려견의 상태에 따라 다양한 구조물과 높이로 변형할 수 있습니다.

한 세트는 3~5회 원형돌기를 반복 운동합니다.

그림 1 _ 반려견을 카발레티 복합장애물 앞에 대기시킵니다.

그림 2 _ 첫 번째 카발레티 장애물을 넘고 바닥에 흩어져있는 장애물을 돌아가거나 넘어설 수 있게 유도합니다.

그림 3 _ 다양한 카발레티 장애물을 넘고 다시 출발점으로 돌아옵니다.

9. 8자 모양

8자 보행

보행균형감각, 신경고유감각, 척추유연성, 체중이동

스톤볼 또는 물병과 같은 물건을 양쪽에 세워놓고 8자 모양을 그리며 걷기운동을 합니다.

한 세트는 같은 방향으로 8자 모양을 그리며 걷기를 3~5회 반복 운동합니다.

그림 1 _ 바닥에 설치된 스톤볼 앞에 반려견을 준비합니다.

그림 2 _ 스톤볼 안쪽을 통과해서 먼 쪽의 스톤볼을 돌아서 다시 스톤볼 사이로 들어오도록 유도합니다.

그림 3 _ 스톤볼 사이를 통과한 후 출발점으로 다시 돌아오도록 합니다.

10-1. 워블보드 앞다리 올리기

균형감각, 신경고유감각, 체중이동, 앞다리 다리강화

워블보드는 바닥이 불안정한 표면을 가진 판입니다. 가정에서는 편평한 합판에 공이나 플라스틱통으로 설치하여 운동을 할 수 있습니다.

한 세트는 15~20초를 1회로 하여, 3~5회 반복 운동합니다.

그림 1 _ 움직이는 워블보드를 한손으로 고정한 후 간식 또는 장난감으로 유인하여 앞다리를 워블보드에 딛게 합니다.

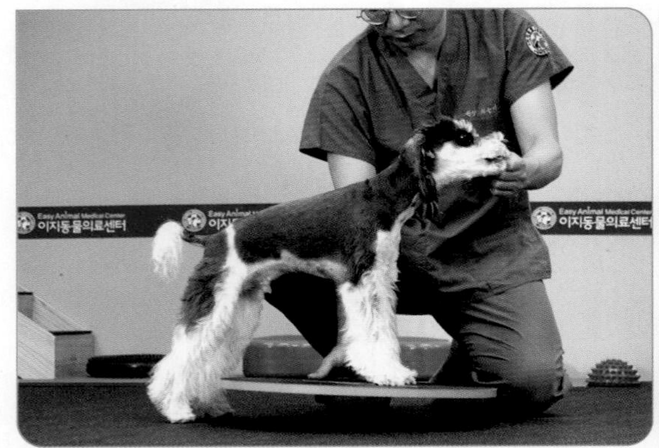

그림 2 _ 앞다리 올리기로 워블보드에 적응을 하게 되면 고정된 손을 서서히 풀어주고 체중이동을 시켜줍니다.

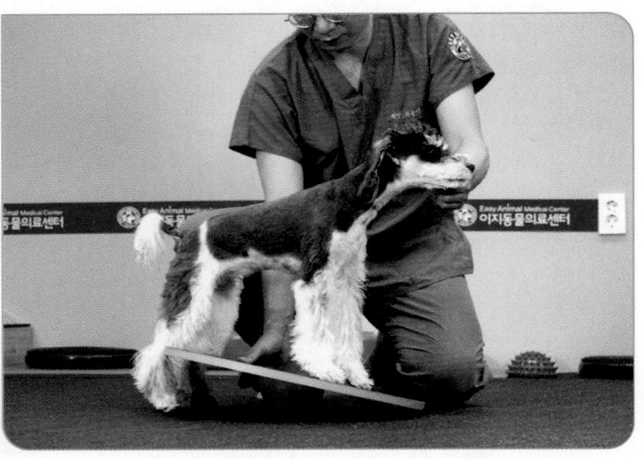

그림 3 _ 운동 중에 반려견은 넘어지지 않기 위해 자연스럽게 균형감과 체중이동을 하게 됩니다.

10-2. 워블보드 뒷다리 올리기

균형감각, 신경고유감각, 체중이동, 뒷다리 다리강화

워블보드는 바닥이 불안정한 표면을 가진 판입니다. 가정에서는 편평한 합판에 공이나 플라스틱통으로 설치하여 운동을 할 수 있습니다.

한 세트는 15~20초를 1회로 하여, 3~5회 반복 운동합니다.

그림 1 _ 워블보드를 완전히 고정 후에 네 다리를 다 올려놓도록 합니다.

그림 2 _ 뒷다리가 유지된 상태에서 간식, 장난감 등으로 유인하여 앞다리가 지면에 닿도록 합니다.

그림 3 _ 앞다리가 지면에 닿게 되면 워블보드의 고정을 서서히 풀어줍니다.

10-3. 워블보드 네다리 올리기

균형감각, 신경고유감각, 체중이동, 사지 다리강화

움직이는 워블보드에서 네다리가 다 올라간 상태로 하는 운동으로 앞다리, 뒷다리 올리기보다 난이도와 강도가 높은 운동입니다.

한 세트는 15~20초를 1회로 하여, 3~5회 반복 운동합니다.

그림 1 _ 준비된 워블보드를 고정한 후 앞다리가 올라설 수 있도록 유도합니다.

그림 2 _ 앞다리가 워블보드에 올라온 후 뒷다리가 올라올 수 있도록 간식을 머리 앞쪽으로 유도하여 네 다리가 모두 올라올 수 있도록 합니다.

그림 3 _ 네 다리가 모두 올라온 상태에서 워블보드를 잡고 있던 손을 서서히 풀어주어 반려견 스스로 균형감각과 근력을 사용하여 떨어지지 않도록 반복운동을 합니다.

11. 웨이브 폴 지그재그로 걷기

웨이브폴

균형감각, 신경고유감각, 척추유연성,체중이동

캔, 콘, 스톤볼을 일정한 간격을 두고 일직선상에 배열을 한 후, 좌측에서 우측으로 또는 우측에서 좌측으로 웨이브 폴을 통과합니다.

한 세트는 1회 왕복을 3~5회 정도 반복 운동합니다.

그림 1 _ 설치된 웨이브 폴 앞쪽으로 반려견을 대기시킵니다.

그림 2 _ 웨이블 폴을 끼고 통과하면서 앞으로 나아가게 합니다.

그림 3 _ 마지막 폴을 돌고 난 후 다시 웨이브 폴을 두고 회전을 하면서 출발점으로 돌아옵니다.

12-1. 경사로 오르기 실내 경사로

뒷다리 강화, 척추유연성, 코어근육강화

실외 오르막길 운동을 할 수 없는 경우 미끄럽지 않은 경사로를 만들어서 할수 있는 뒷다리 강화 운동입니다.

한 세트는 오르막길 끝까지 15~20초 동안 서서히 올라가는 방법으로 3~5회 반복합니다.

그림 1 _ 설치된 실내 경사로 앞으로 반려견을 위치시키고 앞다리를 경사로에 올려놓을 수 있도록 합니다.

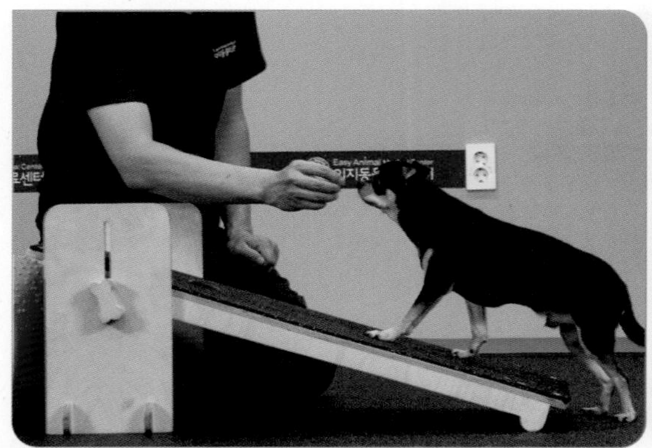

그림 2 _ 앞다리가 올라온 후 뒷다리까지 모두 올라올 수 있도록 간식 등으로 유도합니다.

그림 3 _ 경사로의 끝까지 오른 후 뒷다리가 고정된 상태에서 머리를 상하좌우로 움직이도록 하여 체중이동과 동시에 허리를 곧게 펼 수 있도록 해줍니다.

12-2. 경사로 내려오기 실내 경사로

앞다리 강화, 척추 유연성, 코어근육강화 경사로 오르기 후에 뒤돌아서 내려오는 운동으로 앞다리 근력 강화 운동입니다.

한 세트는 오르막길 끝에서 15~20초 동안 서서히 내려가는 방법으로 3~5회 반복합니다.

그림 1 _ 경사로 오르기 운동 후에 뒤돌아서게 유도하여 내리막길 운동준비를 합니다.

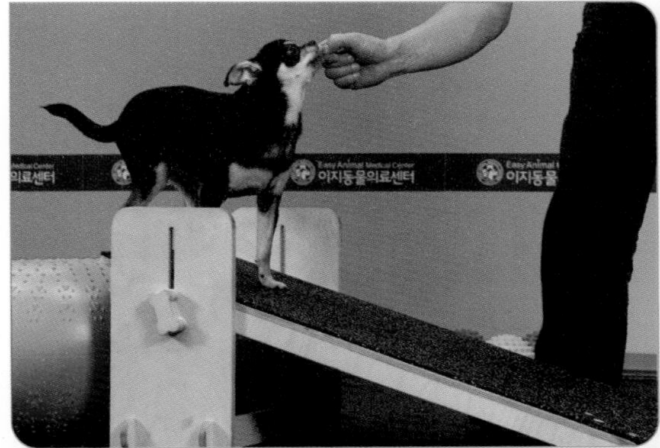

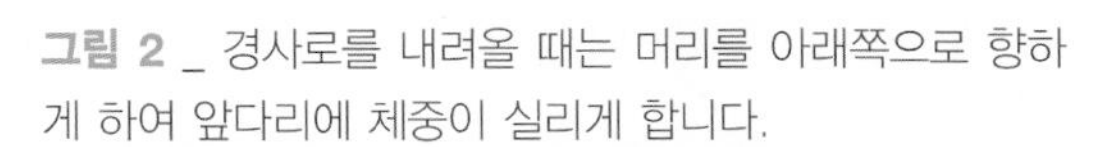

그림 2 _ 경사로를 내려올 때는 머리를 아래쪽으로 향하게 하여 앞다리에 체중이 실리게 합니다.

그림 3 _ 평지에 앞다리가 닿게 되면 천천히 머리 앞쪽으로 유도하여 뒷다리까지 안전하게 내려오게 합니다.

13. 피넛볼 더블스텐딩 네다리 서있기

균형감각, 허리근육, 사지근육

도넛볼 더블스탠드와 같은 운동으로 짐볼을 하나만 이용하기 때문에 2개의 짐볼을 이용하는 것보다 안정성이 있습니다.

한 세트는 15~20초 더블스탠드 자세를 유지하면서 3~5회 반복 운동합니다.

그림 1 _ 피넛볼을 무릎을 이용하여 안정된 상태로 고정한 후, 반려견을 세워서 스탠딩 자세를 취하게 합니다.

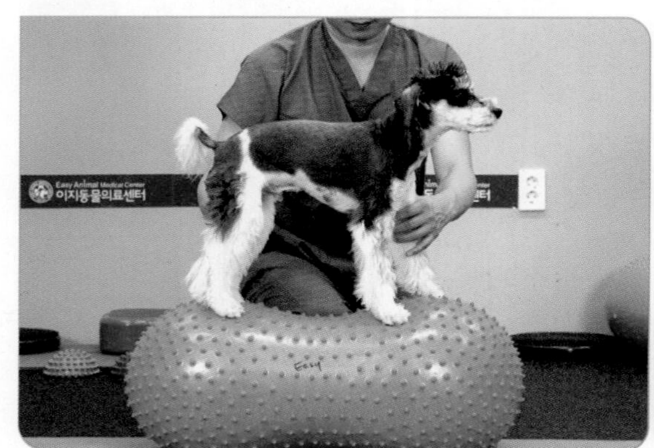

그림 2 _ 안정된 자세를 보이게 되면 고정된 피넛볼을 서서히 풀어줍니다.

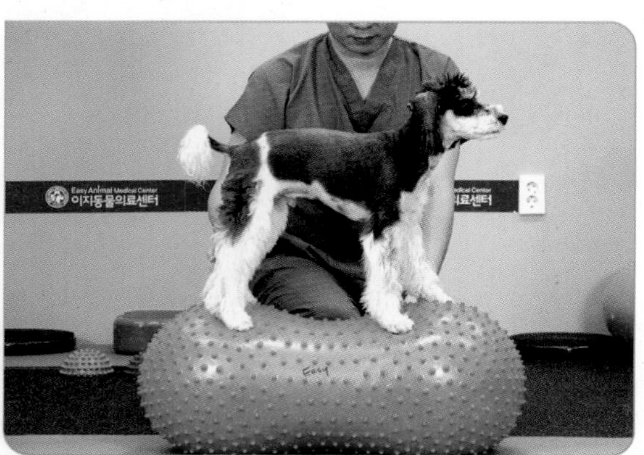

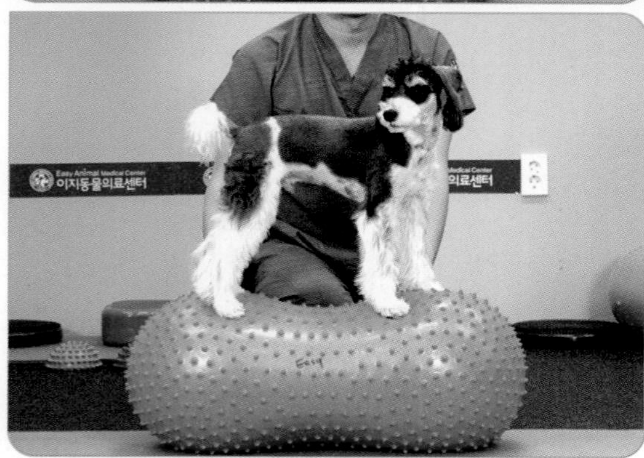

그림 3 _ 움직이는 피넛볼 위에서 스스로 균형을 잡고 넘어지지 않도록 해야 합니다.

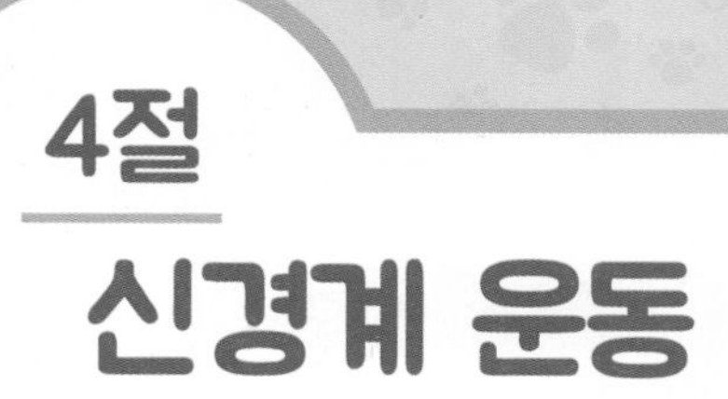

4절 신경계 운동

1. 발바닥 간질이기 간지럽히기 / 꼬집기

발바닥 자극

신경재훈련, 통증감각 회복

신경 감각이 감소된 환자에게 발바닥을 꼬집고 간질이면서 말초 자극을 회복시켜줍니다.

한 세트는 1회 30초 정도로 5~10회를 반복합니다.

그림 1 _ 환자의 치료하려는 발바닥을 위로 향하게 눕히고 한 손으로 무릎 아래쪽을 받혀줍니다.

그림 2 _ 다른 손의 손가락을 발바닥 사이에 넣고 발가락 사이를 간질이기 합니다. 환자의 상태를 보면서 간질이기의 강도를 조절하고 만약 자극을 느낀다면 발가락을 움츠리거나 발을 당길 수 있습니다.

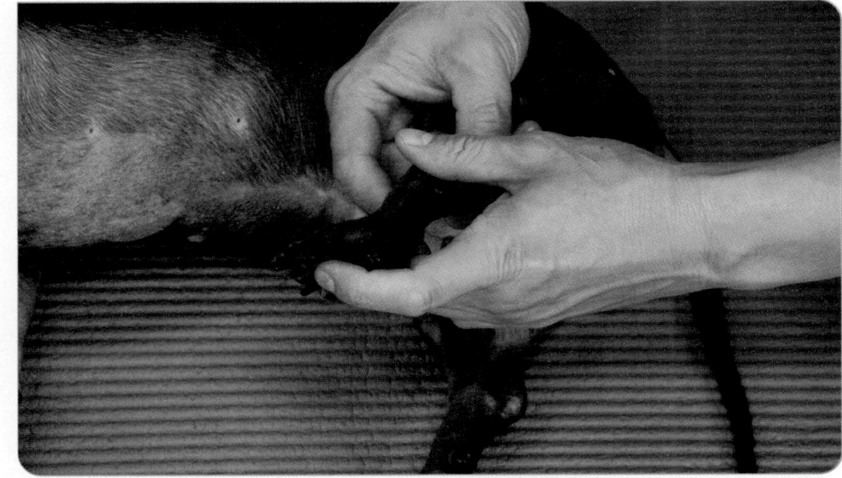

그림 3 _ 발가락 꼬집기는 같은 방법으로 자세를 취하고 바깥쪽 발가락부터 5초 정도 손가락으로 자극을 줍니다. 자극을 느낀다면 발가락이 움츠려들거나 발을 당길 수 있습니다.

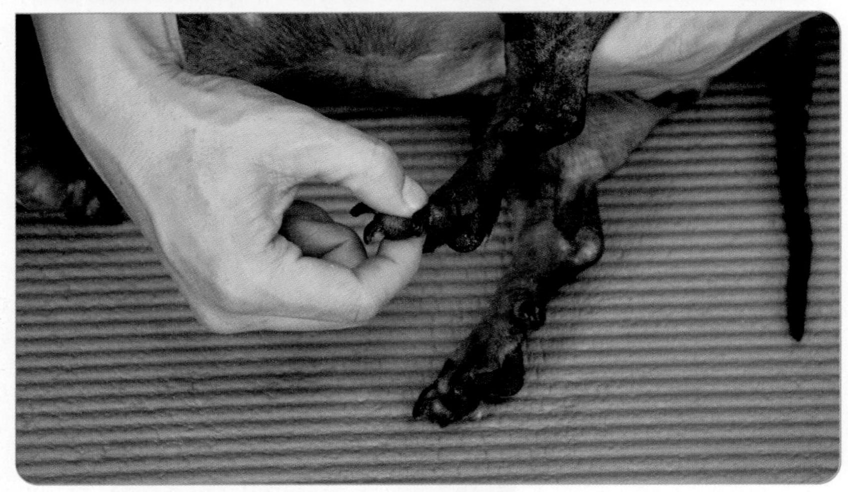

2. 앉기 일어서기 - 신경재훈련

신경재훈련·앉기 서기

신경재훈련, 뒷다리강화, 관절가동범위 개선

신경 감각이 어느 정도 회복된 환자는 보행을 하기 위해 먼저 일어서는 연습이 필요합니다.

한 세트는 1회 10~20초 동안 앉기 일어서기를 하며 5~10회 정도 반복 운동합니다.

그림 1 _ 손바닥을 지면에 대고 손가락 사이로 환자의 발바닥을 고정해줍니다. 이때 족관절이 꺾이지 않고 똑바로 설 수 있게 자세를 취해줍니다. 환자가 발바닥의 체중을 느낄 수 있도록 서있는 자세를 3~5초 정도 유지시켜 줍니다.

그림 2 _ 반대 손으로 환자의 엉덩이 부분을 부드럽게 눌러줍니다. 이때 통증을 느낀다면 운동을 멈춰야 합니다.

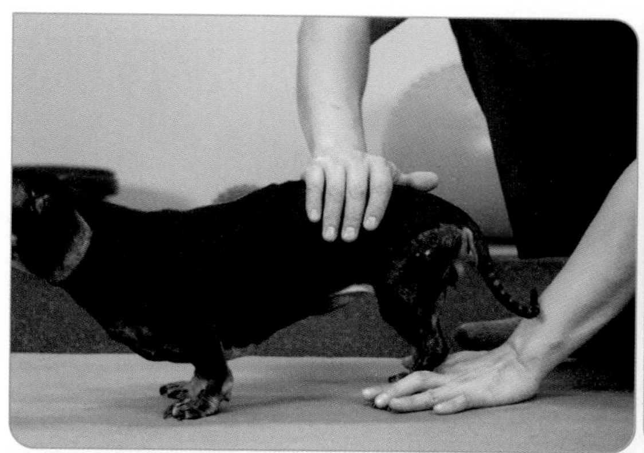

그림 3 _ 앉은 자세를 유지 후에 배 아랫부분을 받쳐서 서서히 들어 올려줍니다, 앉기 일어서기 운동 중에는 반드시 발바닥이 지면에 닿아 있어야 하고 환자가 그 체중을 느끼게 해줘야 합니다.

3. 걷기연습 - 신경재훈련

신경재훈련, 뒷다리강화, 관절가동범위 개선

보행 연습은 통증 감각이 되돌아오고 최소 관절을 1개 이상 움직였을 때 사용하면 좋은 운동 방법입니다. 스스로 일어설 수 있다면 걸을 수 있는 연습이 필요합니다.

한 세트는 서있는 자세를 유지하면서 1회 30초 정도 5~10회 반복 운동합니다.

그림 1 _ 환자의 뒷족관절을 엄지와 검지로 잡은 후 넘어지지 않도록 하고 서있는 자세를 유지합니다. 환자가 앞으로 걸어 나가려 한다면 뒷다리를 앞다리 보행에 맞춰 진행하면 됩니다.

그림 2 _ 서 있는 자세가 안정되면 한쪽 다리를 걷는 것과 동일한 방법으로 들었다 놓게 됩니다.

그림 3 _ 반대쪽 다리도 보행하는 것과 같은 자세로 걷기 연습을 반복합니다.

4. 슬링

신경재훈련, 균형감각, 사지체중 지지

충분히 긴 타월이나 천을 사용하여 반려견이 넘어지지 않도록 유지하면서 걸을 수 있도록 해줍니다. 한 세트는 30~60초 정도로 5~10회 반복 운동합니다.

그림 1 _ 반려견을 허리 밑으로 슬링을 채우고 서 있는 자세를 유지합니다.

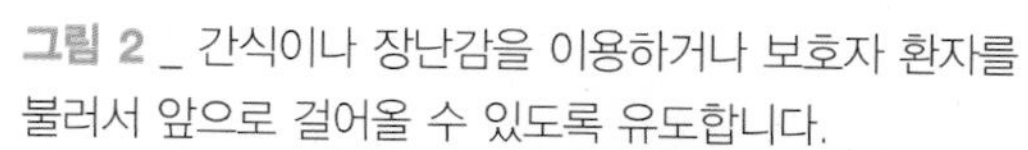

그림 2 _ 간식이나 장난감을 이용하거나 보호자 환자를 불러서 앞으로 걸어올 수 있도록 유도합니다.

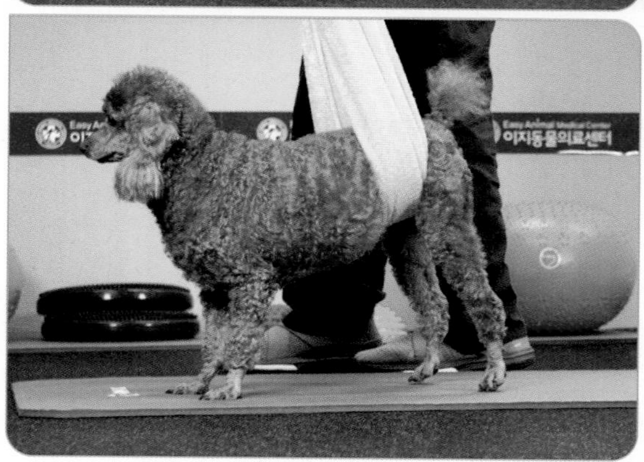

그림 3 _ 미끄럽지 않은 바닥에서 양쪽 뒷다리가 교차하면서 슬링 걷기 운동을 반복합니다.

5절 수중 러닝머신

1. 수중보행 허벅지 물높이

수중보행 허벅지 높이

신경고유감각, 신경근조절능력, 척추유연성, 관절가동범위, 사지근력 강화

수중보행운동은 물리치료와 운동치료의 효과를 모두 볼 수 있는 운동입니다. 신경계환자, 골관절질환, 근육인대의 손상 환자에게 모두 사용할 수 있으며 물의 높이가 높아질수록 부력으로 인해 체중부담이 줄게 됩니다.

운동시간은 휴식 시간 포함 30분 미만으로 환자의 상태, 물 높이, 트레드밀의 속도에 따라 달라질 수 있습니다.

그림 1 _ 반려견에게 맞는 물 높이를 조절 후에 수중 러닝머신에 넣습니다.

그림 2 _ 트레드밀을 작동시킨 후 반려견이 앞으로 걸어나올 수 있도록 장난감이나 간식으로 유도합니다.

그림 3 _ 설정된 시간이 지나면 최소 2분 정도의 휴식이 필요합니다.

2. 수중보행 슬관절 높이

신경고유감각, 신경근조절능력, 척추유연성, 관절가동범위, 사지근력 강화

낮은 물의 높이는 더 많은 체중부하가 증가하게 되어 수중보행 시 물을 차고 가야 하는 저항도 늘어나게 됩니다. 골, 관절의 통증이 개선되었다면 물높이를 낮춰서 운동의 강도를 높일 수 있습니다. 운동시간은 휴식시간 포함 30분 미만으로 환자의 상태, 물 높이, 트레드밀의 속도에 따라 달라질 수 있습니다.

그림 1 _ 반려견에 맞는 물높이를 조절 후에 수중 러닝머신에 넣습니다.

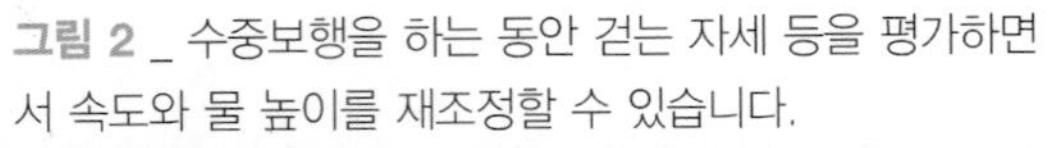

그림 2 _ 수중보행을 하는 동안 걷는 자세 등을 평가하면서 속도와 물 높이를 재조정할 수 있습니다.

그림 3 _ 낮은 물 높이에서는 관절의 부담이 증가하므로 근육의 떨림이나 보행의 이상 등을 관찰하면서 수중보행을 마칩니다.

1. 헤어밴드 감기

신경고유감각

헤어밴드와 같은 부드러운 천을 발목에 감아주게 되면 이물감을 느끼고 이를 벗기 위해 발을 차거나 반대쪽 다리로 체중을 옮기게 됩니다. 너무 자주, 오래 하게되면 이물감을 느낄 수 없으므로 짧은 시간만 사용합니다.

운동시간은 반려견이 이물에 반응하는 시간으로 보통 5분 이내로 운동합니다.

그림 1 _ 헤어밴드를 감고자 하는 발에 이물감을 느낄 정도로 풀리지 않게 감아줍니다.

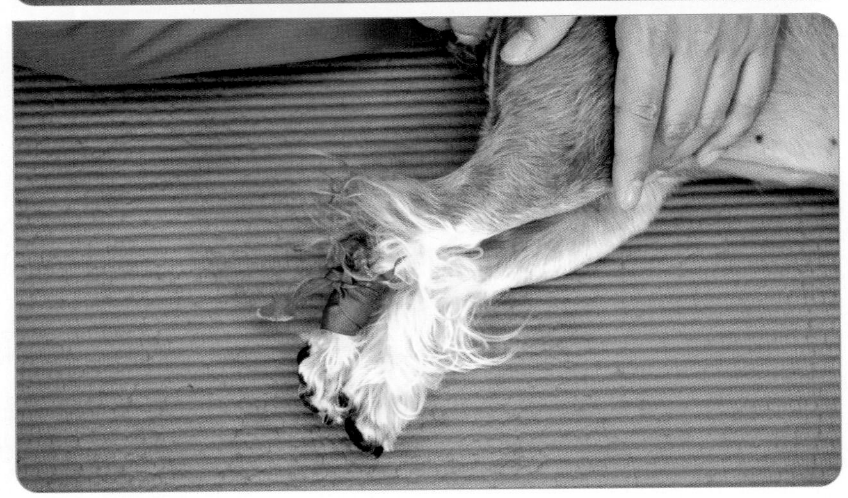

그림 2 _ 헤어밴드의 강도는 환자의 상태에 따라 느슨하게 또는 세게 감을 수 있습니다.

7장
기타 재활 물리치료의 소개

1절 물리치료

물리치료 Physical therapy는 한냉, 온열, 전기, 빛, 물, 초음파 등과 같은 물리적 에너지뿐만 아니라 손으로 하는 도수법 Manipulation으로 통증의 완화, 근육의 수축 및 이완, 혈액 순환, 비정상 자세 신경손상 및 운동상태를 개선시키기 위해 치료사 수의사에 의해 이루어지는 재활의 한 분야입니다. 이번 장에서는 재활치료에 사용되는 다양한 물리치료의 방법과 원리 및 적용 방법에 대해 알아보겠습니다. 여기에 소개되는 물리치료 방법은 얼음을 이용한 냉찜질, 핫팩을 이용한 온찜질과 같은 가정에서도 사용할 수 있는 안전하고 간편한 방법과 재활 교육을 받은 치료사 수의사를 통해서 환자 상태를 평가하여 처방받은 후 사용해야 하는 물리치료도 있습니다. 물리치료에 사용되는 일부 특수한 장비는 안전사고 등의 우려가 있으므로 이러한 장비를 사용할 때에는 안전하고 올바른 사용법을 알아야 합니다.

또한 반려견이 능동적으로 참여하는 운동치료와 다르게 수동적인 자세에서 치료를 받게 되며 치료사 수의사가 안전하게 물리치료를 하기 위해 반려견을 보정할 보조자가 있어야 합니다. 물리치료는 최적의 효과를 보기 위해서 치료 계획과 목적을 반드시 정해야 합니다. 물리치료는 근력 증강, 통증 완화, 유연성 개선, 관절운동 가동범위 개선과 조직의 치유를 촉진시키기 위해 사용합니다. 신체를 이용한 운동치료와 다르게 물리적 자극을 통해 환자 고유의 치유 능력을 촉진시키는 것이 치료의 원리입니다. 현재까지 다양한 물리치료 방법이 개발되고 적용되고 있지만 동물 재활에서 안전성과 효과가 입증된 대표적인 방법인 냉각 치료, 온열 치료, 레이저, 체외충격파, 전기 자극요법에 대해 알아보겠습니다.

1. 냉각 치료 Cold therapy

냉각 치료의 원리와 효과

냉각 치료는 통증과 부종의 감소, 부상 부위 치유 촉진과 유연성을 증가시키기 위해 사용합니다. 이 방법은 최소한의 비용으로 가장 안전하게 집에서도 사용할 수 있는 가장 간편한 방법이기도 합니다. 냉각 치료는 열을 가지고 있는 조직으로부터 열을 제거하기 위해 차갑게 하는 방법입니다. 냉각 치료의 적용 부위는 2~4cm 깊이의 조직에 냉각 효과를 나타냅니다. 냉각 요법의 최초의 생리적 반응은 피부 혈관의 수축입니다. 피부 혈관의 수축의 결과로 혈류량이 감소하게 됩니다. 냉각 치료는 주로 피부 쪽에 위치한 근육, 건, 관절 등의 치료에 매우 유용합니다. 주의해야 할 점은 너무 오랫동안 피부를 차갑게 하거나 10도 이하의 너무 낮은 온도는 동맥혈관을 수축 시킬 수 있으므로 주의해야 합니다.

냉각 치료의 적용 이론

냉각 치료는 반복적인 사용으로 치료 효과를 볼 수 있습니다. 예를 들어, 본 저자는 무릎관절 수술 후 부종과 통증 감소를 위해 20분 적용 후 10분 휴식, 다시 10분 적용의 방법으로 하루 2회 적용을 합니다. 손상된 조직을 치유할 때 냉각 치료법은 최소 20분을 사용해야 국소적 혈관 확장이 발생하여 부종과 통증이 감소하게 됩니다.

복잡한 원리에 상관없이 부종과 통증을 동반한 조직손상 후에는 냉각 치료를 사용하면 통증과 부종 감소의 효과를 볼 수 있습니다. 부상 후 냉각 치료의 적용은 조직 대사를 줄일 수 있으며 이는 세포 산소요구도를 낮추고 2차적인 저산소성 세포 손상을 줄일 수 있습니다. 많은 연구들에 의하면 외상에 의한 근육 조직손상 후 20분간의 3회에 걸친 냉각 치료가 부종과 통증 감소에 효과적이었다는 것을 증명하였습니다.

또한 말초신경에 대한 냉각 치료의 효과는 충분히 낮은 온도를 적용해야 감각신경과 운동신경의 전달 속도 모두 감소시킬 수 있었다고 합니다. 그럼에도 냉각 치료는 주의가 필요합니다. 즉, 올바르지 못한 적용을 하게 되면 피부에 존재하는 신경에 영향을 줄 수 있습니다. 냉각 치료의 중요한 목적은 통증의 감소입니다. 이는 위에서 설명했듯이 신경 전도속도의 감소를 통해서 나타나게 됩니다. 또한 진통은 통증의 수문통제이론 Gate control theory에 따라 대뇌 중추로의 통증 신호 전달을 차단하는 차가운 수용체 Cold receptor의 과도한 자극을 차단함으로 이루어집니다.

사람에서는 정형외과 수술을 받은 환자에게 냉각 치료로 진통제 처방이 현저히 감소했다는 연구결과도 있습니다. 냉각 치료는 중추신경계 질환에서 경련을 일시적으로 줄일 수 있다고도 합니다. 냉각 치료는 근육경련을 줄이기 위해서 사용할 수도 있습니다. 이는 근육의 힘줄 기관 수용체의 활성화 빈도를 감소시키는 것으로 나타납니다.

그림 7-1 _ 아이스팩. 시중에 판매되는 아이스팩에 얼음 등을 집어넣어 냉각 치료에 사용할 수 있습니다.

그림 7-2 _ 무릎관절슬관절의 십자인대 손상 수술 후 냉각 치료. 수술 후 냉각 치료를 처음 할 때는 냉각의 효과가 나타날 수 있도록 바른 자세로 있어야 합니다.

냉각 치료의 사용 방법

일반적인 냉각 치료는 콜드 팩과 얼음마사지 등을 이용합니다. 냉각 치료의 적용 부위에 따라 다양한 크기와 형태의 아이스팩을 사용할 수 있습니다. 아이스팩은 젤 팩, 얼음알갱이 팩, 물과 얼음을 슬러시처럼 섞은 팩 등을 이용할 수 있으며, 이러한 것들을 가정에서 손쉽게 구할 수 있습니다. 동물병원에서는 전문적인 아이스팩이 있어서 반려견의 신체 부위에 따라 적용할 수 있도록 디자인된 아이스팩 등이 있습니다.

일시적으로 체표 온도를 냉각시키는 가스를 이용한 물리치료 장비도 있어서 짧은 시간 내에 냉각의 효과를 볼 수 있습니다. 환자의 털이 길지 않은 상태에서 아이스팩을 사용하면 불편함과 통증을 느낄 수 있습니다. 이러한 경우에는 환자의 환부와 아이스팩 사이에 젖은 타월을 두고 냉각시키는 게 효과적입니다.

아이스팩을 사용할 때에는 치료하고자 하는 부위와 깊이, 적용시간 등을 충분히 고려해서 적용해야 합니다. 만약 치료 부위의 조직이 깊은 경우 추가적인 치료 시간이 필요하게 됩니다. 찬물보다는 얼음이 냉각 치료에 효과적입니다.

결론적으로 더 차가운 물질이 더 많은 조직을 냉각시킬 수 있습니다.

치료 시간은 냉각 치료의 방법에 따라 10분에서 60분 사이에 이뤄지게 됩니다. 만약 더 작은 부위를 치료하기 위해서는 얼음마사지가 효과적일 수 있습니다. 얼음마사지 방법은 종이컵에 나무젓가락을 꽂아서 얼린 뒤에 막대를 사탕처럼 만든 후에 사용할 수 있으며 일반적으로 5~10분 정도 얼음 마사지를 해주면 됩니다.

그림 7-3 _ 무릎관절 슬관절에 사용하는 아이스팩

그림 7-4 _ 가스를 이용한 극저온 냉각 치료기. 극저온 치료기는 수초 내에 병변 부위를 10도 이하로 낮춰 진통, 부종의 감소 등의 효과를 나타냅니다.

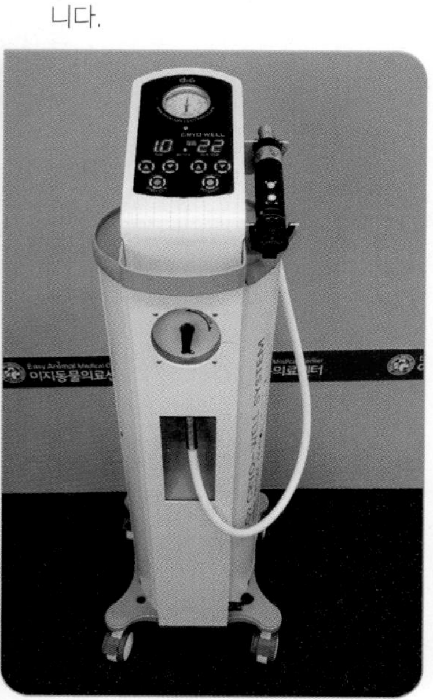

냉각 치료의 적용

냉각 치료는 대부분 급성 외상에 사용되지만, 운동과 관계된 염증을 줄이거나 관절염에 의한 관절통을 치료하기 위해 재활 전반에 걸쳐 사용됩니다. 즉, 급성 외상성 관절의 부종, 근육손상, 인대와 건의 손상, 십자인대, 슬개골 무릎뼈탈구 수술 후 부종과 통증 감소를 위해 사용할 수 있습니다. 많은 학자들은 십자인대 수술 후 24시간 안에 얼음팩을 사용할 경우 통증 감소, 부종 감소, 파행 다리절음증상이 개선되어 관절의 가동범위가 증가하게 되어 회복이 빨라진다는 것을 알아냈습니다.

그림 7-5 _ 엉덩관절 통증 환자를 위한 극저온 치료요법

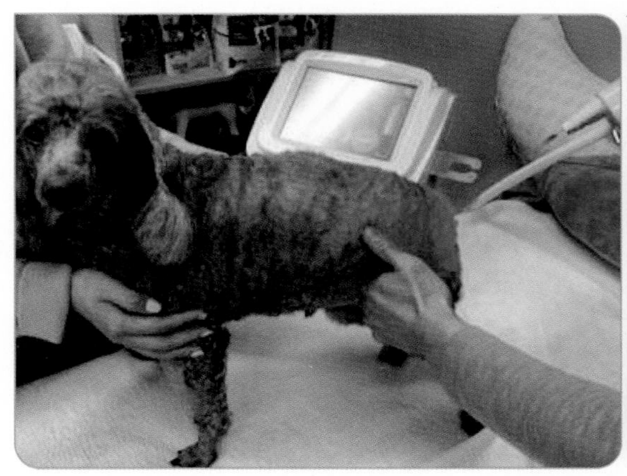

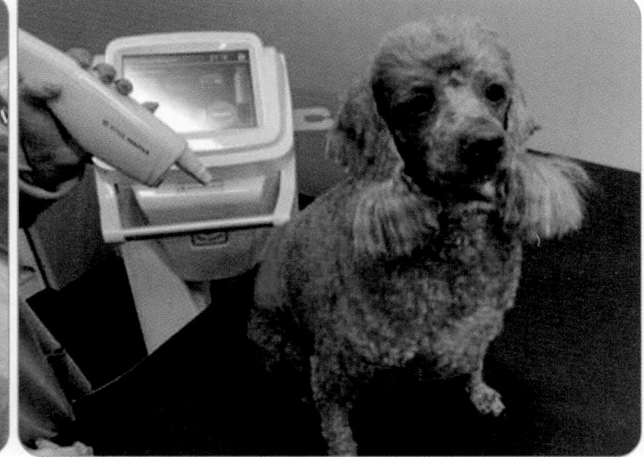

주의사항과 부작용

냉각 치료는 피부 말초신경 부위, 감각이 둔한 부위, 노출된 상처 부위에 사용할 경우 조심해야 합니다. 냉각 치료는 혈액순환에 문제가 있는 부위, 온도 조절 장애 또는 차가운 것에 민감한 환자에서는 사용하면 안됩니다. 환자는 냉각으로 인한 손상이 있는지 치료 부위를 유심히 지켜봐야 합니다. 혹시 동상에 걸린 부위가 있었다면 그 부위에는 사용해서는 안됩니다.

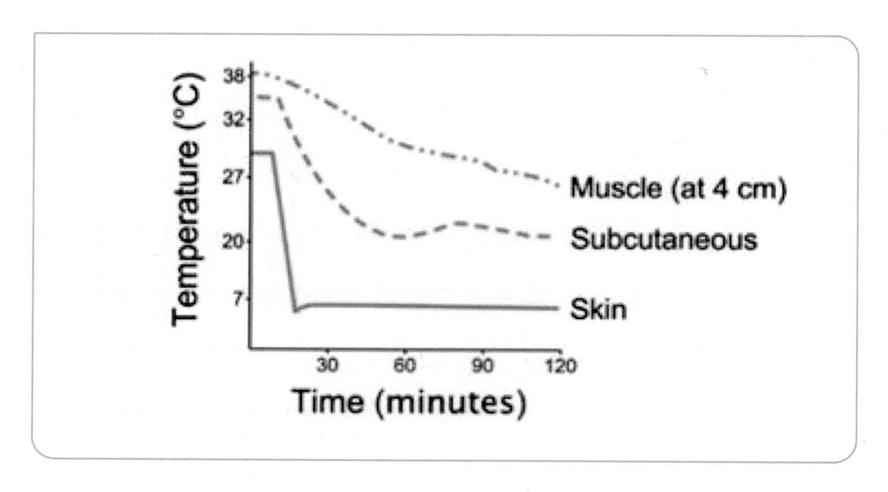

그림 7-6 _ 더 깊은 조직에 냉각 치료를 적용할 경우 더 오랜 시간이 필요합니다.

2. 온열 치료 Heat therapy

온열 치료의 원리와 효과

온열 치료는 통증 감소, 유연성 향상, 혈류량 증가, 관절운동성의 향상 등을 위해 사용하는 치료 방법이며, 혈류량을 증가시켜 염증을 줄여주기도 합니다. 온열 치료는 체표에서 1~2cm 깊이까지 최대효과를 볼 수 있고 이를 위해서는 치료 부위의 온도를 1~4℃까지 올릴 수 있어야 합니다. 체표면의 온도가 올라가면 화학물질이 분비되어 혈관확장이 일어나게 되며, 온도 수용체는 브라디키닌 Bradykinin을 분비하여 평활근 벽을 이완시키게 됩니다. 안전한 범위 내의 온도상승은 조직의 산소요구량을 증가시켜 치유가 촉진됩니다. 조직 온도가 오르면 신경전달 속도가 증가하고 감각신경과 운동신경의 대기시간을 감소시켜 자극의 역치를 낮추게 되어 통증에 대한 반응이 감소하게 됩니다. 온열 치료 Heat therapy는 힘줄, 인대, 관절낭의 손상 시에 유연성과 관절의 가동범위 ROM를 증가시킬 수 있습니다. 온열 효과를 더 좋게 하기 위해서는 스트레칭과 함께 하는 것이 더 효과적입니다. 겨울철 또는 오랜 휴식 후에 산책을 위해 외출을 하게 될 경우, 갑작스런 움직임으로 준비가 덜 된 힘줄, 근육, 인대는 손상을 받을 수 있습니다. 겨울철 외출 전이나 활동량이 많은 운동 전에는 가벼운 스트레칭과 함께 온열 치료를 하게 되면 운동으로 인한 부상을 예방할 수 있습니다.

온열 치료의 적용

온열 치료를 위해 사용하는 가장 일반적인 방법은 습윤 핫팩 또는 뜨거운 물이 들어 있거나 전자레인지에 돌려서 사용하는 젤팩 등이 있습니다. 피부에 접촉을 하는 온열 치료를 적용하기 전 화상을 방지하기 위하여 핫팩과 치료 부위 사이에 타월을 넣고 피부를 자주 확인해야 합니다. 치료 시간은 15~30분이며 하루 1~2회 추천이 됩니다. 가정용 적외선 치료기를 구입하여 집에서 반려견에게 사용할 수도 있습니다. 적외선은 눈으로 볼 수 있는 가시광선보다 파장이 길어 우리 눈에는 보이지 않는 전자기파입니다.

적외선은 열작용이 강하여 열선이라고도 합니다. 적외선치료는 다른 온열 치료와 같은 효과를 나타내며, 적외선 조사는 10~20분 정도로 하루 1~2회 사용할 수 있습니다. 온열 치료는 만성관절염, 근육통, 신경염 등 각종 통증에 진통효과를 나타냅니다. 피부 심층의 온도를 상승시켜 모세혈관의 확장으로 혈액순환이 촉진됩니다. 이러한 결과로 근육의 이완과 신진대사의 증진이 나타나게 됩니다. 노령견에서 다발하는 허리통증과 목척추 경추, 어깨 통증의 환자에 있어서도 온열 치료는 효과적인 방법입니다.

통증으로 인한 파행이 발생하게 되면 불용성 근위축이 발생하게 되고 만성 근육통의 원인이 되기도 합니다. 앞서 말한 바와 같이 온열 치료는 혈액순환을 개선시켜 통증을 감소시켜주며 관절, 인대, 힘줄과 같은 능동적인 움직임을 하는 데 꼭 필요한 조직의 유연성을 증가시켜주게 됩니다. 파행과 통증이 없는 일반적인 반려견에서도 스트레칭과 산책, 운동전에 온열 요법을 실시한다면 부상 위험을 줄이고, 운동 효과를 높일 수 있습니다. 결론적으로 온열 치료는 급성 손상이 지나고 만성기로 넘어간 경우, 유연성과 관절 가동범위 증가, 통증의 감소와 만성의 부종 시에 사용할 수 있는 방법입니다.

주의사항 및 부작용

출혈 부위나 개방된 손상부위, 감각이 무뎌져서 화상의 위험이 있는 환자, 급성염증, 악성종양, 고열환자에게는 사용을 하지 않아야 합니다. 적외선 치료기와 같은 빛을 이용한 온열 치료는 눈에 직접적인 조사를 주의해야 하며, 눈 주위를 치료할 경우 수건 등으로 가리거나 보호안경을 필히 착용 해야 합니다. 온열 치료의 가장 중요한 주의 사항 중 하나는 화상입니다. 핫팩의 경우 직접적인 접촉으로 피부 표면에 손상을 줄 수 있으며, 적외선은 심부열치료이기 때문에 피부 심부의 손상에 주의해야 합니다. 적외선 치료는 적당한 거리를 유지하면서 너무 뜨겁지 않은 세기로 조사해야 합니다. 피부 건조증으로 치료받거나 가려움증이 심한 반려견에서는 피부 증상이 더 악화될 수 있으므로 사용을 피하는 게 좋습니다.

그림 7-7 _ 뜨거운 물을 넣고 사용할 수 있는 핫팩. 핫팩은 쉽게 구입이 가능한 온열 치료 방법으로 하루 1~2회, 1회 15~30분 정도의 온열 요법 사용이 좋습니다. 주의해야 할 점은 화상으로 피부 상태를 5분에 한 번씩 체크해야 하며 화상을 예방하기 위해 면 재질로 되어있는 수건이나 면 주머니에 감싸 사용하는 게 좋습니다.

그림 7-8 _ 고관절엉덩관절통증 환자 온열 치료. 핫팩 사용 시에는 반려견을 편안한 쿠션이나 소파 등에 눕히거나, 보호자가 앉고 있는 상태에서 온열 치료 부위가 충분히 감쌀 수 있도록 표면적이 넓은 핫팩을 사용하는 게 좋습니다.

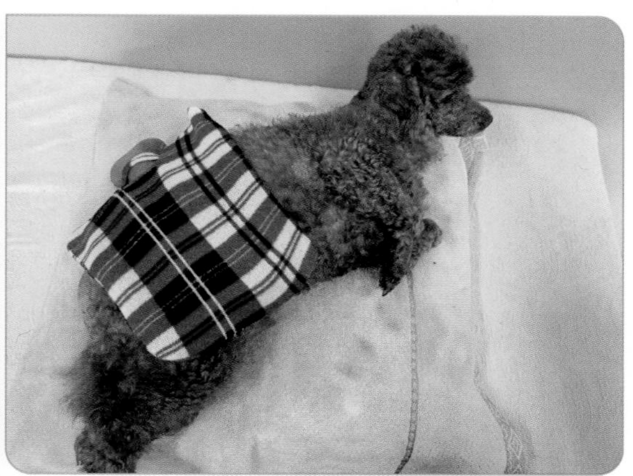

그림 7-9 _ 적외선 치료기. 적외선 치료기는 1회 10~20분 정도로 조사할 수 있습니다. 적외선 온열 치료는 만성 관절염, 근육통, 신경염 등 각종 통증에 진통 효과를 나타냅니다. 또한 피부 심층의 온도를 상승시켜 모세혈관의 확장으로 혈액순환이 촉진됩니다. 적외선 치료기가 눈으로 직접 조사되지 않도록 주의하면서 치료를 해야 합니다.

3. 레이저 치료 Laser therapy

레이저 치료의 원리와 효과

레이저는 반려견 재활치료에서 중요한 치료 방법의 하나로 전 세계적으로 사용되고 있습니다. 레이저는 통증 및 부종의 완화, 국소적 혹은 전신적인 항염증 매개물질 유도, 상처 치유 촉진, 혈 자리의 자극 비침습적인 침술, 만성적이고 자극적인 피부 장애를 치료하는 유용한 방법입니다. 레이저 Laser라는 용어는 다음과 같은 단어의 머리글자를 따온 것입니다.

① L : 빛 Light

② A : 증폭 Amplification by

③ S : 자극 Stimulated

④ E : 방출 Emission of

⑤ R : 방사선 Radiation

'자극된 방사선의 방출에 의한 빛의 증폭'으로 설명할 수 있고, 자세히 말하면 "180nm에서 1mm 범위의 파장을 가지는 전자기장을 생산하거나 증폭시킬 수 있는 장비"라고 정의되고 있습니다. 레이저 치료에 대한 여러 가지 용어가 사용되고 있어서 최근에는 광 자극치료 Photostimulation therapy라는 이름으로 사용하고 있습니다.

레이저의 분류

모든 레이저는 생물학적인 위험성에 따라서 분류됩니다. 즉, 레이저의 위험성에 따라 등급이 나누어지며, 잠재적인 손상의 정도는 레이저의 세기 및 에너지, 파장, 노출시간, 레이저 빔의 크기 등에 따라 달라집니다.

① 1세대 레이저 Class I Lasers는 조직의 손상을 유발하지 않으며, 이러한 레이저는 CD플레이어나 레이저 프린트 등에 사용됩니다.

② 2세대 레이저 Class II Lasers는 400~700nm의 파장을 가지고 있어서 가시광선의 영역에 속하는 것으로 일반적으로 세기는 1mW를 넘지는 않습니다. 밝은 빨간색 때문에 정상적인 사람은 광원에서 나오는 빛을 피할 수 있어서 시력의 손상을 유발하지는 않습니다. 2세대 레이저는 바코드 스캐너 등에 사용됩니다.

③ 3세대 레이저 Class III Lasers는 레이저 시스템의 중간정도의 세기를 가지고 있습니다. 치료용 레이저로 사용이 가능하며 직접적으로 노출될때 생물학적인 위험을 발생시킬 수 있습니다. 3세대 레이저는 레이저 포인터와 많은 저에너지 레이저 Low-Level Laser Therapy, LLLT에 사용됩니다.

④ 4세대 레이저 Class IV Lasers는 500mW 이상의 세기를 가지고 있습니다. 의료 분야에서는 수술용레이저, 치료용레이저로 다시 나뉘게 됩니다. 고출력 레이저이므로 레이저빔의 직접적인 노출뿐 아니라 반사된 빔에 의해서도 눈의 손상을 유발할 수 있습니다. 4세대 레이저는 치료용 레이저 중 가장 강력한 효과를 나타냅니다. 4세대 레이저 치료는 빨간색 적외선 빛을 적용하여, 상처 및 연부조직의 회복을 돕고 급성과 만성이 통증의 완화를 가능하게 합니다. 그뿐만 아니라 조직 치유의 속도, 질, 장력을 증가시키고 염증을 감소시키며 손상된 신경조직의 기능을 향상시키며, 침 치료 대신 사용되기도 합니다.

레이저의 안전과 주의사항

사무용품으로 사용하는 레이저 포인터라도 눈 손상에 대한 위험 표시를 볼 수 있습니다. 어떤 형태의 레이저라도 가장 중요하게 생각해야 할 것은 눈에 대한 안전입니다. 따라서 반려견과 재활 전문 치료사 수의사는 레이저 빔에 노출 되지 않도록 보안경을 착용하는 게 좋습니다. 동물과 사람의 눈은 가시광선을 흡수하는 것과 같이 적외선 파장을 흡수합니다. 이러한 빛은 각막을 거의 그대로 통과하며 초점이 맞게 되는 망막에 이르게 됩니다. 또한 장신구, 스테인리스 표면, 목줄에 달린 스테인리스 등에 의한 간접 반사도 주의해야 합니다. 치료를 받는 동안 반려동물 또한 보안경을 착용하여 눈을 보호해야 합니다, 만일 보안경 착용을 거부하는 반려동물이 있다면 두꺼운 검정색 천으로 눈을 가리는게 좋습니다.

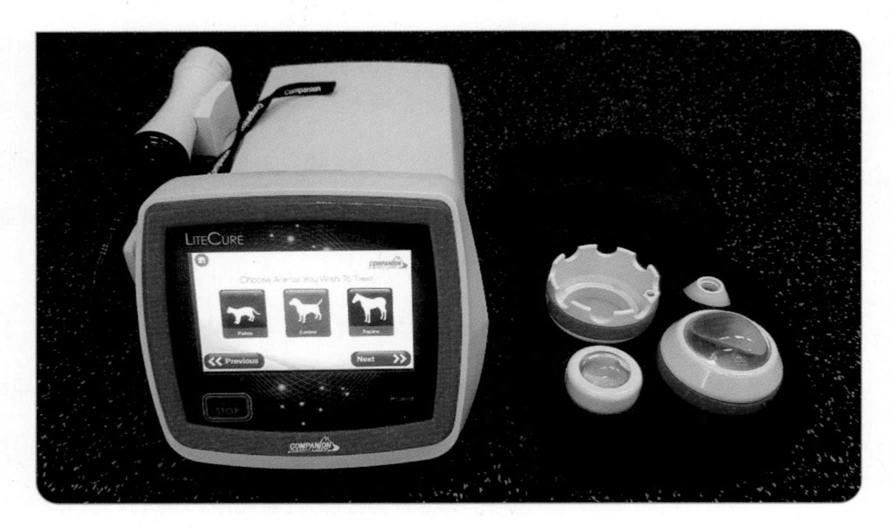

그림 7-10 _ 동물용 4세대 레이저 Class IV Lasers . 4세대 레이저는 고출력 고에너지 레이저로 상처치유와 진통 효과가 매우 우수합니다. 고출력 레이저이므로 눈에 대한 방어가 필요합니다.

레이저의 생리학적 특징

레이저는 조직 깊이 침투하여 세포 수준에서 생리학적인 과정을 자극하는데, 이를 광생체 자극이라고 합니다. 레이저는 일반적으로 건강한 세포에는 아무런 영향을 미치지 않습니다. 레이저 광자는 각 세포를 투과하여 세포막과 세포 내의 구조물들을 자극합니다. 이러한 광자에 반응하는 것을 광 반응성이라 하며, 세포내 미토콘리아는 광 반응성이 있습니다. 미토콘리아는 세포를 위한 에너지를 생산하는 세포내 기관입니다.

레이저 치료의 생물학적 효과

레이저 치료는 아래와 같은 10가지 생물학적 효과를 나타냅니다.

① **진통** Relives pain, Analgesis

최근 연구결과에서 레이저는 조직 깊숙이 침투하여 통증을 완화시킨다는 분명한 증거들을 보여주고 있습니다. 세포가 적절한 용량의 광자의 자극을 받게 되면, 세포 내에서는 β 엔톨핀이 생성됩니다. 뇌에 존재하는 엔돌핀은 몰핀이 작용하는 수용체와 같은 수용체에 부착하는 물질로 진통 효과가 나타나게 됩니다. 레이저는 NO Nitric Oxide의 생산을 증가시킵니다. NO는 통증 감각에 있어서 직, 간접적인 영향을 미칩니다. 직접적으로는 신경 전달물질이기 때문에 자극 전달 시에 정상 신경세포의 활동 전위를 위해 필수적입니다. 간접적으로 NO는 혈관 확장 효과가 있어서 신경 세포 관류와 산소화에 필수적입니다. 레이저는 근육을 이완시키고 통각 수용기의 역치를 증가시키며, 통증 감각의 활성도가 낮아집니다.

② **염증의 감소** Reduces inflammation

NO는 혈관 확장을 증가시켜서 미세순환을 촉진시킵니다. 또한 림프 순환을 촉진시켜 염증성 부종을 줄여주기도 합니다. 염증성 프로스타글란딘의 합성을 줄여주어 염증반응을 감소시킵니다.

③ **조직의 치유와 세포 성장의 가속화** Accelerates tissue repair and cell growth

레이저는 ATP 생성을 증가시킵니다. 이것은 세포의 에너지 수준을 증가시켜서 영양을 잘 흡수하고 노폐물을 효과적으로 줄일 수 있도록 돕습니다. 세포 분열 속도와 콜라겐합성 속도를 증가시키며, 섬유 아세포, 연골 세포, 골세포를 활성화 시킵니다. 이러한 재생 세포는 건, 인대, 뼈, 근육이 빠른 속도로 치유될 수 있게 도와주게 됩니다. 말초 신경 재생을 자극하기도 합니다.

④ **순환의 개선, 혈관 신생** Improves circulation, Angiogenesis

레이저는 혈관의 일시적인 확장을 일으켜 손상된 조직 내에서 신생 혈관의 형성을 자극하게 됩니다. 외상 등으로 인한 혈종의 흡수를 가속화 합니다.

⑤ **세포 대사율의 증가** Increases cellular metabolic activity

세포의 자극으로 ATP와 다른 세포 효소의 생산이 증가되어 세포 대사율이 증가하게 됩니다.

⑥ **섬유 조직 형성의 감소** Reduces fibrous tissue formation

레이저는 반흔 조직의 형성을 줄이면서 상처 치유를 촉진시킵니다. 이미 존재했던 딱딱한 반흔 조직은 부드러운 탄력조직으로 변하도록 자극합니다.

⑦ **신경 기능의 향상** Improves nerve function

신경세포는 신경섬유 활동 전위가 증가하게 되어 신호전달이 정상화 됨으로 재생이 촉진됩니다.

⑧ **상처치유 촉진** Accelerates wound healing

섬유아세포의 생산을 자극하여 조직 재생에 필수적인 콜라겐 합성이 촉진됩니다. 창상부에는 백혈구와 대식세포의 활동이 증가하게 되고 모세혈관은 레이저 자극 후 빠른 속도로 재생됩니다. 이로 인해 빠르게 상처치유 효과가 나타나게 됩니다.

⑨ **면역 조절의 자극** Stimulates immunoregulations

레이저는 면역 글로블린과 림프구 생산을 직접적으로 자극하게 됩니다.

⑩ 침 자리의 자극 Stimulates acupuncture and trigger points

레이저는 침 없이 침 자리를 자극하여 침의 효과를 나타낼 수 있습니다. 급성 및 만성 통각점에서 통증 완화 효과가 빠르게 나타날 수 있습니다.

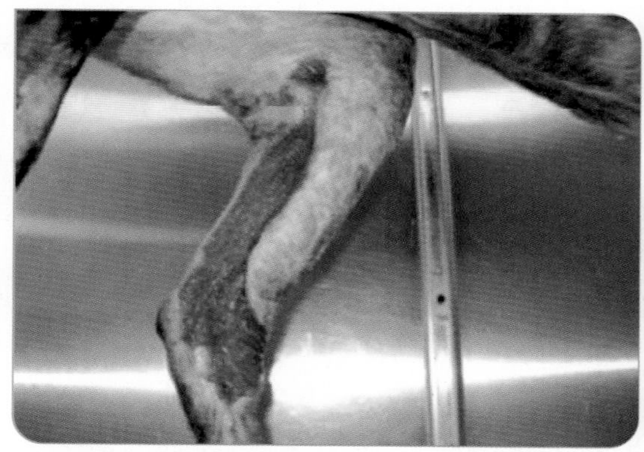
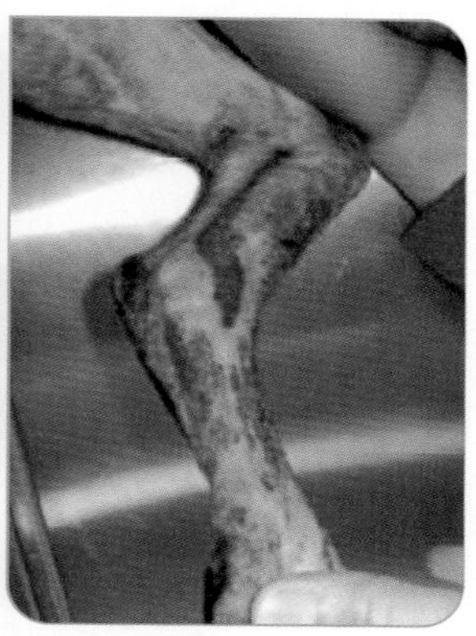

그림 7-11 _ 교통사고로 인한 외상환자의 레이저치료. 레이저는 섬유아세포 생산을 자극하여 조직 재생에 필요한 콜라겐 합성이 촉진되어 상처치유 반응이 빠르게 나타납니다.

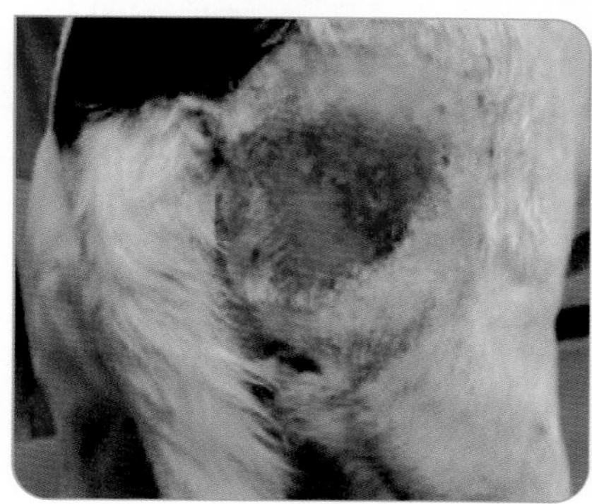
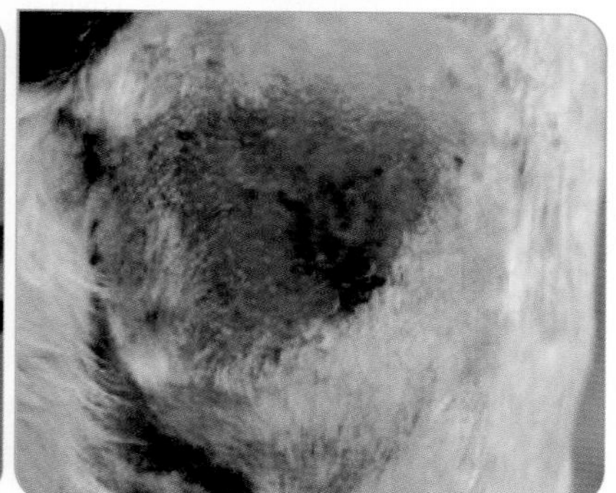

그림 7-12 _ 레이저 사용 시 피부 염증의 감소. 레이저는 혈관을 확장시켜 염증성 물질의 분비를 감소시켜 염증반응을 억제합니다.

레이저 치료의 금기사항과 고려사항

다시 한번 강조한다면 레이저 치료에 있어서 가장 중요한 금기 사항은 눈에 노출시키지 않는 것입니다. 이외에도 출혈 부위, 스테로이드 주사부위, 임신한 동물, 흑생종 및 피부암종, 광과민성 약물 복용 중 환자에게는 사용할 수 없습니다.

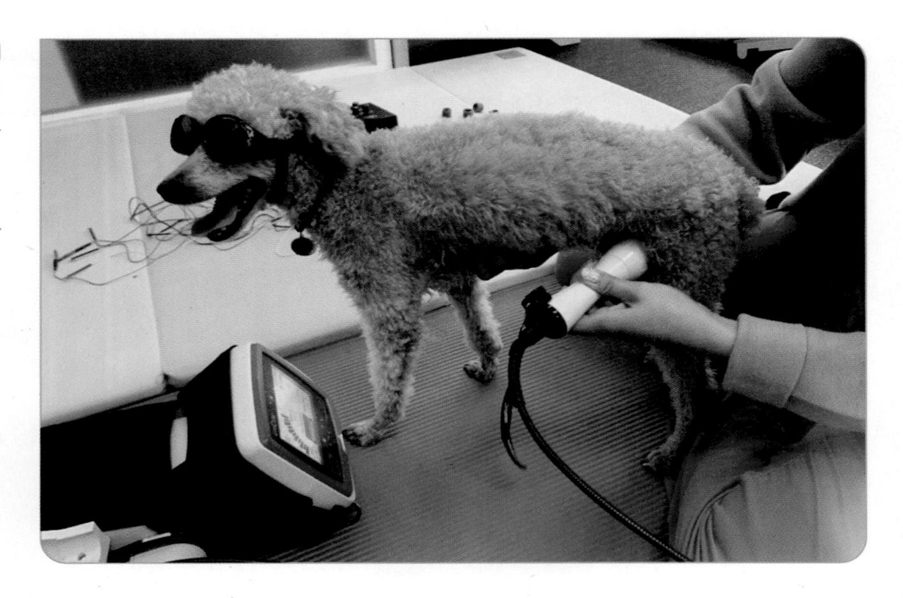

그림 7-13 _ 장요근 엉덩허리근 염좌환자의 레이저 치료. 4세대 레이저는 치료효과가 우수한 만큼 눈에 대한 위험도 높아서 보호안경을 착용하거나 눈을 보호하는 방법이 필요합니다.

레이저의 적용

① 상처치유

상처의 관리는 반려동물에게도 매우 중요한 치료가 되었습니다. 창상의 치유과정은 손상된 세포와 조직에 대한 신체의 자연적 재생과정입니다. 레이저는 상처치유의 모든 과정에 좋은 영향을 줍니다. 즉, 급성 창상이나 손상은 더 빨리 치유되며 만성 병변의 경우에는 새롭고 건강한 탄력 세포들로 리모델링됩니다.

② 피부질환

피부는 신체에서 가장 큰 기관이며 면역체계, 내분비 체계와 같은 신체 내부의 상태를 보여주기도 합니다. 이러한 이유로 피부질환은 다양한 원인들이 있으며, 피부염, 가려움증, 습진 등의 형태로 나타나게 됩니다. 레이저는 자가 손상성 피부염과 아토피 피부염에 좋은 효과를 보여주고 있습니다. 피부질환으로 인한 통증을 즉각적으로 완화시키고, 조직내의 염증 및 부종의 감소를 유도합니다.

③ 근골격계 질환

레이저는 근골격계 질환에서 염증과 통증의 감소, 관절 가동범위의 회복, 조직의 강도 회복의 목적으로 사용됩니다. 근골격계 질환의 주요한 치료 목적은 통증과 염증을 줄이는 것입니다. 통증과 염증의 감소는 곧 약물 사용의 감소를 의미합니다. 관절염으로 인한 통증으로 관절 진통제를 복용 중인 반려견에게는 약물을 줄일 수 있으며, 또는 약물 없이 진통 효과를 유지할 수 있습니다. 근골격계 재활의 중요한 목표는 치료받고 있는 조직 내의 유연성과 근력의 회복입니다. 골절 및 위축으로 인한 감소된 근육량에 레이저가 사용된다면 혈액 순환과 혈관신생의 증가, 세포 대사율의 증가, 섬유 조직 생성의 감소와 신경 기능이 향상되며 이는 곧 정상 기능 및 정상 활동으로의 회복을 의미합니다. 모든 근골격계 질환은 레이저 치료에 반응을 합니다. 운동성 회복, 근육과 관절의 강화, 통증을 줄이면서 수술 후 반려동물의 회복을 위한 재활치료에 사용될 수 있습니다. 레이저 치료는 수술 전에도 사용할 수 있고 수술 후에도 사용될 수 있으며, 다리의 기형에도 사용되기도 합니다. 다양한 근골격계 질환에서 레이저 치료는 부상 회복률을 높이고 삶의 질을 향상시킬 수 있습니다.

㉠ 고관절 이형성 엉덩관절 형성 이상

고관절 이형성은 통증이 심한 관절염을 유발하며 이로 인해 심각한 파행이 나타나게 됩니다. 이는 유전적 및 환경적인 인자들에 의해 나타납니다. 이형성으로 인하여 고관절에 이상이 있다면, 두 가지의 비정상적인 구조변화가 발생하게 됩니다. 첫째, 대퇴골두 넙다리뼈머리가 관골구 절구오목에 깊고 딱 맞게 위치하지 않게 됩니다. 이렇게 되면 유격이 발생하게 되어 불안정성을 나타나게 됩니다. 두 번째로 대퇴골두와 관골구가 부드럽고 둥글지 않고 불규칙한 면을 가지고 있게 되어 관절이 운동할 때마다 닳거나 마찰이 발생하는 것입니다. 이에 대해서 신체는 다양한 방법으로 반응하게 됩니다. 첫 번째 반응으로 관절은 지속적으로 스스로를 회복시켜서 새로운 연골을 만들게 됩니다. 그러나 연골의 재생은 상대적으로 느리게 일어납니다. 그래서 관절은 비정상적으로 마모되어 퇴행성 변화가 일어나게 되고 체중 지지를 제대로할 수가 없게 됩니다. 관절은 염증이 생기면서 연골 손상의 회로에 들어가게 되고 통증을 수반한 염증이 시작됩니다. 이는 점차 악순환되면서 관절의 뼈들은 골관절염이 발생하게 되면 방사선상 신생골을 확인할 수 있습니다. 이 질환의 중요성은 고관절 이형성은 평생에 걸쳐서 진행되는 질병이기 때문에 어린 개체라면 나이가 들어서도 만성적인 통증과 함께 살아갈 수 있다는 것입니다. 이와 같이 통증을 가진 반려견은 초기에 임상증상을 쉽게 드러내지 않습니다. 걷다가 주저앉는다든지, 걷기 혹은 오르기를 주저하거나, 평소에 잘하던 운동을 안 하려는 모습을 보일 것입니다. 이러한 초기 단계에서는 비약물적인 통증 관리를 위해 레이저 치료가 효과적인 방법이 될 수 있습니다.

ⓛ **추간판 질환** 척추원반질환, Intervertebral disk disease, IVDD

추간판 질환은 척추체 사이 디스크 물질이 여러 퇴행성 변화를 거치면서 변성되거나 돌출 및 탈출되어 나타나는 질환입니다. 이러한 변화는 척수에 두 가지 손상을 줄 수 있는데 이것은 압박 Protrusion, 돌출과 탈출 Extrusion입니다. 압박은 추간판의 섬유테의 섬유퇴행으로 돌출 되어, 척수 신경에 물리적인 압력이 지속되어 신경 증상 파행, 운동실조을 유발합니다. 추간판 물질의 탈출은 물리적인 충격에 의해 빠르게 탈출 되는 디스크에 의해 유발되어 척수에 현저하게 부종 및 변성을 일으켜 신경세포 소실로 이어지는 것입니다. 타박을 발생시키는 것은 주로 급성의 충격입니다. 대부분의 디스크 파열은 압박과 타박을 함께 발생시킵니다. 디스크 탈출 과정, 힘의 종류와 세기, 발생 기간이 신경 기능소실과 신경 손상의 범위를 결정하게 됩니다. 척수를 지나는 표면의 신경을 손상시키는 작은 손상은 운동 실조로 이어집니다. 척수는 더 깊은 손상을 입게 되면 보행 불가한 마비 상태로 나타나게 됩니다. 이러한 신경조직에 레이저 치료를 하게 되면 척수와 주변 조직에서의 통증 및 염증의 완화가 나타나고, 척수의 충격에 의한 척수 부종의 감소 신경 세포의 대사율을 높여서 신경 세포의 활동 전위가 활성되어 신경재생이 이루어지게 됩니다. 근경련을 완화 시킴으로서 주변 근육의 긴장 완화 효과를 나타나게 됩니다. 추간판 질환 수술환자에게 레이저 치료를 실시한다면 수술 후 즉각적인 통증 및 염증 완화, 부종 감소, 조직 치유 속도의 가속화, 신경회로의 정상화가 이뤄지게 됩니다.

ⓒ 골절의 지연 유합과 유합 부전

수술 과정에 문제가 없다면 대부분의 골절은 비교적 유합이 잘 이루어집니다. 그러나 골절 손상에 따라 때론 정상적으로 치유되지 못하고 유합이 늦어지거나 유합 부전과 같은 비정상적이 반응이 나타나기도합니다. 골절부 말단부에 지속적으로 움직임이 확인되거나 손상 이후 6개월이 지나고 유합이 되지 않는 경우를 지연유합이라 합니다. 지연 유합이 진행되면 유합 부전이 발생하게 됩니다. 우리가 볼 수 있는 많은 환자들 중에서 자주 발생하는 요척골 노자뼈 골절의 경우 가느다란 뼈와 장기간의 체중 지지의 지연으로 지연 유합이 나타날 수 있습니다. 골 치유에서 중요한 것은 체중 지지 등을 통해 골절 부위의 세포에 기계적인 자극을 주는 것입니다. 레이저는 수술 부위의 통증과 부종을 빠르게 감소시켜 체중 지지를 할 수 있도록 도와줍니다. 또한 레이저는 골절 부위의 세포를 자극하여 섬유아세포, 골 아세포 및 다른 조직 재생 세포의 활성화를 만들어내며 미세 순환의 개선, 혈관 확장을 통해 골 유합이 촉진시킵니다.

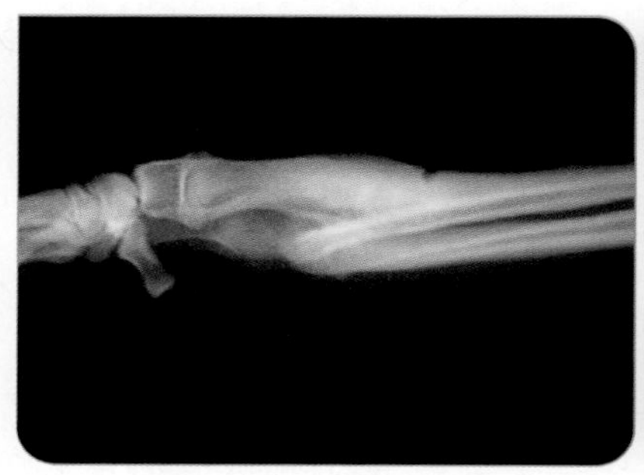
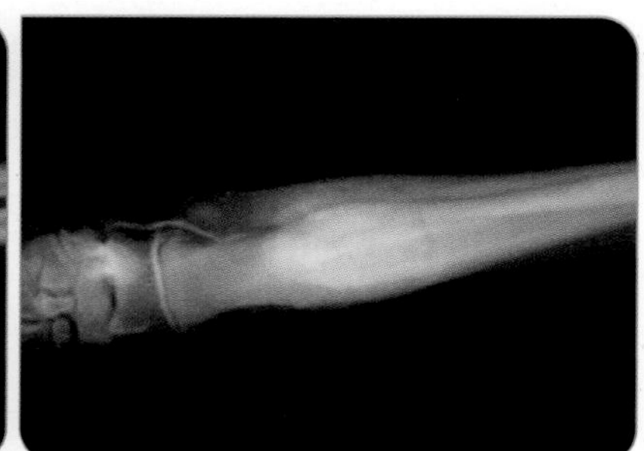

그림 7-14 _ 요척골 골절 환자의 레이저 사용. 레이저는 비유합성 골절이나 미세골절에서 골절 부위의 세포를 자극하여 골유합을 촉진시킵니다.

4. 체외충격파 치료 Extracorporal shock wave therapy

체외충격파의 발전

체외 충격파 치료는 초음속 비행기나 폭발, 빛의 변화와 같이 극단적으로 압력이 변하는 기체, 액체, 고체 형태의 탄성체에서 생성된 강한 압력을 가진 초음파 충격 에너지를 한 초점에 집중시켜 손상된 조직의 재생을 유도하는 비침습적인 치료요법으로써 1976년 사람에서 신장과 담관의 결석을 분해하는데 사용된 이래 다양한 분야에서 새로운 치료 방법으로 시도되고 있습니다.

1995년 독일충격파학회에서는 견관절 석회성 건염, 족저근막염, 주관절 외상과염 그리고 가관절증에 체외충격파 치료가 사용될 수 있음을 보고하였고, 2000년대 미국 FDA Food and Drug Administration에서 만성 족저 근막염의 치료 수단으로 체외충격파를 승인하였습니다.

동물의 파쇄술 연구 중 골반에 대한 충격파의 영향으로 뼈에 대한 치유를 향상시키는 것을 확인하게 되었습니다. 이들 연구에서 체외 충격파에 노출된 뼈가 현저한 골 형성반응 특히 가골형성 및 뼈 리모델링이 된다는 것을 알게 되었습니다. 체외충격파의 사용은 지연유합 및 비유 합성 골절뿐만 아니라 발바닥 근막염, 석회화된 건염 및 대퇴골두 괴사와 관련된 통증과 같은 사람의 근골격계 질환의 치료를 위해 사용하고 있습니다. 동물에서는 주로 말에서 사용되고 있었으나, 최근에는 반려견의 관절염, 건염, 인대손상 등에 사용되고 있습니다.

발생원리

체외 충격파는 신체 외부에서 생성되는 고압 및 고속의 음향파입니다. 이 파동은 고진폭 음압 20~100MPa 과 약 5~10 나노초의 짧은 형성 시간, 약 10MPa의 음의 편향으로 기준선에 대한 지수 함수형 감쇠와 300나노초의 사이클 타입으로 특징지어집니다. 이 압력파는 주파수가 낮고 조직 흡수가 적으며 열 효과가 없기 때문에 초음파와 다릅니다. 체외충격파는 그 발생 기전에 따라 크게 세 가지로 나눌 수 있는데, 물을 이용한 전기적 스파크에 의한 충격파가 발생하는 전기수압방식 Electro-hydraulic type, 고빈도 고에너지 펄스에 의해서 발생하는 압전기 방식 Piezoelectric type, 전기 충격이 금속성 막을 움직일 때 발생되는 전자기 방식 Electromagnetic type이 있습니다. 충격파는 각각의 발생 방식에 따라 치료 부위의 압력 분파가 다르다고 보고되며, 초당 충격파 횟수, 유속 밀도와 초점 크기 등으로 정의되는 에너지 총량, 충격파 유도 방법에 따라 치료 효과의 차이가 있다고 알려져 있습니다.

체외충격파의 종류

체외충격파는 발생하는 원리에 따라 크게 초점형 Focus type과 방사형 Radial type으로 나눌 수 있습니다. 초점형은 집진판을 통해 충격파를 한 지점으로 모으는 방식이고, 방사형은 진자 등을 이용해 공기를 압축해 충격파를 발생시키는 방식입니다. 때에 따라서 초점형은 고에너지 체외 충격파, 방사형은 저에너지 체외 충격파로 불리어지기도 합니다. 체외 충격파 치료시 충격파를 집중시키는 위치를 초점지역 Focal area라고 하며 이는 최대 방출에너지의 80%가 도달하는 영역을 말합니다. 초점지역에서의 에너지는 충격 Impulse당 에너지 움직임 밀도 Energy Flux Density, EFD로 정의하며 단위면적당 Joule로 기록합니다. 일반적으로 EFD가 0.1mJ/mm^2 미만인 경우를 저에너지 충격파로 0.2mJ/mm^{2}에서 0.4mJ/mm^{2}인 경우를 고에너지 충격파로 분류합니다. 초점형 체외충격파는 보다 깊은 조직까지 도달할 수 있는 반면 방사형 체외충격파는 체내에서 5~10mm 가량만 도달할 수 있습니다. 따라서, 초점형 체외충격파는 골절이나 무혈성괴사와 같이 체내 깊은 조직에 사용되며, 방사형은 근육이나 연부조직의 통증에 주로 사용됩니다.

그림 7-15 _ 초점형 포커스. 초점형은 고에너지 체외 충격파, 방사형은 저에너지 체외 충격파로 불리어지기도 합니다, 멀티 포커스는 충격파를 집중시키는 위치를 초점지역이 다양하게 나타나기 때문에 치료 효율이 높습니다. 좌 : 멀티포커스, 우 : 싱글포커스

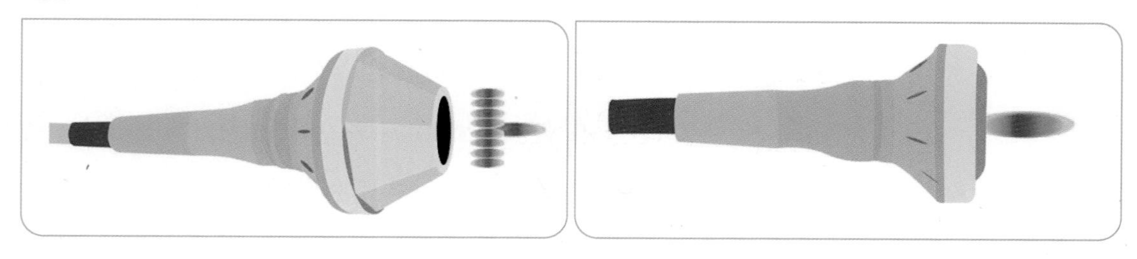

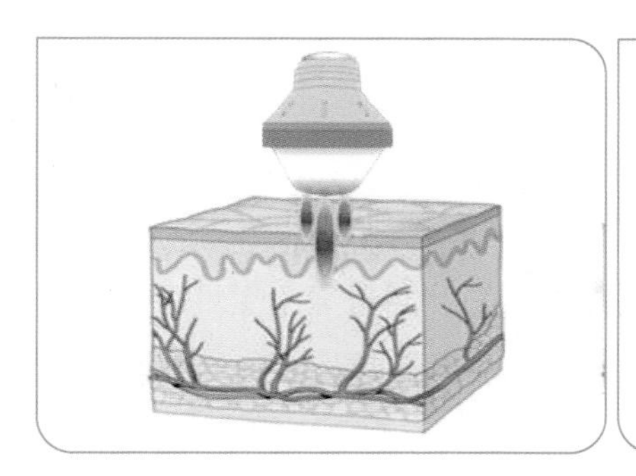

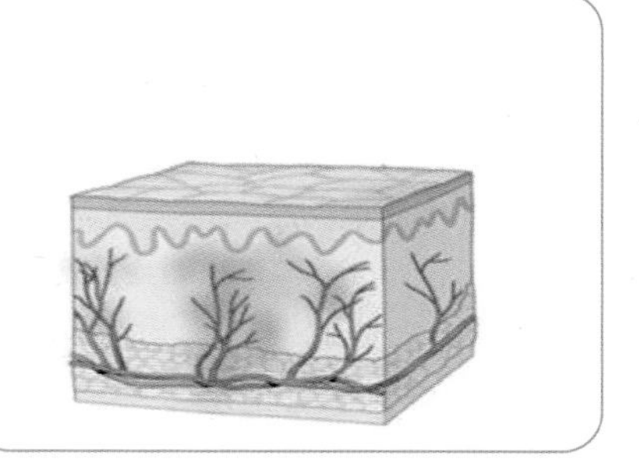

그림 7-16 _ 체외충격파의 효과. 체외충격파의 미세한 충격은 조직에서 혈관생성을 자극하고 혈관을 확장시킵니다. 좌 : Before, 우 : After

작용기전

체외충격파 치료가 어떻게 근골격계 질환에 있어서 치료 효과를 나타내는지 잘 알려져 있지 않지만, 몇 가지 가설과 이론이 설득력을 얻고 있습니다. 미세손상 이론은 체외충격파 에너지가 병변 부위에 반복적으로 조사되어 미세손상을 유발하여 신생혈관 생성을 유도하여 조직의 치유가 촉진된다는 것입니다. 만성 통증에 대한 중추신경계의 인지 저하 이론은 충격파에 의해 발생한 병변 부위의 미세 염증이 만성 통증에 반응을 보이지 않던 뇌에 병변 조직의 치유 반응을 하라는 명령을 보냄으로써 병변 부위에 호전이 이루어진다는 이론으로 알려져 있습니다. 마지막으로 공동화 현상 파쇄 이론은 충격파가 통과할 때 분자들이 진동하여 공동화 거품인 기포를 만들게 되는데 이 기포는 석회성결절을 분쇄시켜 제거합니다. 토끼에서 우측 아킬레스건의 골 부착부에 충격파를 주고 좌측엔 충격파를 주지 않은 상태에서 양측의 조직검사를 시행하였는데 충격파를 준 부위에서는 현미경상 새로운 혈관들이 증식되어 있는 것을 확인하였고 면역조직 화학 분석상 혈관 생성 관련 인자들이 발견되었습니다. 이는 충격파에 의한 혈관의 생성을 의미하는 것이며 조직으로의 혈액 공급 증가와 조직 재생의 중요한 기전으로 생각할 수 있습니다. 충격파는 에너지의 소실 없이 연부조직을 통해 전파될 수 있는 일종의 음파인데, 이러한 현상은 신체조직들이 유사하게 음향에 대하여 저항을 지니고 있기 때문에 가능합니다. 따라서 충격파가 각기 다른 저항을 가진 여러 조직을 통과할 때 일부는 방출되고 일부는 반사되며 어떤 부분은 진행하게 되는데 석회성 결절이나 요로결석과 같은 진행을 방해하는 장애물이 충격파에 도달하면 여분의 모든 에너지를 방출하게 되기 때문에 충격파에 의해 석회성 결절이나 요로결석이 제거됩니다.

체외충격파의 적용

체외충격파는 대부분의 반려견에게 진정이나 마취가 필요없으며 단시간에 적용함으로써 비침습적인 재활치료 방법이 될 수 있습니다. 체외충격파의 강도는 환자의 반응을 확인하면서 조절할 수 있으며 공기와의 접촉을 없애기 위해 피부와 어플리케이터 사이에 초음파 젤을 사용해야 합니다. 관절에 사용할 경우 관절낭에 포커스를 맞춰야 하며 인대 또는 심한 부상, 통증, 부종이 있는 환자는 병변 부위보다 먼 위치에서 접근해야 합니다.

그림 7-17 _ 동물용 체외충격기. 체외충격기는 세기Power, 초당횟수speed, 적용 충격파의 횟수를 치료목적과 부위에 맞게 세팅할 수 있습니다.

치료프로토콜은 제조사마다 다르지만 보통 한 부위에 500~1000의 횟수로 충격파를 적용하게 됩니다. 상처는 낮은 에너지로, 골절 및 골관절염 등에는 높은 에너지를 사용해야 합니다. 최적의 치료 횟수는 환자의 상태 마다 다르지만 보통 주 2~3회 정도가 권장됩니다. 흔하게 일어날 수 있는 부작용으로는 고에너지 체외충격파 적용 시 점상 출혈과 타박상이 발생할 수 있으며 이외에 특별한 부작용 보고는 되어있지 않습니다.

① **진통** Analesia

진통 및 조직 치유에 대한 기전 역시 명확히 밝혀지지 않았지만 위에 언급한 만성 통증에 대한 중추신경계의 인지 저하 이론으로 설명이 가능합니다. 사람의 경우 급성보다는 만성적인 영향을 받은 환자에서 일관된 통증 감소효과가 입증되었습니다. 충격파는 사이토카인 Cytokine의 생성 및 성장인자, 내피산화질소 합성효소 eNOS와 골형성 단백질 BMP를 유도하여 이러한 인자들로 인해 단기 진통과 함께 염증 부종 감소 효과가 있습니다. 체외충격기의 효과에 대한 연구 등에 의하면 체외충격치료는 통증 감소 기능을 억제하는 신경 부위에 세로토닌의 활성도 증가로 일어난다고 밝혀졌습니다. 이러한 이유로 사람에게서는 족저근막염의 통증 감소에 코티솔주사보다 체외충격파가 더 효과적이었다고 보고하고 있습니다.

② **연골 및 연골세포** Cartilage and Chondrocytes

체외충격파는 골 관절염과 같은 관절 상태에 대한 효과적인 치료 방법으로 주목받고 있습니다. 연구자들에 의하면 고관절에 충격파를 적용할 경우 21일째 효과가 우수했으며, 98일 동안 유지되었다고 합니다. 충격파는 골관절염의 진행을 감소시켜 골관염에 유용한 치료 방법임을 알게 되었습니다. 또한 고관절의 관절염으로 고통받는 16마리의 반려견을 대상으로 체외충격파를 적용한 결과 통증 감소와 대퇴 근력 향상의 장기적인 효과를 밝혀내기도 하였습니다. 체외충격파를 골관절염에 적용할 경우 통증 감소의 효과로 보행 개선 및 근력 증가와 함께 관절의 안정과 기능이 모두 향상되었습니다. 따라서 골관절염에 체외충격파를 사용할 경우 관절의 가동 증가와 근력 향상, 파행이 개선되는 등 다양한 고관절염을 치료하는데 효과적인 방법입니다.

③ **힘줄과 인대** Tendon & Ligaments

힘줄과 인대에 체외충격파를 적용하게 되면 신생 혈관의 형성을 촉진시켜 힘줄 세포의 증가와 함께 조직 재생이 더불어 일어나게 됩니다. 힘줄과 인대는 혈관이 매우 적은 조직으로 이 부위에 손상이 발생하게 되면 통증과 파행을 동반하게 되며 치유기간이 상대적으로 길어집니다. 힘줄과 인대가 50% 이상의 손상을 받게 된다면 최소 6개월에서 1년 이상의 치유 기간이 필요합니다. 오랜 치유 기간에도 불구하고 100% 완전한 조직 재생을 이뤄지지 않습니다. 체외충격파의 신생혈관 형성의 효과로 인해 십자인대파열, 슬개골 탈구 수술 후 적용하게 된다면 뼈와 그 주변의 힘줄과 인대에도 빠른 치유 반응을 기대할 수 있습니다. 활동성이 많은 반려견은 어깨인대 손상, 무릎인대 손상과 같은 인대 손상이 많이 나타나게 되며, 만성적인 힘줄과 인대손상 염증, 파열 환자에게 체외충격파 치료를 실시하게 되면 좋은 효과를 볼 수 있습니다.

④ **지연성 골유합 및 골절치료** Bone healing

제한적이긴 하지만 체외충격파는 비수술적인 골절 치유에 효과적인 치료 방법이기도 합니다. 대퇴 골절에 대한 체외충격파의 시행에서 골절 부위의 골강도 및 골밀도의 증가 등 임상적, 방사선학적으로 좋은 결과가 보고되어 있습니다. 이는 세포 간 신경전달 경로를 활성화시켜 뼈가 되는 골모 세포의 증식 및 분화를 유발하고 골절 부위의 혈관형성 및 골민도 증가와 골강도가 증가되어 뼈의 생역학적 특성을 향상시키는 작용으로 나타나고 있습니다. 지연성 골유합이나 골절 후 치료로 체외충격파를 사용 시 통증 감소, 혈액순환 촉진, 골조직 유발인자 촉진 등의 효과가 나타나게 되어 지연성 유합이나 부전 유합, 피로골절등에 있어 안전하고 효과적인 방법으로 사용되고 있습니다. 사람에서는 골다공증성 골절에 저강도 에너지의 체외충격파가 효과적이었다는 보고가 있습니다.

⑤ 연부조직과 상처치유 Soft tissue and wound healing

체외충격파가 미세 손상을 통해 신생 혈관의 발생을 유도하고 조직 재생을 촉진시킨다는 사실이 밝혀지면서 연부조직 창상의 치유에 자연스럽게 사용되고 있습니다. 연구에 의하면 사람의 당뇨성 발궤양치료 시 충격파와 고압산소치료의 효과를 비교한 결과 체외충격파가 보다 우수했다는 보고가 있습니다.

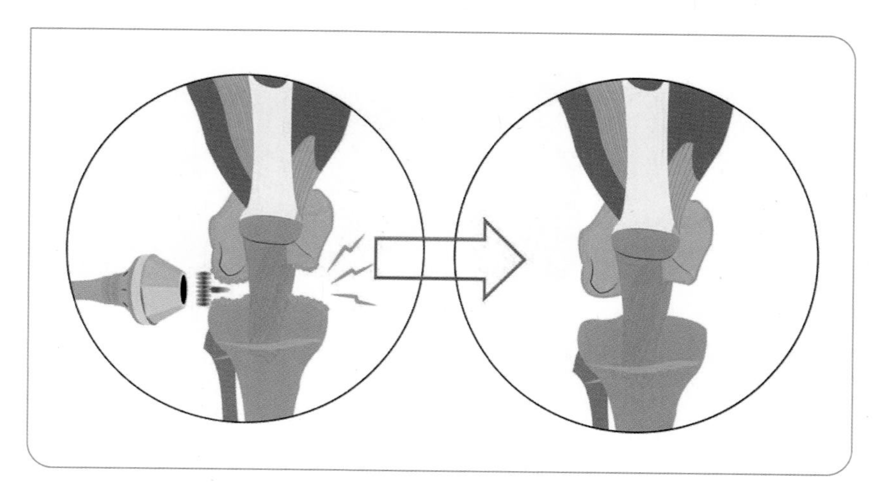

그림 7-18 _ 체외충격파의 관절염 적용. 체외충격파를 골관절염에 적용할 경우 통증 감소의 효과로 보행 개선 및 근력 증가와 함께 관절의 안정과 기능이 모두 향상되었습니다.

피부궤양 환자들에게 사용할 경우 뚜렷한 삼출액 감소, 육아 조직의 증가, 창상의 크기 감소와 더불어 통증 감소 효과가 있습니다. 상처 조직에 저강도를 충격파를 자주 사용하게 될 경우 상피재생 효과와 상처 크기의 감소 효과가 뚜렷하게 나타납니다.

체외 충격파의 주의 사항

이러한 우수한 효과를 가진 치료 방법임에도 몇몇 금기사항을 주의해야 합니다. 면역매개성 관절질환, 감염성 관절염, 종양 부위에서는 사용해서는 사용을 금지해야 합니다. 또한 디스크, 불안정골절, 명확하게 신경학적 손상이 밝혀지지 않은 환자, 가스로 채워진 기관, 폐, 뇌, 심장, 주요 혈관 및 임신 자궁에서는 사용해서는 안 됩니다.

그림 7-19 _ 십자인대 부분 파열 환자의 체외충격파 치료

결론

체외 충격파 치료는 반려견 재활에 여러 응용 분야를 가지고 있습니다. 상처 치유, 골관절염, 지연 및 비유합 골절, 인대 및 힘줄 상태는 ESWT 치료

에 긍정적인 영향을 주는 것으로 보입니다. 또한 연구에 의하면 진단된 손상 받은 척수 질환환자에게도 좋은 치료반응이 확인되었습니다. 반려견은 소형품종부터 대형품종까지 다양하게 존재하므로 골, 관절, 신경관련 질병에 대한 최적의 치료를 제공하기 위해 에너지 수준, 충격 횟수 및 적용 빈도에 관한 임상 프로토콜이 필요합니다.

5. 경피신경 전기자극요법

TENS, Transcutaneous Electrical Nerve Stimulation

통증을 완화하기 위해 사용하는 경피신경 전기자극 요법을 TENS라고 합니다. 이 방법은 운동신경보다는 감각신경을 자극하여 통증을 느끼는 통증 지각을 감소시킬 수 있다고 하는 이론으로 설명되고 있지만, 이 또한 통증을 감소시키는 정확한 기전은 명확하게 밝혀지지 않았습니다.

전기 자극 요법의 고려사항

반려동물을 치료 할 때는 항상 시술자의 안전을 고려해야 합니다. 전기자극요법을 처음 사용할 경우에는 전기자극으로 인하여 뜻하지 않은 공격성향을 나타낼 수 있으므로 주의해야 합니다.

일반적으로 전기자극요법을 사용하기 위해서는 전기자극을 주고자 하는 근육 위에 전극을 올려놓아야 합니다. 전극에서는 조직으로 전류를 전달하기 위해 접촉 매질이 필요하며 어떤 전극은 전도성 고분자로 덮여 있기도 하고, 실리콘 고무 전극은 초음파 젤을 바른 후 사용합니다. 반려동물이 두꺼운 털에 덮여있는 경우라면 삭모가 필요할 수도 있습니다. 전극의 크기는 적용하는 부위의 근육과 맞아야 합니다.

근육에 비해 전극이 너무 크거나 작을 경우 최대의 효과를 보기 어렵습니다. 작은 사이즈의 전극은 치료 범위가 작을 경우 사용합니다. 전극이 서로 접촉되지 않아야 하며 전극에 바르는 초음파 젤과 같은 접촉 매질과도 닿지 않아야 합니다. 이는 전극이 서로 닿게 되면 한 전극에서 환자의 근육으로 전류가 전달되지 않고 다른 전극으로 전류가 흐르기 때문입니다.

전기자극요법을 처음 사용하는 경우 편안한 자세에서 사용해야 합니다. 이후 전기자극요법에 대해 익숙해지게 되면 서있는 자세에서 사용하게 될 경우 근육에 미치는 운동조절능력을 증가시켜 더 효과적입니다.

전기요법의 적용

근력 향상이 치료의 목적이라면 신경근 전기자극요법 NMES, Neuro-Muscular Electro Stimulation은 정형외과와 신경손상 모두에서 사용할 수 있는 치료 요법입니다. 치료의 목적이 통증 감소를 위한것이라면 TENS 경피신경 전기자극요법이 좋습니다. 진통제를 복용하면서도 통증을 호소하는 환자가 있다면 TENS가 더 효과적 일수 있습니다. TENS는 전류가 흐를 때만 치료효과가 있기 때문에 수동적자세에서 적용을 하거나 특히 능동 운동을 할 때 적용한다면 떨어지지 않도록 환자에 고정을 하는게 중요합니다.

전기요법의 주의사항 및 부작용

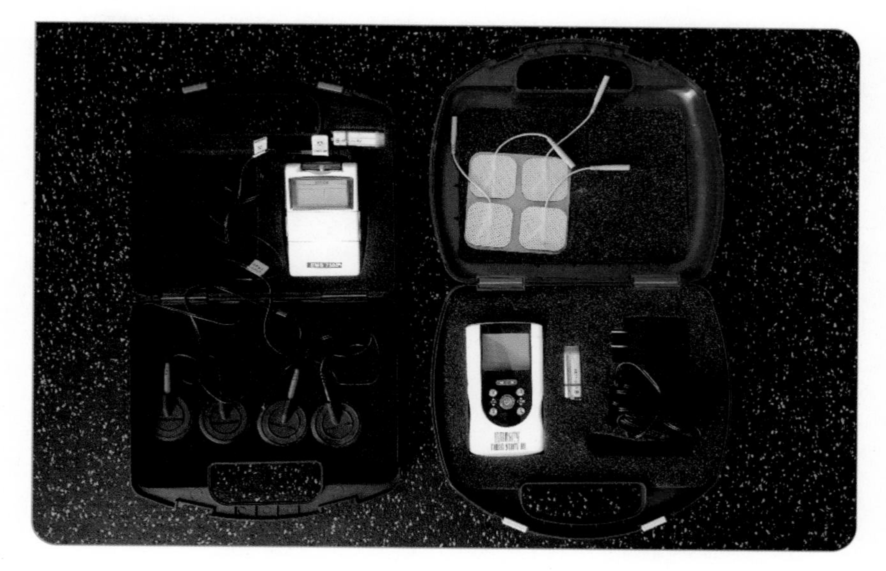

그림 7-20 _ 전기자극 치료기. 전기자극 치료기는 다양한 회사의 제품이 있으며, 전극은 실리콘 전극과 매질이 붙어있는 전극이 있습니다.

전기 요법을 사용할 때 주의사항은 감각이 감소한 부위, 직접적으로 상처나 피부자극이 되어 있는 부위에는 적용할 수 없습니다. 골절의 위험성으로 인해 골다공증환자나 전류가 전도되지 않는 많은 지방을 가진 비만환자에게는 사용할 수 없습니다. 감염이나 종양, 임신이나 혈전증 또는 혈전 정맥염, 발작 질환이 있는 환자에서는 사용하면 안됩니다.

2절 수치료

수치료는 물속에서 실시되는 모든 운동과 도수 치료를 포함합니다. 수치료 Hydrotherapy는 그리스어로 "Hydro 물, Water"와 "Therapeia 치유, Healing"에서 유래되었습니다. 수치료는 따뜻한 물에 들어가는 것으로 넓은 의미에서 수중운동치료 Aquatic exercise therapy의 한 분야라고 할 수 있습니다. 수중운동치료는 운동치료와 물리치료의 결합으로 볼 수 있으며, 재활분야에서는 포괄적인 치료방법입니다. 환자들에게 적용되는 수중 치료는 정형외과 수술 후 재활, 신경계 환자의 재활, 증진과 관절가동범위의 증가, 고유자세반응의 개선, 비만견의 체중관리, 스포츠견의 재활과 부상 방지, 노령견의 규칙적인 운동에 사용할수 있습니다. 또한 사지마비환자에서 치료사 수의사의 도움으로 수영 치료를 하게 되면 관절가동 증가와 혈액순환의 개선효과를 볼 수 있습니다. 수중에서 치료사 수의사와 신체적 접촉은 환자에게 정신적 안정감을 주는 효과도 있습니다.

무엇보다 수치료의 장점은 통증없이 자연스럽게 기능적 운동을할 수 있도록 도와주는데 있습니다. 육상에 균형을 잡지 못하는 환자들도 반복적인 치료로 물속에서 균형을 잡고 서있을 수 있습니다. 물의 저항과 따뜻한 온도는 신진대사 증가와 체중 감소를 촉진하고 동시에 근력을 증가시킵니다. 수중 트레드밀 UWTM, Underwater treadmill 은 체중부하 감소시킬 수 있어서 관절염으로 통증, 신경손상으로 인한 파행환자들이 보행할 수 있도록 도와줍니다.

수중 트레드밀은 환자의 상태에 따라 물의 온도, 높이와 속도를 조절할 수 있는 장치로 수영치료에서할 수 없는 보행 훈련이 가능합니다. 수치료는 물의 부력, 정수압, 점성, 유체역학 및 저항을 포함한 고유의 특성으로 이용하는 치료법입니다. 따라서 수치료를 효율적으로 실시한다면 환자의 재활치료는 물론 일반 반려견의 상태를 유지하는데 매우 큰 장점이 있습니다. 수영은 여과장치가 갖춰진 수영장이 필요하며 환자와 치료사 수의사 의 안전을 위한 여러 가지 장치가 필요합니다. 가장 많이 사용되는 수치료인 수중트레드밀 UWTM 은 사이즈별 구명조끼, 슬링, 하네스, 스폰지 봉 등의 옵션을 추가하여 사용할 수 있습니다. 수중 트레드밀 UWTM 를 사용할 때는 물의 온도, 트레드밀의 속도, 물의 깊이, 저항 및 지속시간을 환자의 상태와 치료 목적에 따라 적절히 변경해야 합니다.

그림 7-21_수중 트레드밀 UWTM, 수중러닝머신은 운동치료와 물리치료의 포괄적인 재활치료 방법입니다. 수중보행치료시에는 환자가 수중 보행을 할 수 있도록 일정시간 수중 적응기간이 필요하며 간식과 장난감 등의 동기부여가 필요합니다. 물에 대한 공포증이 있는 환자는 수중 치료의 적용을 다시 한번 고려해야 합니다.

수치료의 소개

현재 반려견 재활에 수치료는 널리 이용되고 있으며, 많은 이점이 있습니다. 사람에서 수치료의 도입은 생리학에 관한 과학적 연구와 물의 특성을 치료에 적용하는 것으로 시작되었으며 지금은 재활 분야를 뛰어넘어 스포츠 의학의 혁명을 가져왔습니다.

통증은 많은 반려동물들에게 가장 많이 발생하는 중요한 문제입니다. 통증이 발생하게 되면 해당부위의 연부조직 근육, 인대, 힘줄과 뼈에 불용성 위축과 함께 운동에 대한 기능 장애의 원인이 됩니다. 수치료 Hydrotherapy는 움직임을 좀더 편안하게 해주고 기능적, 기계적 운동을 통증없이할 수 있는 운동이기도 합니다.

물의 온도가 30~34℃에서는 근육이 이완되고, 신체는 정수압에 의해 영향을 받습니다. 수치료 Hydrotherapy는 신체 균형과 보행의 개선에도 도움됩니다. 즉 균형감각이 감소된 신경, 근골격계 환자에서 균형잡기는 육상에서 보다 물속에서 더 일찍 더 안전하게 적응할 수 있습니다. 바른 자세를 잡기 위한 조기 훈련뿐만 아니라 근력 증가, 균형감각 개선 그리고 보행 개선시킬 수 있습니다. 수치료는 신진대사를 증가시켜 체중과 지방을 감소시키고, 근육강화를 개선하는데 도움이 되며 꾸준한 수영이 빠른 수영보다 지방 감소에 효과적입니다.

수영은 달리기와 같은 다른 육상훈련보다 신체의 근육을 더 완벽하게 사용하게 됨으로 전체적인 근육과 관절의 기능 발달에 도움이 됩니다. 특히, 관절의 가동범위는 육상보다 수중에서 더 크게 증가했다는 연구가 보고되고 있습니다.

수치료의 주의사항

수술한 환자에게 수치료를 실시할 경우 술부의 감염 우려와 손상을 대비하기위하여 수치료 전에 봉합 스테플러와 봉합사를 제거해야 합니다. 수술부위에 염증이 있다면 발사 후 염증이 개선된 후 수치료를 실시할 수 있습니다. 근위축이 심하거나 어린 나이의 신경계환자에서처럼 수치료를 빨리 해야할 경우 봉합사와 스테플러 발사를 수의사의 지시에 따라 미리 제거할 수도 있습니다. 후두마비나 운동호흡곤란 등 호흡 질환, 구토, 설사 등의 소화기 환자, 경미한 공격성이 있거나 물에 대한 공포와 같은 행동장애를 가진 환자들은 이에 대한 예방 계획을 마련하고 수치료를 실시해야 합니다. 물을 사용하기 때문에 수치료실 Hydrotherapuetic room은 적절한 실내 온도와 신체의 열손실에 대한 대비를 해야하며, 긴털을 말리기 위한 드라이 설비가 갖춰져 있어야합니다. 물이 넘치거나 다른 곳으로 누수 되지 않도록 완벽한 방수와 배수시스템이 있어야 하며 이때 사용되는 물은 항상 깨끗한 상태를 유지할 수 있도록 소독과 여과에 신경을 써야합니다. 수치료시에는 보행상태, 근육의 긴장도, 관절의 각도 등을 평가하기위해 털을 깍는 것을 추천합니다.

수치료에서 알아 두어야할 물의 물리적 특성

① 부력 Buoyancy

아르키메데스의 원리에 의하면 몸 전체 또는 일부가 물속에 잠기면 물의 무게와 동일한 상향 추진력이 발생하게 됩니다. 즉 물과 같은 유체에 잠겨있는 물체가 중력에 반하여 밀어 올려지는 힘을 부력이라 하며. 그 크기는 물체가 밀어낸 부피 만큼의 유체 무게와 같습니다. 물높이가 증가하면 체중 부하가 감소하여 관절에 가해지는 압력이 줄어들게 되고 이것은 육상보다 수중에서 관절가동범위가 증가하고 압력에 의한 통증이 감소하게 됩니다.

② 정수압 Hydrostatic pressure

파스칼의 법칙에 따르면 일정한 깊이와 정지한 상태에서 물의 압력은 물속에 잠긴 물체의 표면에 균등하게 작용하며 이 압력을 정수압이라 합니다. 즉 정수압은 흐름이 멈추어 있는 물속에서 생기는 압력으로 물속의 한 점에 작용하는 압력은 방향에 관계없이 같은 크기입니다. 따라서 정수압은 물의 밀도와 물의 깊이에 따라 증가하게 됩니다. 정수압은 사지 부종을 감소시키고 통증수용기의 감도를 저하시킴으로 통증 감소효과를 나타나게 됩니다. 심폐기능에 대한 정수압의 효과는 말초혈액량을 중심으로 이동시켜 수치료 직후에는 이뇨 효과가 증가되어 다량의 소변을 볼 수도 있습니다.

③ **점도** Viscosity

물의 점도는 물 분자의 응집력에 의해 생성되는 마찰 저항입니다. 쉽게 말하자면 물의 끈적거리는 정도를 나타내는 용어입니다. 점도가 높은 유체일수록 저항이 높아지게 되며 물은 공기보다 15배나 더 점성이 있어서 수중에서 이동하는데 더 많은 에너지가 필요합니다. 점도에 대한 신체의 작용은 근력과 근육톤 Muscle tone 및 심폐 건강을 증가시킬 수 있습니다.

④ **유체 역학** Fluid dynamics

유체란 기체와 액체를 말하는 것으로 유체 역학적 힘은 물속에 있는 어떤 물체에도 영향을 줍니다. 이 힘은 층류, 정면저항 및 항력을 포함하며 층류 및 난류는 운동에 영향을 미칩니다. 층류는 동일한 속도와 동일한 방향으로 움직이는 물 입자의 일직선의 흐름으로 움직임에 대한 저항은 흐름의 속도와 함께 증가하게 됩니다. 난류는 모든 방향에서 물입자가 작용하여 생성됩니다. 빠른 수영이나 빠른 수중 보행은 더 큰 난류, 저항 및 마찰을 만들고 이는 더 많은 힘이 필요하게 됩니다. 이러한 유체 역학적 원리는 반려견이 물속에서 움직일 때 앞다리와 뒷다리 사이의 압력 차이를 만들게 됩니다. 이를 통해 생기는 소용돌이는 뒷다리를 끌어당기게 만들고 뒷다리는 더 강력한 반응을 하게 만듭니다. 이것은 균형과 보행 능력이 부족한 반려견이나 척추주변 근육 강화가 필요한 환자에게 유용합니다.

⑤ **저항** Resistance

저항은 속도에 의해 결정되며 표면적과 수중보행장치의 속도계에 의해서도 조절이 가능합니다. 표면적은 수심과 구명조끼, 저항을 늘리기 위한 보조기구등을 사용해서도 조절이 됩니다. 수영할 때 증가된 속도는 평면 효과를 극대화하여 물속에서 물의 표면적을 감소시켜 저항을 감소시키게 됩니다.

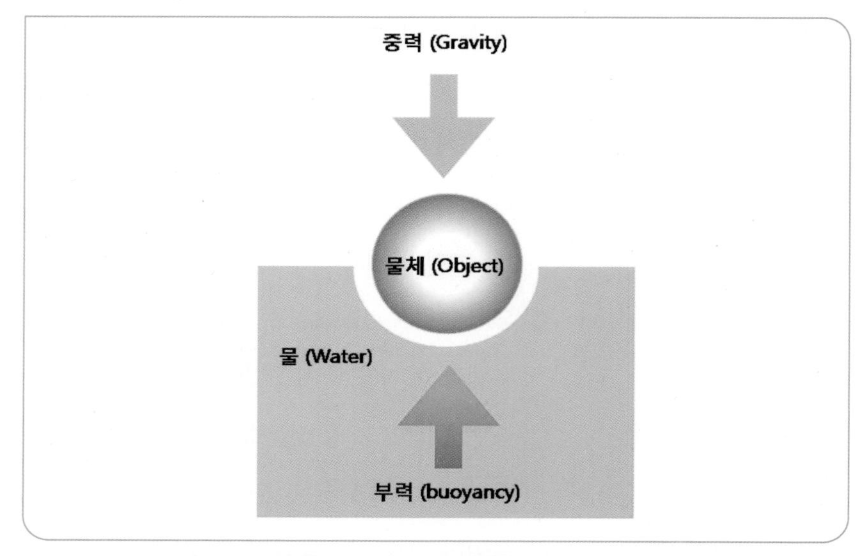

그림 7-22 _ 부력 Buoyancy
부력은 물체가 물에 잠겨 있을 때 중력에 반하여 위로 들어 올려지는 힘을 말합니다. 수중 치료에서 부력은 매우 중요한 물의 물리적 특징입니다.

그림 7-23 _ 수중 치료는 물의 물리적 특성인 부력, 정수압, 점도, 유체역학, 저항을 이용한 치료방법입니다.

치료 수영 Therapeutic swimming

반려견에서 사지의 근육은 수중에서 육상과 다르게 사용됩니다. 수중보행시에 각 관절의 움직임은 물의 물리적 특성에 의해 더 크게 증가합니다. 수치료는 조정 Coordination, 균형, 운동 감각의 개선을 시키는 포괄적인 효과를 나타냅니다. 육상에서 서거나 걷지 못하는 환자의 경우에 허리를 받쳐주거나 구명조끼를 착용하는 최소한의 도움으로 물속에 서있거나 걷을 수 있습니다.

수영의 경우 활동량이 많은 반려견, 스포츠견에서 부상 방지와 근골격계의 근력과 균형감각등이 유지, 비만견의 체중관리를 위해 실시합니다. 신경계 손상의 환자와 근골격계질환 환자의 수술 전/후에 효과적인 재활치료를 위해 수행되기도 합니다. 활동량이 매우 많은 특수목적의 서비스견, 수색견, 구조견, 경찰견의 수영은 신체적, 정신적인 긍정적 효과를 주고 있습니다. 앞서 말한 바와 같이 수영은 일반적으로 육상에서 사용되는 주요 근육들을 다른 방식으로 활용합니다.

치료 수영 Therapeutic swimming은 육상에서 최소로 사용되는 근육의 활용도를 높이고 더 큰 관절가동성으로 유연성이 증가하게 됩니다. 따라서 치료로서 수영은 관절과 근육에 부담을 주지 않고 모든 근육을 골고루 사용하게 하여 관절과 근육의 발달에 많은 도움이 됩니다. 심폐기능에서는 심박출량과 호흡기능을 향상시킬 수 있습니다. 결론적으로 치료 수영 Therapeutic swimming은 최소의 시간으로 정신적 신체적 안정감과 기능 향상을 발휘할 수 있도록 도와줍니다.

그림 7-24 _ 수영장 swimming pool. 치료를 위한 수영장은 여과 시설과 수온을 조절할 수 있어야하며 수영장의 상태는 치료 전 후 지속적으로 확인해야 합니다.

수치료의 시작 프로그램

반려동물 재활 전문가 수의사는 수치료시에 물에 대한 공포는 없는지, 편안해 하는지, 온도와 물의 깊이는 적당한 지 등의 상태를 세심하게 살펴보고 기록해야 합니다. 과거와 현재의 병력은 무엇이며 보조제, 약물투약 여부등도 기록해야 합니다. 수온과 수심은 환자의 상태에 따라 각기 다르게 적용해야 합니다. 따라서 수치료 프로그램은 개체에 맞게 다르게 설정되어야 하므로 이를 표준화하거나 미리 만들어 놓을 수 없습니다. 수치료는 안정적으로 편안하게 시작되어야 하며 반려견 환자의 편안함을 느끼는 정도, 능력에 따라 수치료의 강도를 높일수 있습니다.

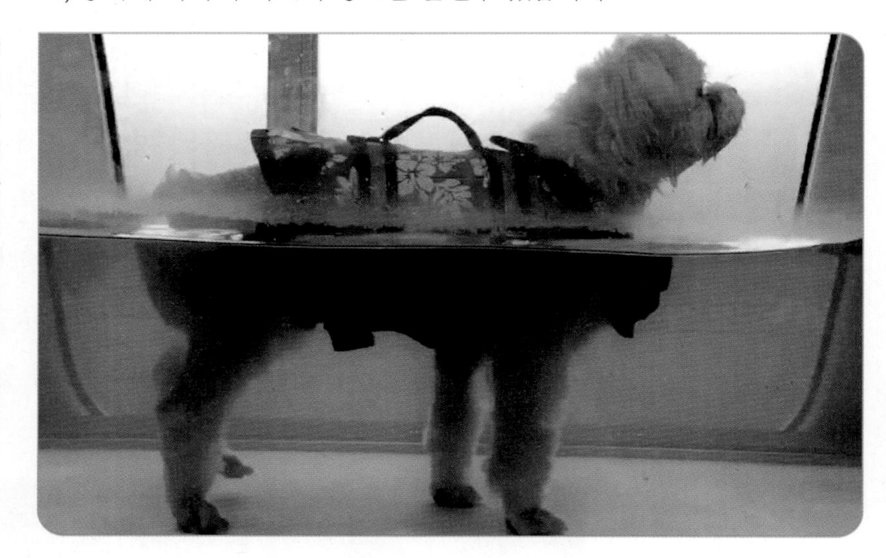

그림 7-25 _ 디스크 수술 환자의 수중 치료 초기 적응훈련. 수중 치료 시 처음에는 환자가 편안함을 느낄 수 있도록 적정 온도와 환경, 동기부여를 제공하는게 매우 중요합니다. 수중 치료 첫날 환자는 물속에서 균형감 있게 서있는 자세를 유지하도록 해야하고, 환자의 안전을 위해 구명조끼를 착용하기도 합니다.

그림 7-26 _ 후지 파행 환자의 수중 치료. 후지 부분 마비 환자의 수중 치료는 스스로 서지 못하기 때문에 치료사 수의사가 후지를 잡아서 자세를 유지하고 수중 보행할 수 있도록 도와주어야 합니다. 환자의 증상이 개선이 된다면 최소한의 도움으로 스스로 보행을할 수 있습니다.

처음에는 치료사 수의사와 신체접촉이 많지만 적응의 정도에 따라 점점 줄여갈 수 있습니다. 수치료의 주요 목표는 유연성, 힘, 균형, 조정, 자세 인식, 운동, 속도 및 지구력의 향상에 있습니다. 수치료를 위해서는 적절한 동기부여가 필요합니다. 장난감은 수영을 할 수 있도록 쫓기 게임을 할 때 사용합니다. 장난감은 육상에서 놀이가 제한될 경우 신체적, 정신적 활동을 즐겁게 즐길 수 있도록 합니다. 간식은 장난감과 보호자의 목소리로 동기부여가 되지 않을 경우 사용되며, 평소 즐겨먹는 간식으로 사용합니다.

수중 트레드밀 UWTM, Underwater treadmill

UWTM은 물속에 빠지는 두려움을 없애주고 육상에서 걷는 것처럼 편안하게 보행을할 수 있도록 도와줍니다. 울프의 법칙 Wolf's law에 의하면 트레드밀은 체중 부하가 있을 경우 수영보다 골밀도가 증가한다는 것을 확인할 수 있습니다. 이것은 체중 지지가 더해질 경우 뼈에 받는 압력이 증가하기 때문입니다. 야외활동을 즐기거나 스포츠 견과 같은 활동적인 반려견의 경우, 치료사 수의사는 물의 높이를 낮추고 경사 또는 속도를 올려 강도를 높일 수 있습니다. UWTM의 사용은 특히 신경계 환자에서 보행 재훈련에 많은 도움이 됩니다. 심부 통증이 완전히 소실되지 않은 신경계환자의 경우 육상에서 전혀 보행을 하지 못하는 환자라도 수중에서는 치료사 수의사의 도움으로 작은 관절의 움직임 만으로도 노력 보행을 할 수 있습니다. 그렇다고 모든 신경계 환자 또는 골관절 문제를 가진 파행환자들이 모두 UWTM에서 보행을할 수는 없지만, 장기적인 치료의 관점에서 UWTM은 파행과 통증을 개선시켜주는 것은 분명한 사실입니다. UWTM 치료 시의 고려해야 할 사항들은 다음과 같습니다.

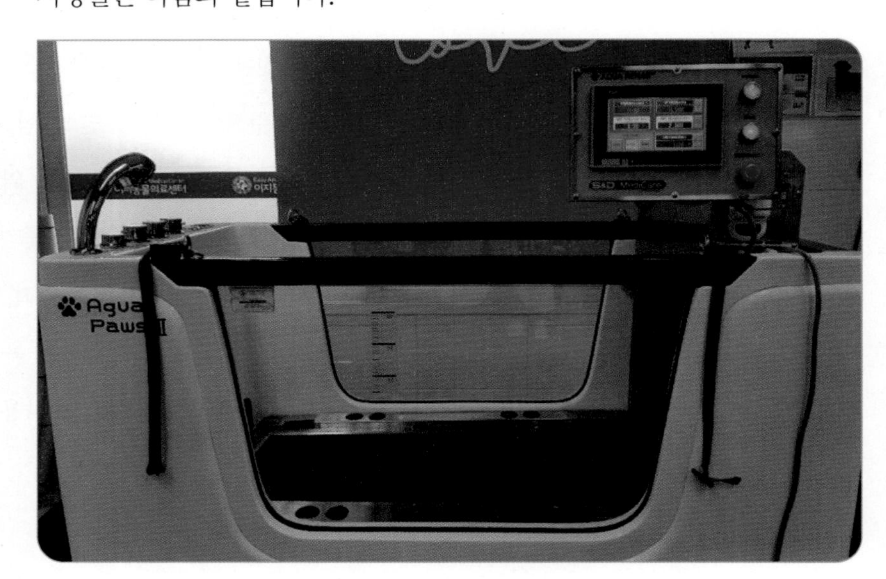

그림 7-27 _ 소형견을 위한 수중트레드밀의 외부. 수중트레밀은 운동시간, 온도, 속도, 물의 깊이를 조절할 수 있어야하며 보행 자세를 평가하기위해 트레드밀 위의 발바닥을 볼 수 있어야 합니다.

그림 7-28 _ 소형견을 위한 수중트레드밀의 내부. 수중트레드밀은 수중 보행 시 환자의 발가락이 트레드밀과 스테인리스 프레임 사이에 끼지 않도록 설계되어 있어야합니다. 스티로폴 봉은 환자가 트레드밀 밖으로 나가지 않도록 막아주는 역할을 합니다.

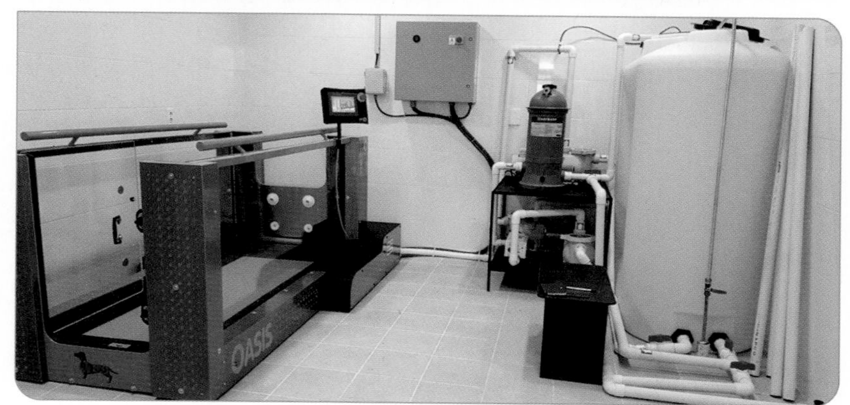

그림 7-29 _ 대형견을 위한 수중 트레드밀. 대형견의 수중치료시에는 더 큰사이즈의 수중 트레드밀이 필요하며 트레드밀 시스템에는 물을 보관하는 수중 탱크와 여과장치등이 별도로 필요합니다.

① 수온

섭씨 30~34℃의 온도에서 반려견들은 심장 및 호흡수의 점진적 증가와 근육의 이완도가 개선되었습니다. 치료사들은 겨울에 더 따뜻하고 여름에는 좀더 차가운 온도로 조절하여 사용해야 합니다.

② 물의 높이

앞발목 높이의 물은 저항없이 모든 관절의 굴곡을 증가시킵니다. 팔꿈치 높이의 물은 최소한의 부력이 유지되며 견관절 또는 고관절 높이에서는 보행 패턴을 변경하지 않고 최대한의 부력을 받을 수 있습니다. 이보다 더 높은 수면은 환자가 물위로 코를 유지하기 위해 사지를 쭉 뻗고 짧은 보폭을 보이며 경직된 보행을 보입니다. 관절염 환자는 처음에는 어깨 높이 이상의 수면에서 시작해야 합니다. 환자의 보행상태가 개선된다면 어깨와 팔꿈치 사이의 중간 높이로 낮출 수 있습니다.

③ 속도

UWTM의 속도는 제조회사마다 차이가 있을 수 있으므로 2개이상의 제품을 번갈아 사용할 경우 벨트 랩을 보정해야 합니다. 국내 소형 제품의 경우 0.3~5km/h 까지 설정이 가능하며 대형견치료가 가능한 수입제품의 경우 0.3~14km/h까지 설정이 가능합니다. 신경계 환자는 가능한 가장 느린 속도로 시작하여 발을 벨트에 올려 놓을 충분한 시간을 주어야합니다. 너무 느린 속도는 환자에게 보행 시 혼동을 줄 수 있으므로 환자가 안정적인 보행을할 수 있는 적절한 보행 속도를 다르게 적용해야 합니다.

④ 지속시간

수중 보행은 일정시간동안 2~3회 반복시킵니다. 본 저자가 주로 사용하는 방법으로 예를 들자면 노령 환자의 경우 1회 45~60초 걷기를 2~3회 반복을 하며 1회 걷기 후 2분간의 휴식시간필요 합니다. 활동량이 많은 반려견이나 스포츠견의 경우 1회 3분~5분, 3~5회 반복, 2분간 휴식시간으로 설정하고 있습니다. 지속시간은 속도와 물의 깊이에 따라 변경이 가능하며 스포츠견에서 예방적 치료를 위한 수중보행은 낮은 속도에서 10분이상으로 실시하기도 합니다. 반복적인 수중보행으로 적응을 하게 되면 운동시간은 점차 늘려주지만 휴식시간은 항상 2분으로 유지합니다. 휴식시간이 길어지면 집중력과 동기부여가 약화되어 수중 운동을 반복할 수 없게 됩니다. 지속시간은 물의 높이와 속도에 따라 달라질 수 있습니다. 만약 물의 높이가 일정하다면 속도를 증가시켜 강도를 높일 수가 있고, 일정 속도에서 안정감 있는 보행이 가능한 상태라면 물의 높이를 조절하여 난위도를 변경할 수 있습니다. 수중보행 후 환자가 느끼는 피로감에 따라 다음에 실시 하는 수중보행의 시간을 조절해야 합니다.

위와 같은 변수를 이해해야만 UWTM을 치료에 사용할 수 있습니다. 신경계환자의 경우 방광 내 요를 배출시켜야 하며, 면봉으로 항문을 자극하여 배변을 유도 해야 합니다. 동기부여는 장난감, 보호자의 목소리, 간식 등으로 유도하며 트레드밀 위에서 보행을 할 수 있도록 해야 합니다. 저항을 높이기 위한 방법으로 표면적을 증가시키기도 합니다. 이를 위해서 풍선을 다리에 부착하면 저항력이 증가하게 됩니다. 풍선은 부력을 증가시켜 발을 트레드밀에 닿게 하려고 더 많은 근력을 사용하게 합니다. 고유자세반응이 저하된 신경계환자들은 발목에 헤어밴드나 너클링홀더 등을 착용하여 보행하는 것이 더 효과적일 수 있습니다. 신경계환자에게 있어 꼬리 자극은 척추신경에 자극을 발생시킬 수 있습니다.

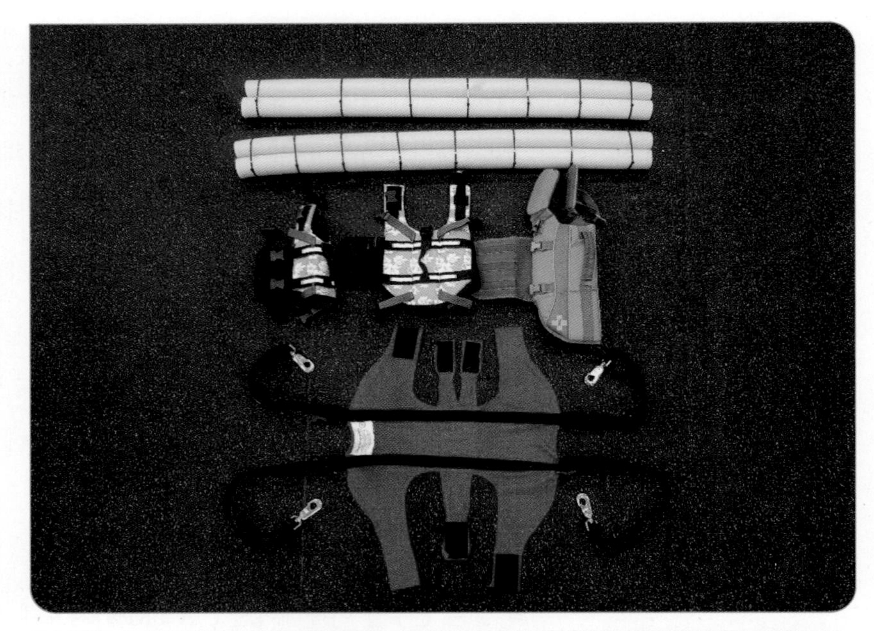

그림 7-30 _ 수중 트레드밀 사용시 필요한 안전장치. 수중 트레드밀은 사고를 예방하기위해 여러 가지 안전장치 필요합니다. 충격을 방지하기 위한 스티로폼 봉, 환자의 크기에 맞는 구명조끼, 균형감각이 없는 환자를 위한 수중 하네스, 근력을 강화하기 위한 고무밴드 등을 사용합니다.

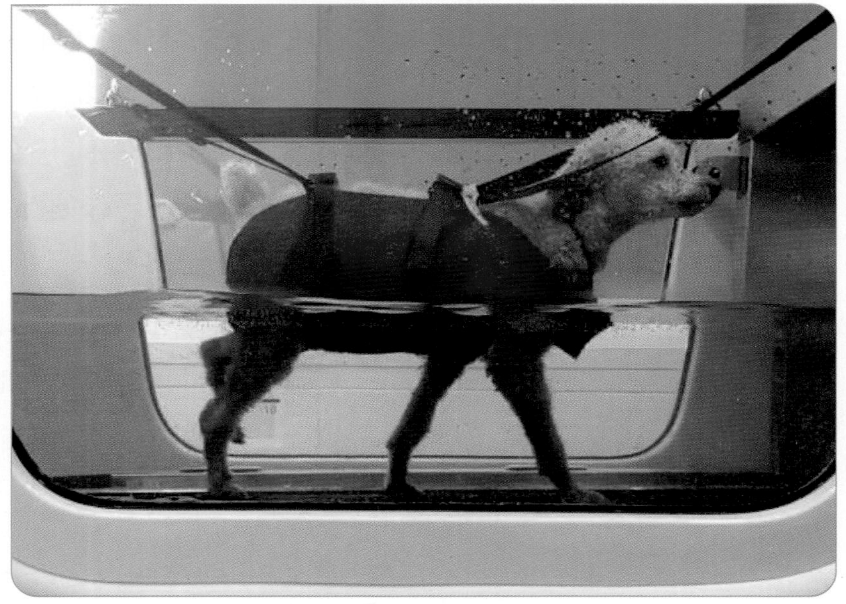

그림 7-31 _ 수중 하네스를 이용한 수중보행치료

8장
근골격계 보조제와 보조기

1절 보조제

영양보충제 혹은 영양보조제는 비타민, 미네랄, 허브, 아미노산, 효소, 추출물, 농축물 등의 식이 성분을 함유하는 입으로 섭취되는 제품을 지칭합니다. 알약, 캡슐, 액상, 가루형 등 다양한 형태로 존재하며 동물에서는 과자나 껌과 같이 간식으로 제조될 수도 있습니다. 영양보조제의 사용은 지난 수십 년간 폭발적으로 증가했습니다. 최근 연구에서는 반려견을 키우는 보호자 중 20%와, 반려묘를 키우는 보호자의 15%에서 자신의 반려동물에게 영양보조제를 급여하고 있다고 밝혔습니다. 가장 많이 공급하고 있는 영양 보조제의 종류로는 관절보조제, 멀티비타민, 피부 및 피모보조제, 소화 건강 보조제 등이 있습니다. 지금부터는 재활치료와 병행하여 근골격계에 도움이 되는 보조제에 대하여 알아보겠습니다.

1. 피쉬오일 오메가-3

피쉬오일은 사람과 동물 모두에서 흔히 추천되는 보조제 중의 하나이며 오메가-3의 좋은 원천입니다. 피쉬오일은 EPA와 DHA를 함유하고 있으며 이들은 세포막의 다른 지방산들을 대체하는 능력을 가집니다.

또한 혈류의 흐름을 도와주고 혈소판 응집을 감소시키며 암의 성장과 전이를 늦춰주기도 합니다. 염증을 조절하여 위장관계 질환이 있는 환자에서 유용하며 항염증작용을 통해 아토피, 지루성 피부염, 건선 등의 피부병에도 도움이 됩니다.

(1) **적용** : 염증의 완화, 심장질환 환자와 관절염 환자에 도움이 됨, 신장질환 관리, 아토피 및 피부질병의 개선

(2) **용량** : 용량은 피쉬오일이 아닌 EPA와 DHA의 함유량에 따릅니다. 개와 고양이에서 250~1000mg의 양을 한 마리당 하루에 급여하기를 권장합니다. 보통 8~12시간 간격으로 고양이나 소형견에서는 250~500mg, 중형견에서는 500~1000mg, 대형견에서는 1000~2000mg의 용량이 추천됩니다.

(3) **부작용** : 생선 특유의 냄새, 트림, 메스꺼움, 설사 등이 있을 수 있습니다. 위장관계 부작용들은 음식과 함께 섭취할 시 줄어들게 되며, 부작용이 지속될 시 피쉬오일의 양을 줄이면 대개 해결됩니다. 피쉬오일은 대개 중금속오염이 없는 것으로 알려져 있으며, PCBs나 다른 독소들을 분자증류를 통해 제거하게 됩니다.

(4) **금기** : 부정맥과 같은 심혈관계 질환이나 당뇨, 고혈압 등의 환자에서는 모니터링이 필요합니다.

(5) **다른 약물과의 상호작용** : 피쉬오일은 vincristine, cisplatin, doxorubicin의 세포독성을 증가시킵니다. 고용량으로 사용할 경우 출혈을 증가시키

며 특히 항응고제를 이용해 치료받는 환자에서 더욱 그러합니다. 항경련제와 함께 사용할 경우 발작 증상의 횟수를 감소시키는데 도움이 됩니다.

2. 초록입홍합

초록입홍합은 껍질의 가장자리를 따라 초록색의 빛을 띠어 초록입홍합이라고 이름 붙어졌으며 뉴질랜드 주변 바다에서만 발견된다고 합니다. 1970년대 뉴질랜드의 부족인 마오리족에서 처음 초록입홍합의 효능을 발견하였으며 최근 몇 년간 서구에만 소개되었습니다. 초록입홍합의 분말 추출물은 매우 높은 농도의 오메가-3와 다른 해양 또는 식물에서 발견되지 않는 독특한 지방산 조합을 포함합니다. 연구에 따르면 통증을 줄이기 위해 사용되며 식욕자극제 역할도 할 수 있습니다. 그러나, 초록입홍합의 가장 큰 효능은 글루코사민과 콘드로이틴의 훌륭한 공급원이기 때문에 천연 항염증제라는 사실입니다. 초록입홍합은 염증 치유 특성 외에도 다양한 비타민, 미네랄, 아미노산, 오메가-3 지방, 항산화제, 효소와 더불어 더 많은 영양소를 함유하고 있기 때문에 슈퍼푸드로 간주됩니다. 입을 열기 위해 가열하게 되면 홍합의 영양소 성분이 파괴되기 때문에 올바른 제품을 선택하기 위해서는 제조 공정을 확인해야 합니다. 저자의 경우 '카노산 Boehringer Ingelheim사' 제품을 사용하고 있습니다.

(1) **적용** : 관절염 증상 완화, 관절통 및 부종의 개선

(2) **용량** : 체중 kg당 33mg의 분말 추출물을 섭취합니다. 환자의 건강 상태 혹은 부작용에 따라 증량하거나 감량하여 사용할 수 있습니다.

(3) **금기** : 조개류에 알러지가 있는 동물에서 금기시됩니다.

(4) **다른 약물과의 상호작용** : 초록입홍합은 글루코사민, 콘드로이틴 및 피쉬 오일과 함께 복용 할 때 특히 효과적이며, 효력의 4배 정도가 증가할 수 있습니다.

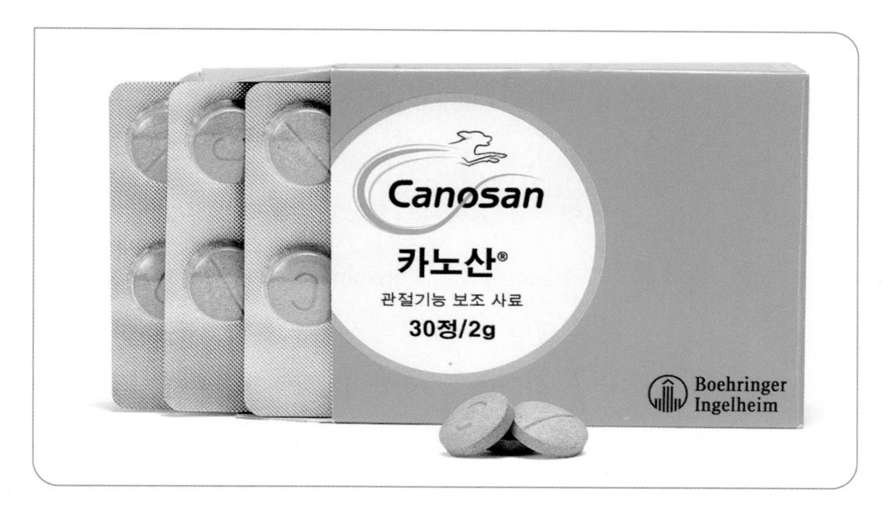

그림 8-1 _ 초록입홍합 제품 카노산, Boehringer Ingelheim사

3. 글루코사민

글루코사민은 관절연골에 포함되는 포도당으로부터 만들어지는 아미노당이며 골관절염이 의심되거나 진단받은 환자에서 가장 흔히 사용되는 연골보조제로 알려져 있습니다. 글루코사민은 체내에서 합성되기도 하지만 소량이며, 대부분의 식이요법에서는 충분한 양이 섭취되지 않습니다. 성분은 새우, 바다가재, 게 등의 외골격으로부터 얻어집니다. 글루코사민은 Glucosamine sulfate, Glucosamine hydrochloride, N-acetyl-D-glucosamine의 3가지 형태가 존재합니다.

세가지 형태의 글루코사민 모두 효과적이지만 그 중 Glucosamine sulfate가 연구에서 가장 많이 사용되고 가장 선호되는 형태입니다. 이는 물질의 황 구조가 글루코사민 구조보다 관절의 건강에 더 중요하게 작용한다고 추측되어지며, 이 때문에 Glucosamine sulfate가 관절염이 있는 반려동물에서 더 효과적인 것으로 알려져 있습니다.

Glucosamine sulfate는 혈청의 황 농도를 증가시키며 이는 연골의 생성을 도울 뿐 아니라 연골을 파괴하는 효소들을 억제합니다. 글루코사민은 염증을 유발하는 매개인자들을 조정함으로써 연골세포를 활성화시키며, Proteoglycans, Polysulfated glycosaminoglycans, Collagen 등과 같은 연골의 다양한 구성성분의 생산을 촉진합니다. 현재까지 사람과 반려동물에서 여러 임상연구가 이루어졌으며 통증, 염증, 손상된 연골의 재건에 도움을 주는 글루코사민의 효능을 밝혔습니다.

(1) **적용** : 골관절염 관리, 고양이에서 만성 방광염과 FLUTD의 관리

(2) **용량** : 소형견과 고양이에서 하루에 250~500mg, 중대형견에서는 1,000~1,500mg의 글루코사민을 섭취할 것이 추천됩니다. 관절보조제로 사용되는 용량은 임상증상이 개선되거나 해결되었을 때 4~8주 정도가 지나면 감량해서 사용할 수 있습니다.

(3) **부작용** : 미약하게 위장관계 증상이 보일 수 있으나 아주 드물게 나타나며, 음식과 글루코사민을 함께 섭취할 경우 예방할 수 있습니다. 당뇨병이 있는 환자에서 당으로부터 만들어지는 글루코사민의 사용이 염려될 수 있으나, 사람에서 연구된 바에 따르면 적정용량을 사용했을 시 심각한 당 대사의 결과를 유발하거나 경구로 적용하는 저혈당 유도 약물에 작용하지 않고, 인슐린의 작용도 저해하지 않는 것으로 밝혀졌습니다.

(4) **금기** : 조개류에 알러지가 있는 동물에서 금기시됩니다.

(5) **다른 약물과의 상호작용** : 이뇨제를 처방받은 환자에서는 온전한 치료 효과를 기대하기 위해 고용량의 글루코사민이 섭취되어야 합니다. 또한 Glucosamine sulfate는 무기염에 의해 안정화되므로 글루코사민과 이뇨제를 함께 복용하는 환자에서 전해질 대체가 발생할 수 있습니다. Glucosamine sulfate와 NSAIDs 간의 시너지 효과가 골관절염 환자에서 NSAIDs의 용량을 줄일 수 있게 해줍니다. 사람과 동물에서 행해진 연구에서 글루코사민은 NSAIDs 약물로써 골관절염이 있는 환자에서 효과적인 것이 알려져 있으며, Glucosamine sulfate는 NSAIDs가 일으킬 수 있는 위궤양이나 신장의 손상과 같은 심각한 부작용이 없습니다. 글루코사민 관절영양제는 보통 비타민C, 망간, 콘드로이틴황산, MSM 등과 같은 시너지효과를 낼 수 있는 성분을 함께 포함하고 있으며 이러한 조합은 Glucosamine sulfate를 단독으로 포함하는 보조제보다 훨씬 더 효과적이고 안전합니다.

4. 콘드로이틴

Chondroitin Sulfate CS, 콘드로이틴황산는 관절 내에서 뼈와 뼈를 이어주는 관절연골에서 발견됩니다. 연골 내에서 콘드로이틴황산은 물을 흡수하고 영양분을 저장하며 연골의 두께와 탄성을 강화시키고, 운동시 압박되는 힘을 흡수하고 분산시키는 능력을 향상시켜 줍니다. 또한 관절연골 내의 연골세포를 자극시켜 콜라겐과 프로테오글리칸의 합성을 유도하고, 히알루론산의 생성을 증가시키며, 연골과 관절액을 파괴하는 변성 효소를 억제하는 기능을 합니다.

(1) **적용** : 골관절염의 예방 및 관리

(2) **용량** : 12~24시간 간격으로 소형견~중형견과 고양이에서 200~400mg, 22.7kg이상 대형견에서 800mg이 추천됩니다.

(3) **금기** : 동물실험에서 콘드로이틴을 적용하고 30일이 지난 후 적혈구, 백혈구, 혈소판의 수가 감소된 것이 확인되었지만, 이러한 부작용들은 임상실험에서 보고되지 않았고, 유의성은 낮은 것으로 보여집니다. 인의에서는 수술 전후 짧은 기간 동안 혹은 출혈의 위험이 있는 환자에서 사용이 제한되어야 하며, 암을 진단받거나 위험요소가 있는 환자에서는 금기되어 있습니다.

(4) **다른 약물과의 상호작용** : 생체 외 실험에서는 콘드로이틴황산과 글루코사민을 함께 사용하는 것이 각각 단독으로 사용하는 것보다 더 뛰어난 효과가 있다는 것이 밝혀졌습니다. 게다가 Cisplatin과 같은 백금계 화학요법 약물들과 콘드로이틴 황산을 함께 적용했을 때 각각의 약물의 효과는 감소시키지 않으면서 신장 독성을 감소시키는 것으로 알려져 있습니다.

5. 히알루론산

히알루론산은 관절보조제로써 흔히 알려진 성분으로 수탉의 벼슬이나 소의 기관, 박테리아 등에서 추출됩니다. 영양보조제 속의 히알루론산의 함유 농도는 1% 10mg/mL가 되어야 하며, 이는 용액에 포함시킬 수 있는 고분자량 히알루론산의 최고농도입니다. 저분자량 히알루론산을 더 높은 농도로 포함하고 있는 제품들은 전염증 반응을 일으키고 항염증 반응은 일으키지 않습니다.

히알루론산의 작용 기전은 손상된 조직으로의 백혈구의 이주 및 투과를 감소시키고 일부 효소들의 작용을 저해시킴으로써 손상부위의 부종 및 통증을 감소시키는 것입니다. 히알루론산은 전염증단계의 물질 형성을 억제하여 급성 혹은 만성적인 염증반응을 차단합니다. 임상적으로 히알루론산은 안구 수술을 할 때 수술적 보조제로 사용되며 관절염 부위에서 관절액의 개선 시에 사용되고 상처 부위에서 치유 및 재생과정을 촉진합니다. 또한 광선 각막염이나 당뇨성 궤양, 방사선 치료에 의한 피부 염증 등과 같은 상처 치유의 개선에도 사용됩니다.

(1) **적용** : 골관절염 개선, 증가된 간 수치의 감소, 쿠싱 및 에디슨 질병의 관리 보조

(2) **용량** : 사람에서는 8~12시간 간격으로 50mg을 섭취하도록 알려져 있으나 개와 고양이에서는 특정 추천용량이 밝혀져 있지 않습니다.

(3) **금기** : 일부 고양이에서 히알루론산 보조제에 사용되는 방부제 Propylene glycol에 민감성을 보이는 경우가 있었습니다.

6. MSM

MSM은 DMSO의 대사산물로 항염증 작용과 진통작용을 가지는 천연물로 골관절염과 같은 근골격계 질환이 있는 환자에서 추천됩니다. 사람에서의 연구에 따르면 MSM의 복용에 따라 관절의 유연성이 증가하고 뻣뻣함과 부종이 감소하였으며 통증도 완화되었습니다. 류마티스 관절염이 있는 동물에서 MSM을 복용시켰을 경우 연골의 변성이 확인되지 않았습니다.

(1) **적용** : 관절염의 개선, 노령 동물에서 근골격계의 지지

(2) **용량** : 12~24시간 간격으로 개와 고양이에서 100~1,000mg의 용량이, 대형견에서 500~1,000mg의 용량이 추천됩니다.

(3) **부작용** : 부작용이 거의 없는 것으로 알려져 있는 안전한 성분입니다.

(4) **다른 약물과의 상호작용** : MSM은 주로 글루코사민과 병용되며, 발표된 가설에 따르면 두 성분의 조합이 골관절염 환자에서 단독으로 사용할 때보다 진통과 항염증 작용에 더 빠른 작용을 나타내는 것으로 확인되었습니다.

7. 항산화제

산화

산화는 분자가 전자를 잃고 불안정해지거나 반응성을 가지게 되는 반응이며, 산소가 신체의 세포와 상호 작용할 때 산화가 발생합니다. 이는 자연적인 과정이며 대부분의 산소는 체내에서 대사되지만 세포의 1~2%는 산소에 의해 손상되어 자유 라디칼이 됩니다. 자유 라디칼은 손상된 세포입니다. 손상되면서 일정 주요한 분자를 잃게 되는데, 이를 다른 세포에서 매우 공격적으로 빼앗아와 대체하려 합니다. 분자를 빼앗긴 세포의 DNA가 손상되며 이는 질병의 기초가 되고, 세포의 DNA가 변하면서 세포는 변이됩니다. 일반적으로 신체는 자유 라디칼에 대한 좋은 방어력을 가지며 항산화제로 제어되지만 너무 많은 양의 자유 라디칼이 생겼을 때 문제가 발생합니다. 자유 라디칼은 신체의 자연 방어 시스템을 빠르게 압도할 수 있는 손상과 빠른 연쇄 반응을 유발하기 때문에 위험합니다. 이 손상은 암, 관절 질환, 심장, 간 및 신장 질환 및 인지 기능 저하를 포함한 만성 질환으로 이어집니다.

자유 라디칼 제어

살충제, 항생제 및 반려동물의 음식에 포함된 기타 독소는 자유 라디칼을 생성할 수 있으며, 백신과 의약품도 실질적인 자유 라디칼 생성을 유발합니다.

시간이 지남에 따라 자유 라디칼이 축적되고 신체는 더 이상 손상을 막을 수 없게 됩니다. 그렇기 때문에 이러한 독소를 피하는 것이 반려동물의 건강을 지키기 위해 아주 중요합니다.

항산화제

앞서 설명한 백신, 살충제, 화학물질 등에 대한 노출을 최소화하더라도 환경 속에 잔존해 있는 독소에 노출되어 있는 한 안전할 수 없습니다. 따라서 항산화제 성분의 섭취를 통해 이러한 산화적 손상에 대항할 수 있습니다. 항산화제는 자유 라디칼 연쇄 반응을 예방하거나 시작된 반응을 중단시키는데 큰 도움이 되며 그 종류는 아래와 같습니다.

① 비타민 C는 자유 라디칼을 포착하여 중화시킬 수 있습니다. 개나 고양이는 일반적으로 체내에서 스스로 비타민 C를 생산할 수 있습니다.

② 비타민 E는 세포막에 부착하여 자유 라디칼 연쇄 반응을 방해합니다. 동물성 추출물은 일반적으로 비타민 E의 함량이 낮지만 식물성 기름에는 높은 농도로 들어 있습니다.

③ 플라보노이드는 대부분의 과일, 채소 및 허브에서 발견되며 열매에서 고농도로 발견되는 강력한 항산화제입니다. 녹차에 또한 많은 양의 플라보노이드가 들어 있습니다. 일반적으로 음식의 색이 밝을수록 플라보노이드의 농도가 높아집니다.

④ 폴리페놀 또는 페놀은 진한 빨간색 과일에서 높은 농도로 발견될 수 있는 항산화제입니다.

합성 비타민 C와 E의 공급은 오히려 신체 내에서 약물로 취급되어 추가적인 자유 라디칼 생성을 유발할 수 있습니다. 항산화제의 일반적인 용도로는 자가 면역 장애, 천식, 기관지염, 인지 장애, 심장 질환, 신장 질환, 당뇨병, 퇴행성 골수증, 골관절염, 아토피성 피부염 및 발작이 있습니다.

2절
보조기

보조기는 사지의 관절과 목, 허리와 같은 신체부위를 안정화시키고 보호하며, 보행 및 운동기능을 도와주는 재활기구입니다. 보조기는 슬관절, 고관절, 발목 보호대와 경추, 흉요추 보호대 등이 있으며, 서 있는 자세를 유지할 수 있도록 해주는 하네스와 이동과 운동요법을 동시에 할 수 있는 휠체어 등이 포함되어 있습니다. 보조기는 불편한 신체부위를 지지해주거나 기능이 저하된 부위를 보조해주는 역할을 합니다. 수의사와 재활치료사는 환자에게 알맞은 장치가 적용될 수 있도록 결정하고, 환자가 보조기에 적응할 수 있도록 해주어야 합니다. 보조기를 처음 착용 시 이물감등으로 오히려 움직임을 제한할 수 있으므로 적절한 강도, 유연성 등을 고려해야 합니다. 만일 올바르게 사용이 되지 않는 경우 해당 병변부가 악화될 수 있으며, 찰과상, 관절의 이완 및 수축, 부종 등과 같은 합병증이 생길 수 있으므로 환자에게 알맞은 용도와 크기가 설정되어야 합니다. 보조기는 국산제품, 수입제품이 다양하게 소개되고 있지만, 각각의 제품마다 고유의 특성이 있으므로, 환자의 상태를 고려해서 선택을 해야 합니다. 알맞은 보조기를 착용한 환자는 재활치료와 더불어 신체의 기능 및 보행의 개선에 큰 도움이 될 것입니다.

1. 무릎보조기

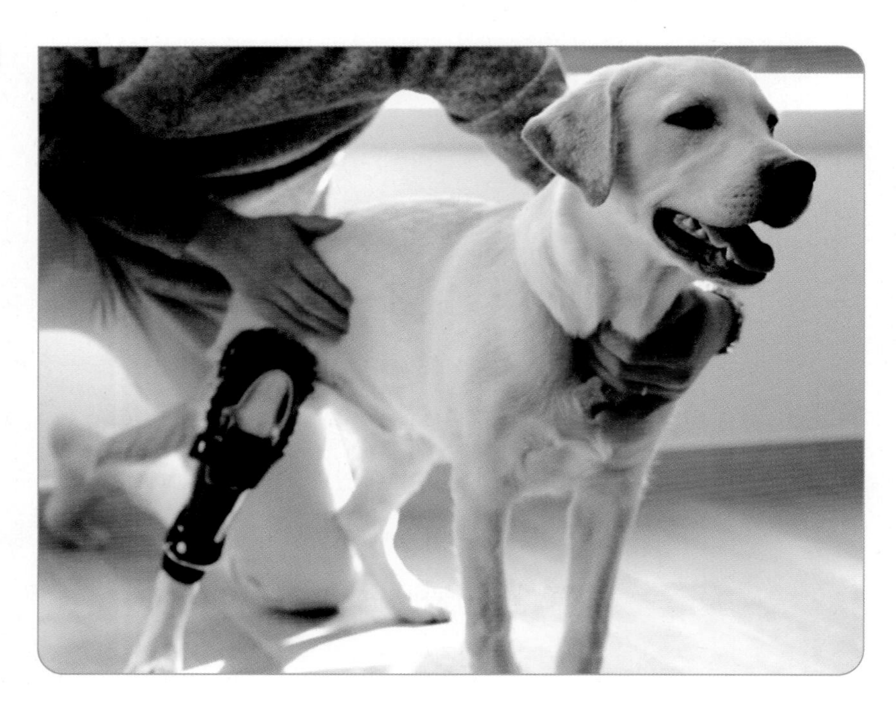

그림 8-2 _ 무릎보조기 적용 예시

(1) **적용대상** : 무릎보조기는 슬개골 무릎뼈 탈구, 전십자인대 앞십자인대 손상, 무릎의 내반 혹은 외반 변형, 선천적 기형 등이 있는 경우에 적용할 수 있습니다. 또한 골절의 관리를 하거나 관절 고정술과 같은 수술을 진행한 후에 적용되고, 뒷다리에 불완전마비가 생기거나 대퇴 넙다리 근육이 손실되어 무릎이 뒷다리의 하중을 받쳐주지 못할 때 보조적으로 적용할 수 있습니다.

(2) **효과** : 보행의 개선, 근육의 강화, 통증 및 염증의 완화, 2차 질환 예방, 수술 직후 보행의 보조 등이 있습니다.

2. 뒷다리보조기

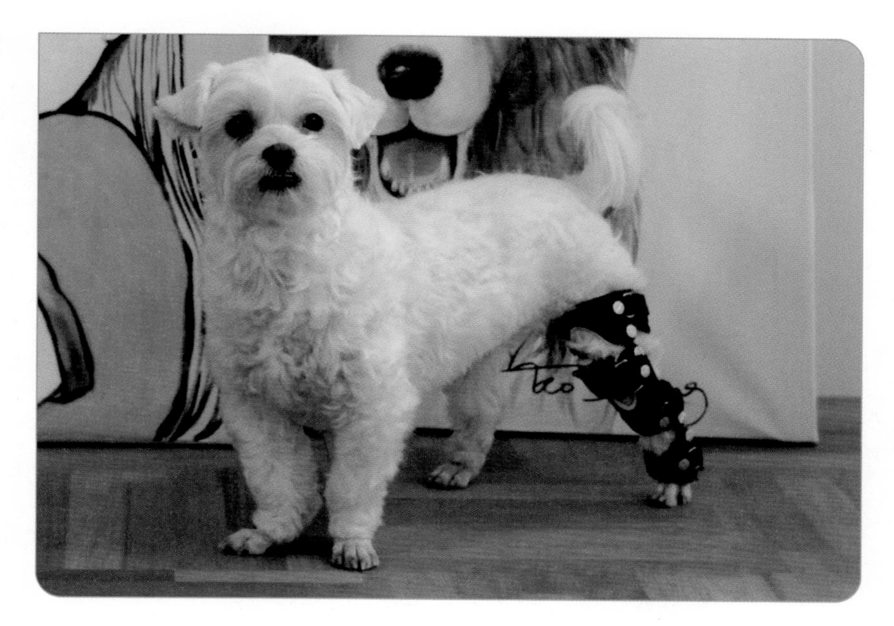

그림 8-3 _ 뒷다리보조기 적용 예시

(1) **적용대상** : 뒷다리보조기는 조금 더 포괄적인 개념이며 무릎 및 발목 전체를 감싸는 형태입니다. 골절, 관절염, 인대 및 아킬레스건 손상, 뒷다리의 선천적 기형, 후천적 변형, 발목 불안정성, 신경 손상 등이 있는 환자에서 적용할 수 있으며, 관절 고정술과 같은 수술을 한 후에 보조적으로 적용할 수 있습니다.

(2) **효과** : 보행의 개선, 근육의 강화, 수술 전후 재발 방지, 뒷다리의 안정성 및 지지력 강화, 불필요한 움직임 제한 등에 효과적으로 적용할 수 있습니다.

3. 휠체어

그림 8-4 _ 휠체어 적용 예시

(1) 적용대상

① **후지 재활 적응증** : 비만인 개체이거나 뒷다리 근력이 떨어지고 활동력이 저하될 때, 추간판질환 척추원반질환, IVDD 수술 전 후, 다리의 근 손실이 우려될 때, 슬개골 탈구나 고관절 엉덩관절 탈구 등 다리 질환에 의한 뒷다리 근력의 약화가 예상되는 경우 적용할 수 있습니다.

② **뒷다리 기립이 불가능한 뒷다리 마비** : 추간판 탈출증으로 뒷다리 신경 회복 불가, 앞다리로만 보행을 하는 뒷다리 마비 보행, 실외 배변 활동이 불편할 때, 활동력이 높아 산책을 원하는 경우에 적용할 수 있습니다.

③ **네 다리 약화로 인한 사지 마비** : 목과 허리에 중증의 추간판 탈출증, 뇌질환이나 치매로 인한 신경 증상, 앞다리에 복합적인 질환이 있는 경우이거나 네다리의 기립이 모두 불가한 경우와 노령견에서 적용할 수 있습니다.

(2) 효과 : 보행의 개선, 근력의 강화, 혈액순환, 활동성 증가, 실외 배변 등에 효과적으로 적용할 수 있습니다.

4. 의족

그림 8-5 _ 의족 적용 예시

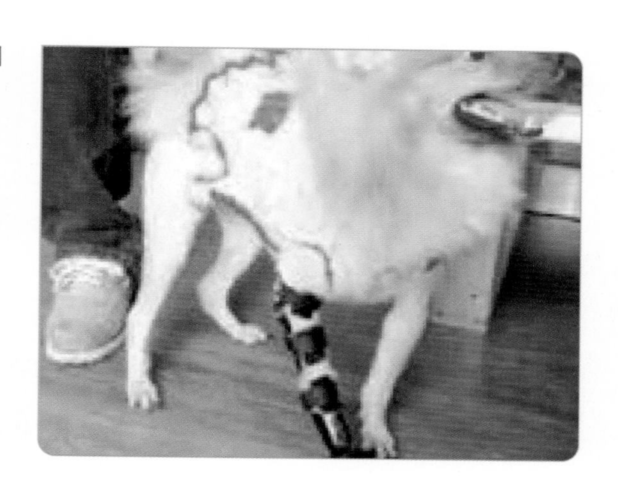

(1) 적용대상

① **앞다리 의족** : 발가락 및 앞발목의 절단 혹은 앞다리 일부가 절단된 경우 적용할 수 있으며, 요골 노뼈와 척골 자뼈 몸쪽의 총 길이 중 절반 이상이 남아있는 경우에 적용할 수 있습니다.

② **뒷다리 의족** : 발가락 및 뒷발목의 절단 혹은 뒷다리 일부가 절단된 경우 적용할 수 있으며, 경골 정강뼈 몸쪽의 총 길이 중 절반 이상이 남아있는 경우에 적용할 수 있습니다.

(2) 효과 : 체중의 분산으로 몸의 균형을 개선시키고 신체 일부의 절단 후 2차적인 질환을 예방하며 보호자의 심리적 안정감과 환자의 미관 개선 및 삶의 질 향상 등이 있습니다.

5. 엉덩관절 보조기

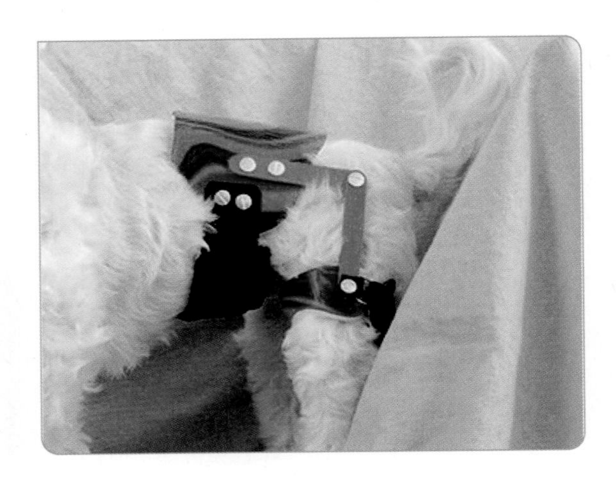

그림 8-6 _ 고관절보조기 적용 예시

(1) 적용대상

① **고관절 보조기** : 고관절 형성이상, 고관절 탈구, 고관절 염증, 고관절 불안정성 등이 있거나 대퇴골두 넙다리뼈머리 절제 수술과 같은 고관절 수술 후 관절의 움직임이 완치되지 않는 경우에 적용할 수 있습니다.

② **무릎의 복합적 질환** : 발목 인대의 손상, 발목 관절의 체중 과부하, 발목의 내반 및 외반 변형, 부분적 마비, 비골 종아리뼈의 골절 등에 적용할 수 있습니다.

(2) 효과 : 인공관절과 같은 기능을 해주며 근육의 강화, 수술 전후 재발 방지를 돕고 지지력과 안정성을 동시에 제공해주며 불필요한 움직임을 제한하는데 효과적으로 적용할 수 있습니다.

6. 척추보조기

그림 8-7 _ 척추보조기 적용 예시

(1) **적용대상** : 추간판 탈출증, 척추 골절, 척추 측만증, 선천적 기형 등이 있는 경우와 운동의 제한이 필요한 경우에 적용할 수 있습니다.

(2) **효과** : 보행의 개선, 통증의 완화, 척추의 안정성 및 지지력 강화와 수술 부위의 보호 등이 있습니다.

7. 앞다리보조기

그림 8-8 _ 앞다리 보조기 적용 예시

(1) **적용대상** : 앞발목 과신전, 앞발목 이완 증후군, 류마티스 관절염, 앞발목 탈구, 선천성 기형 및 후천적 변형, 발목 불안정성 등이 있는 경우와 앞다리의 골절 수술 전후에 적용할 수 있습니다.

(2) **효과** : 인공관절과 같은 기능을 해주며 보행의 개선, 수술 전후 재발 방지를 돕고 지지력과 안정성을 동시에 제공해주며 불필요한 움직임을 제한하는데 효과적으로 적용할 수 있습니다.

INDEX

해부 및 질병과 관련된 용어들을 '한자 - 한글 - 영어' 순으로 표기하였습니다.

- 대퇴근막긴장근 - 넙다리근막긴장근 - tensor fasciae latae
- 대퇴사두근 - 넙다리네갈래근 - quadriceps femoris muscle
- 대퇴슬개관절낭 - 넙다리무릎관절 주머니 - femoropatellar joint capsule
- 대퇴슬개인대 - 넙다리 무릎 인대 - femoropatella ligament
- 대퇴이두근 - 넙다리두갈래근 - biceps femoris muscle
- 대퇴직근 - 넙다리곧은근 - rectus femoris
- 두장근 - 머리긴근 - longus captis muscle
- 두측 - 앞쪽 - cranial
- 둔 굴곡근들 - 엉덩굽힘근들 - hip flexors
- 둔 내전근들 - 엉덩모음근들 - hip adductors
- 둔 내측회전근들 - 엉덩안쪽돌림근들 - hip medial rotators
- 둔 신전근들 - 엉덩폄근들 - hip extensors
- 둔 외전근들 - 엉덩벌림근들 - hip abductors
- 둔 외측회전근들 - 엉덩바깥돌림근들 -hip lateral rotators
- 둔근들 - 볼기근들 - gluteal muscles
- 등단면 - dorsal plane
- 목 신전근 - 목폄근 - extensor of neck
- 문측 - 주둥이쪽 - rostral
- 미추 - 꼬리 척추뼈 - caudal vertebrae
- 미측 - 꼬리쪽, 뒤쪽 - caudal
- 반건형근 - 반힘줄근 - semitendinosus
- 반막형근 - 반막근 - semimembranosus
- 배측 - 등쪽 - dorsal
- 배측결절 - 등쪽결절 - dorsal tubercle
- 복직근 - 배곧은근 - rectus abdominis m.
- 복측 - 배쪽 - ventral
- 복측결절 - 배쪽결절 - ventral tubercle
- 복측판 - 배쪽판 - ventral lamina
- 봉공근 - 넙다리빗근 - sartorius
- 비골 - 종아리뼈 - fibula
- 비골두 - 종아리뼈머리 - head of fibula
- 비복근 - 장딴지근 - gastrocnemius
- 사각근 - 목갈비근 - scalenus muscle
- 삼각근 - 어깨세모근 - deltoideus
- 삼두근 - 세갈래근 - triceps muscle
- 상보 - 보통 걸음 - walk
- 상완골 - 위팔뼈 - humerus
- 상완골도르래 - 위팔뼈도르래 - humeral trochlea
- 상완골두 - 위팔뼈머리 - head of humerus
- 상완골소두 - 위팔뼈작은머리 - capitulum
- 상완관절건 - 위앞다리관절힘줄 - glenohumeral tendon
- 상완근 - 위팔근 - brachialis
- 상완삼두근 - 상완세갈래근 - triceps brachii
- 상완삼두근의 장두 - 상완세갈래근의 긴 갈래 - long head of the triceps brachii
- 상완이두근 - 상완두갈래근 - biceps brachii muscle
- 섬유륜 - 섬유테 - annulus fibrosus
- 소원근 - 작은원근 - teres minor
- 속보 - 빠른 걸음 - trot
- 쇄골 - 빗장뼈 - clavicle
- 쇄골상완근 - 빗장상완근 - cleidobrachialis
- 수근굴곡근 - 앞발목굽힘근 - carpal flexor
- 수근굴곡근/신전근 - 발목 굽힘/폄근 - carpal flexor and extensor muscles
- 수근굴근들 - 앞발목 굽힘근들 - carpal flexors
- 수근신전근 - 앞발목폄근 - carpal extensors

INDEX

해부 및 질병과 관련된 용어들을 '한자 - 한글 - 영어' 순으로 표기하였습니다.

- 족관절 - 발목관절 - ankle joint
- 족근골 - 뒷발목뼈 - tarsal bones
- 족근관절 - 뒷발목관절 - tarsal joint
- 종골 - 뒷발꿈치뼈 - calcaneus
- 종자골 - 종자뼈 - sesamoid bones
- 좌골 - 궁둥뼈 - ischium
- 주관절 - 앞다리굽이 관절 - elbow joint
- 주돌기 - 앞다리굽이돌기 - anconeal process
- 중간광근 - 중간넓은근 - vastus intermedius
- 중간완골 - 중간앞발목뼈 - intermedioradial carpal bone
- 중둔근 - 중간볼기근 - middle gluteal
- 중심족근골 - 중심뒷발목뼈 - central tarsal bone
- 중족골 - 뒷발허리뼈 - metatarsal bones
- 지굴근 - 발가락 굽힘근 - digital flexor
- 지대 - 지지띠 - retinaculum
- 지신전근 - 발가락폄근 - digital extensors
- 척골 - 자뼈 - ulna
- 척주기립근 - 척주세움근 - spinal erector muscle
- 척추체 - 척추뼈몸통 - vertebral body
- 척측 - 뒷발바닥쪽 - plantar
- 척측수근굴곡근 - 자쪽앞발목굽힘근 - flexor carpi ulnaris
- 척측수근신전근 - 자쪽앞발목폄근 - extensor carpi ulnaris
- 천/심 지굴근 - 얕은/깊은 발가락 굽힘근 - superficial /deep flexor
- 천결절인대 - 엉치결절 인대 - sacrotuberous lig.
- 천골 - 엉치뼈 - sacral vertebrae
- 천지굴근 - 얕은발가락굽힘근 - superficial digital flexors
- 총지신근 - 온발가락폄근 - common digital extensor
- 추간판 - 척추원반 - intervertebral disc
- 추간판질환 - 척추원반질환 - intervertebral disc disease, IVDD
- 축추 - 중쇠뼈 - axis, c2
- 치골 - 두덩뼈 - pubis
- 치골근 - 두덩근 - pectineus
- 파행 - 다리절음 - lameness
- 판상근 - 널판근 - splenius muscle
- 팔꿈치 굴곡근들 - 앞다리굽이 굽힘근들 - elbow flexors
- 팔꿈치 신전근 - 팔꿈치 폄근 - extensor of elbow
- 팔꿈치관절 - 앞다리굽이 관절 - elbow joint
- 폄 - 신전 - extension
- 폄근 - 신전근 - extensor
- 환추 - 고리뼈 - atlas, c1
- 환추익 - 고리뼈날개 - wing of atlas
- 활차구 - 도르래고랑 - trochlear groove
- 활차절흔 - 도르래패임 - trochlear notch
- 회내 - 엎침 - pronation
- 회외 - 뒤침 - supination
- 회전 - 돌림 - rotation
- 회전 - 휘돌림 - circumduction
- 횡단면 - 가로단면 - transverse plane
- 횡돌기 - 가로돌기 - transverse process
- 횡상완지대 - 상완가로 지지띠 - transverse humeral retinaculum
- 후십자인대 - 뒤십자인대 - caudal cruciate ligament
- 후외측띠 - 뒤가쪽 띠 - caudolateral bands
- 후지 - 뒷다리 - hindlimb
- 흉추 - 등 척추뼈 - thoracic vertebrae

- Carr BJ, Dycus DL, Canine gait analysis. Today's veterinary practice, 2016
- Darryl millis, David levine. Canine rehabilitation and Physical therapy, Saunders, 2nd ed. 2014
- Evans HE, Lahunta A 역자, 한국수의해부학교수협의회 . Guide to dessectino of the dog 개 해부 길잡이 , Elsevier 총판 OKVET, 7th ed, 2010
- Evans HE: Miller's anatomy of the dog, ed 4, Philadelphia, 2013, WB Saunders
- Fossum TW et al. 역자, 한국수의외과학 교수 협의회 . Small animal surgery 소동물 외과학 . Elsevier 총판 OKVET. 5h ed. 2019.
- Gordon-Evans WJ. Gait analysis. In Tobias KM, Johnston SA eds : Veterinary Surgery: Small Animal. St. Louis: Elsevier, 2012
- Hildebrand M: An analysis of body proportions in the canicae. Am J Anat 90:217, 1952
- Leach D, Sumner-Smith G. Dagg AI: Diagnosis of lameness in dogs: A preliminary study. Can Vet J 18:58, 1977
- Messonnier S, Nutritional supplements for the veterinary practice a pocket guide, 2012
- Nunamaker DM, Blauner PD. Normal and abnormal gait. In Newton CD, Nunamaker DM eds : Textbook of Small Animal Orthopaedics. Philadelphia: JB Lippincott, 1985
- Wortinger A, Burns K. Nutrition and disease management for veterinary technicians ans nurses, wiley Blackwell, 2nd ed. 2015
- Zink C and Van Dyke JB. Canine sports medicine & rehabiliation, wiley Blackwell, 2nd ed, 2018.
- 김남수, 정순욱, 정인성, 최성진. 제 8장. 문진, 시진. In: 소동물 신경학적 검사 및 정형외과 검사 저자: Kazuya Edamura, Veterinary Neurological Examination & Orthopedic Examination. 2013.
- 오정희, 재활의학, 대학서림, 2011
- 이한별, "[이한별 건강 칼럼]재활의학, 재활용 아니라 인간애 담긴 의학", CNB저널, 2013년 10월 8일.
- https://thelightofdog.com/benefits-of-dog-sports-for-non-competitors/
- http://www.ksvr.co.kr/
- https://www.caninerehabinstitute.com/

반려견 홈 트레이닝

발 행 일 2022년 1월 10일 개정판 1쇄 발행
2025년 1월 10일 개정판 2쇄 발행

저 자 최춘기 · 김석중 · 이지연 · 이재훈 공저

발 행 처 크라운출판사
http://www.crownbook.com

발 행 인 李尙原
신고번호 제 300-2007-143호
주 소 서울시 종로구 율곡로13길 21
공 급 처 (02) 765-4787, 1566-5937
전 화 (02) 745-0311~3
팩 스 (02) 743-2688, 02) 741-3231
홈페이지 www.crownbook.co.kr
I S B N 978-89-406-4488-1 / 13490

특별판매정가 19,000원

이 도서의 문의를 편집부(02-6430-7019)로 연락주시면
친절하게 응답해 드립니다.